"十三五"国家重点出版物出版规划项目

航天机构高可靠设计技术及其应用

空间机器人遥操作系统设计

张　珩　李文皓　马　欢　冯冠华　著

科学出版社

北　京

内 容 简 介

空间遥操作是在轨服务领域的关键技术之一，也是各空间大国长期关注和研究的热点问题。本书针对空间机器人基座本体、执行器(机械臂)以及被抓取物等多体的不确定性与不确定耦合问题，将目标在轨辨识与多体融合的在线修正相结合，提出面向空间机器人及其与操作目标组合体的运动状态高精度预报方法，充分抑制不确定大时延环境下的误差累积和预报发散；针对空间机器人不确定操作问题，提出多层级可靠遥操作的体系框架及其系统策略，提出多机多员共享遥操作及其效能评估技术，极大提升不确定大时延环境下的遥操作可靠性；提出集时延消减、模型修正、响应预报和有效操作等多策略与多回路相耦合的"三段四回路"遥操作系统模型，为建立面向空间应用的遥操作系统提供了总体设计依据、实现方法和评估准则。

本书适合从事空间机器人技术、航天应用类相关的专业人员参考。

图书在版编目（CIP）数据

空间机器人遥操作系统设计/张珩等著. —北京：科学出版社，2021.11
(航天机构高可靠设计技术及其应用)
"十三五"国家重点出版物出版规划项目
ISBN 978-7-03-069723-3

Ⅰ. ①空… Ⅱ. ①张… Ⅲ. ①空间机器人-遥控系统 Ⅳ. ①TP242.4

中国版本图书馆 CIP 数据核字（2021）第 181398 号

责任编辑：孙伯元 / 责任校对：王 瑞
责任印制：吴兆东 / 封面设计：蓝正设计

科学出版社 出版
北京东黄城根北街 16 号
邮政编码：100717
http://www.sciencep.com

北京中石油彩色印刷有限责任公司 印刷
科学出版社发行 各地新华书店经销

*

2021 年 11 月第 一 版 开本：720×1000 B5
2022 年 11 月第二次印刷 印张：16
字数：310 000

定价：128.00 元
（如有印装质量问题，我社负责调换）

"航天机构高可靠设计技术及其应用"
丛书编委会

主　编	谭春林		
副主编	于登云	刘日平	孙　京
编　委	孙汉旭	马明臻	赵　阳
	张建国	韩建超	魏　承
	张新宇	陈　钢	肖歆昕
	潘　博	刘永健	刘育强
	刘华伟		

前　言

随着空间科学技术的迅猛发展，遥操作空间机器人替代宇航员执行地球空间及其他行星科学任务逐步成为空间遥科学技术未来发展趋势。作为一种新兴技术，空间机器人及其遥操作技术结合了人的高级智能和机器的高精密执行能力，以人为决策中枢，以远端空间机器人为执行终端，通过信息链路实现高智能和真实环境在信息层面上的交互移植，克服远距离限制，消减时延的影响，延伸人的感知和行为能力，从而完成空间操作任务。经过半个多世纪的发展，空间遥操作集众之所长，形成了空间跨越、智能增强、时延消减、人机协调、高度透明等特点，可有力地解决空间操作的高成本和低效率的矛盾，成为各空间大国最为关注的一项系统性关键技术。

空间机器人遥操作技术是涉及力学、机器人学、机械工程学、计算机科学、材料科学等诸多学科的新型交叉研究学科，在完全自主的智能空间机器人技术成熟之前，将一直是航天领域最具挑战性的高科技研究领域之一。我国已投入使用中国空间站，未来将开展月球开发/月面/月轨等重大研究，世界主要航天大国正在积极开展地月系长期留轨空间站建设。这些重大科技和探索活动均具有短时有人照料、长期地面值守的运行特征，空间机器人及遥操作技术将持续发挥重大作用。

20 世纪 90 年代以来，作者及其研究团队在我国遥科学遥操作领域开展了一系列的关键技术攻关，完成了我国首个遥科学地面演示与验证系统研制，开展了一系列面向我国空间站应用的在轨遥操作实验任务，进行了遥科学地面演示并验证了系统的可用性和可靠性，在不确定性大时延消减、空间目标惯性参数辨识、空间目标运动状态预报、地面遥操作系统设计及其可靠性提升等一系列瓶颈性关键技术上取得突破，形成完备的空间机器人遥操作系统理论及设计体系。

本书针对空间机器人基座本体、执行器(机械臂)以及被抓取物等多体的不确定及不确定耦合问题，将目标在轨辨识与多体融合在线修正相结合，提出了面向空间机器人及其与操作目标组合体的运动状态高精度预报方法，有效克服不确定参数性误差、结构性误差，以及多体误差传递和复杂耦合影响，充分抑制不确定大时延环境下的误差累积和预报发散；提出了具有多回路特征和集时延消减、模型修正、响应预报和有效操作等多策略相融合的"三段四回路"遥操作系统模型，为建立面向空间应用的遥操作系统提供了总体设计依据、实现方法和评估准则。

本书共分为 7 章。第 1 章介绍空间机器人、遥操作的应用领域及空间机器人遥操作应用；第 2 章介绍自由漂浮空间机器人运动学模型及受控机械臂关节建模过程；第 3 章介绍空间机器人响应修正方法及在轨状态预报技术；第 4 章介绍不确定大时延环境下的可靠遥操作技术；第 5 章阐述不确定大时延下多机多员共享遥操作适用条件，介绍多机多员共享遥操作技术；第 6 章阐述多机多员共享遥操作系统能力需求，介绍多机多员共享遥操作评估策略及方法，给出遥操作实验推演评估系统设计实例；第 7 章介绍地面遥操作系统总体模型和总体设计思路，给出地面遥操作系统实现案例。

本书是集体智慧的结果，第 1 章的空间机器人及空间机器人遥操作应用综述部分，由冯冠华博士完成；第 2 章的空间机器人动力学建模内容主要由马欢博士完成，陈靖波硕士也完成了部分相关工作；第 3 章的多体融合修正方法的验证内容主要由马欢博士完成；第 6 章的遥操作实验推演评估系统的软件实现部分，主要由冯冠华博士完成；第 7 章所描述的不确定大时延遥操作系统总体设计方法以及相应的实现案例，得到肖歆昕高级工程师、李建工程师、赵猛博士、陈靖波硕士、易甫硕士、徐俊硕士等的支持。

本书工作得到了多个项目和团队的支持，主要来源有：国家重点基础研究发展计划(民口 973 计划)项目、国家安全重大基础研究计划(军口 973 计划)项目、载人航天领域预先研究项目、中国科学院战略先导专项 A 类项目、国家自然科学基金青年项目、哈尔滨工业大学刘宏教授团队、西北工业大学黄攀峰教授团队。

作者在撰写本书的过程中力求叙述严谨、完善，但由于水平有限，书中不足之处在所难免，敬请读者批评指正。

希望本书的出版能够推动我国空间遥科学技术的研究、发展与应用。

作　者

目　　录

前言
第1章　绪论 ……………………………………………………………… 1
  1.1　空间机器人 ………………………………………………………… 1
  1.2　遥操作的应用领域 ………………………………………………… 2
  1.3　空间机器人遥操作应用 …………………………………………… 3
    1.3.1　美国空间机器人遥操作应用 ……………………………… 4
    1.3.2　欧洲空间机器人遥操作应用 ……………………………… 9
    1.3.3　加拿大空间机器人遥操作应用 …………………………… 14
    1.3.4　日本空间机器人遥操作应用 ……………………………… 16
    1.3.5　我国空间机器人遥操作应用 ……………………………… 19
  1.4　本书内容介绍 ……………………………………………………… 22
第2章　空间机器人动力学建模技术 ………………………………… 23
  2.1　自由漂浮空间机器人运动学模型 ………………………………… 23
    2.1.1　模型假设 …………………………………………………… 23
    2.1.2　坐标系与符号定义 ………………………………………… 24
    2.1.3　运动学建模 ………………………………………………… 26
  2.2　受控机械臂关节建模 ……………………………………………… 31
  2.3　小结 ………………………………………………………………… 34
第3章　空间目标运动状态预报技术 ………………………………… 35
  3.1　空间机器人响应修正方法 ………………………………………… 35
    3.1.1　空间机器人响应修正问题 ………………………………… 35
    3.1.2　受控机械臂关节响应修正方法 …………………………… 41
    3.1.3　主星响应修正方法 ………………………………………… 48
  3.2　空间机器人在轨状态预报 ………………………………………… 62
    3.2.1　空间机器人系统融合修正预报策略 ……………………… 62
    3.2.2　空载时的空间机器人在轨状态预报 ……………………… 67
    3.2.3　抓取有误差先验知识的目标物体时的状态预报 ………… 72
    3.2.4　抓取无先验知识非合作目标物体时的状态预报 ………… 75
  3.3　小结 ………………………………………………………………… 79

第 4 章　不确定大时延环境下的可靠遥操作技术 ································· 80

4.1　数据层中的可靠遥操作方法 ······································· 80

4.2　算法层中的可靠遥操作方法 ······································· 83

4.3　操作层中的可靠遥操作方法 ······································· 84

4.4　策略层中的可靠遥操作方法 ······································· 85

4.5　系统层中的可靠遥操作方法 ······································· 85

4.6　小结 ··· 86

第 5 章　多机多员共享遥操作技术 ······································· 87

5.1　不确定大时延下多机多员共享遥操作及其研究现状 ·············· 87

5.2　不确定大时延下多机多员共享遥操作适用条件分析 ·············· 91

5.3　单机共享遥操作方法 ·· 94

5.3.1　单机同地共享遥操作方法 ································· 95

5.3.2　单机异地共享遥操作方法 ································· 96

5.4　多机共享遥操作方法 ··· 100

5.4.1　多机同地共享遥操作方法 ································ 101

5.4.2　多机异地共享遥操作方法 ································ 104

5.4.3　多机复合共享遥操作方法 ································ 109

5.5　不确定大时延环境下共享遥操作实验 ························· 110

5.6　小结 ·· 137

第 6 章　多机多员共享遥操作评估技术 ·································· 138

6.1　多机多员共享遥操作系统能力需求 ··························· 138

6.1.1　操作模式对遥操作任务的覆盖能力 ····················· 139

6.1.2　现场设备、遥操作任务和遥操作系统的安全保护能力 ····· 140

6.1.3　遥操作系统自主能力、智能性 ························· 140

6.1.4　遥操作系统实时处理能力 ····························· 141

6.1.5　遥操作系统时延影响消减能力 ························· 141

6.1.6　操作过程备份、分析、复现和时间同步能力 ············· 141

6.1.7　遥操作系统交互与通信能力 ··························· 142

6.1.8　遥操作系统人机功效、机电、电气性能 ················· 142

6.1.9　共享操作的同步性 ·································· 142

6.1.10　对共享操作端差异的容忍性 ·························· 142

6.2　多机多员共享遥操作评估策略 ······························· 143

6.2.1　操作模式对遥操作任务的覆盖能力评估 ················· 143

6.2.2　遥操作系统安全保护能力评估 ························· 147

6.2.3　遥操作系统自主能力、智能性评估 ···················· 154

6.2.4 遥操作系统实时处理能力评估 ……………………………… 158

6.2.5 遥操作系统通信能力评估 …………………………………… 161

6.2.6 遥操作系统人机功效、机电、电气性能评估 ……………… 163

6.2.7 遥操作系统时延影响消减能力评估 ………………………… 165

6.2.8 遥操作系统备份、分析、复现、时间同步能力评估 ……… 168

6.2.9 共享操作的同步性评估 ……………………………………… 170

6.2.10 共享操作的差异容忍性评估 ……………………………… 172

6.3 多机多员共享遥操作评估方法 …………………………………… 174

6.4 遥操作实验推演评估系统设计实例 ……………………………… 183

6.4.1 遥操作实验推演评估系统设计 ……………………………… 184

6.4.2 遥操作系统评估实例 ………………………………………… 187

6.5 小结 ………………………………………………………………… 189

第7章 不确定大时延遥操作系统总体技术与案例 …………………… 190

7.1 地面遥操作系统总体模型 ………………………………………… 190

7.2 地面遥操作系统总体设计 ………………………………………… 195

7.2.1 地面遥操作系统总体能力设计 ……………………………… 195

7.2.2 地面遥操作系统总体架构设计 ……………………………… 198

7.2.3 地面遥操作目标模拟器总体设计 …………………………… 225

7.3 地面遥操作系统实现案例 ………………………………………… 230

7.3.1 某空间机器人遥操作系统 …………………………………… 230

7.3.2 大型空间机械臂遥操作系统 ………………………………… 231

7.3.3 面向未来多机多员遥操作系统 ……………………………… 235

7.4 小结 ………………………………………………………………… 239

参考文献 ………………………………………………………………… 240

第1章 绪 论

1.1 空间机器人

自 20 世纪 80 年代美国国家航空航天局(National Aeronautics and Space Admini-stration, NASA)提出在轨服务机器人概念以来[1], 随着空间技术的快速发展和空间活动的不断增加, 人类迫切需要探索研究地球空间及地球以外的星体和星系, 空间机器人应运而生[2]。空间机器人能够代替宇航员完成复杂、危险的空间操作任务, 扩大空间任务的可达工作区, 提高工作效率, 还可节省大量时间和资金成本[3]。因此, 空间机器人在空间在轨服务领域发挥着越来越重要的作用, 如国际空间站(International Space Station, ISS)的装配与维护、航天器维修与保养、航天器升级、航天器辅助交会对接、燃料补给、载荷搬运、故障卫星捕获回收与修理、空间碎片清理、空间生产与科学实验的支持, 以及其他星体表面探测等[3-5]。

目前, 对于"空间机器人"这一概念, 很多学者及国际研发报告等都曾给出过相关定义。Bekey 等[6]指出空间机器人是一类通用机器, 它至少在一段时间内能够在严酷的空间环境下生存, 并能够进行探索、装配、建造、维护、服务等任务, 或能够进行在机器人设计时可能未被完全理解的其他任务。林益明等[2]定义空间机器人是在太空中执行空间站建造与运营支持、卫星组装与服务、行星表面探测与实验等任务的一类特种机器人。梁斌等[7]指出空间机器人是工作于宇宙空间的特种机器人。我国关于印发《机器人产业发展规划(2016—2020 年)》的通知中, 将空间机器人、仿生机器人和反恐防暴机器人等归类为特种作业机器人。

相比地面机器人, 空间机器人面对的应用环境较为特殊, 如发射段力学环境、空间高低温、轨道微重力或星表重力、超真空、空间辐照、原子氧、复杂光照、空间碎片等, 这需要其具有较强的太空环境适应能力, 在资源受限和维护缺乏的情况下, 仍具备较长的使用寿命和较高的可靠性[8], 能够针对不同的空间对象和多样的空间任务, 完成抓取捕获、搬运移动等特殊操作任务。根据不同的分类方式, 空间机器人有不同的分类方法。美国 NASA 研究小组(NASA exploration team, NEXT)按任务特点和作业环境, 将空间机器人分为在轨操作机器人和行星表面探测机器人两种[9]。郭琦等[10]按控制方式不同, 将空间机器人分为主从式遥控机械手、遥控机器人和自主式机器人三类。洪炳镕等按照空间机器人发展历程, 将空间机器人分为舱外活动机器人(extravehicular robot, EVR)、科学有效载荷服务器和行星表面漫游车三类[11]。此外，空间机器人还可按照基座控制方式、作业位置、功能等进行分类。

频繁发生的卫星失效事件、不断增加的空间碎片清理问题、空间站的建设与维护需求、新型在轨服务技术的发展需求等不断推动着空间机器人技术的快速发展，欧美、日本等发达国家经过几十年的发展，在理论研究和在轨实践方面均取得了丰硕的成果，积累了丰富的经验[12-17]。而我国在空间机器人方面的研究起步较晚，相关工作大多为基础研究工作，部分单位/高校成功搭建地面实验平台并完成地面验证实验[18-26]。2016 年 6 月，中国国家航天局(China National Space Administration，CNSA)制作的空间机器人发展路线图也指出，要加强空间机器人领域基础理论的突破，提出更多独创性的概念，未来中国将在空间在轨服务机器人、月球与深空探测机器人、空间环境治理机器人等领域，开展一系列共性和专业关键技术攻关。

1.2　遥操作的应用领域

遥操作主要应用于因特殊原因而不宜将操作员置于作业现场的情况，如作业现场不利于人的生存和活动，将操作员送至作业现场的成本太高等。随着人类生活生产的进步，遥操作作为一种能够将操作员和作业环境分离的操作控制模式，在诸多领域中具有广泛的应用前景[27,28]。目前，遥操作主要应用在以下几个领域。

(1) 工程领域中特殊环境下的作业。在高温、强辐射及深水环境下，人工作业不仅不能有效保障作业人员的人身安全，而且无法适应更高的操作难度。若使用遥操作机器人取代人进行工程作业，则利于降低安全风险并提高作业效率。目前，使用遥操作方式控制的机器人已经被用于核辐射源的移动、替换和清理，海底勘探，石油开采，救捞作业，深水管道以及电缆的铺设检查和维护等情况。

(2) 航天领域中空间科学实验、在轨服务等的控制。空间的微重力、高真空、低干扰环境为许多科学实验提供了良好的条件。然而空间站上的资源(包括人力、能源、知识、技能等)有限，无法充分利用空间站提供的良好条件。遥操作使科学实验的专家能够在地面在线地控制实验,最大限度地发挥实验设备和资源的作用,用最小的风险获得仅靠在轨人员或运行程序难以得到的数据。这是遥科学最初提出的目标，也是目前遥操作最主要的应用领域。

(3) 深海探测。法国的 EPAVLARD、美国的 AUSS、俄罗斯的 MT-88 等水下机器人已用于海洋石油开采、海底勘探、救捞作业、管道和电缆的铺设检查与维护等。我国成功研制了 1000m 水下无缆自治机器人，又与俄罗斯强强合作，成功研制了 CR-01 6000m 水下无缆自治机器人，并实现了工程化。

(4) 医学领域中的远程医疗。将遥操作应用于医疗,可以服务于广大的疾病患者,使他们可以在本地享受高水平的医疗服务。利用遥现和遥信技术对患者进行远程会诊的技术已经成熟并投入使用,各种远程诊断系统相继建立。通过这些系统可以将分布在世界各地的医学专家组织起来,共同完成对一个或多个患者的诊断及治疗。相比之下使用遥作技术进行远距离手术尚处于研究实验阶段,但也取得了相当大的进展。2019 年,得益于 5G 网络,中国人民解放军总医院肝胆胰肿瘤外科医生刘荣,远程操控 50 公里外的机器人,成功完成了小猪肝小叶的切除手术,手术全程持续大约 1 小时。该次手术是世界首例 5G 远程外科手术。有理由相信,遥医技术被普遍应用于患者病情的诊断及治疗的时代已经为期不远。

(5) 军事领域中无人武器的操纵。各种高技术武器对装备驾驶员的要求越来越高,同时,驾驶员的生理承受极限会严重影响装备的设计及其性能的发挥,且目前各国对战争中人员伤亡越来越重视,许多国家都倾向在战斗中使用无人驾驶高性能武器。无人驾驶武器除了需要通过自主智能化技术提高武器装备自主应变的能力之外,更加依赖控制中心对其进行遥控的能力。美国、以色列等国家在无人驾驶武器领域取得了相当大的进展,其研制的无人驾驶武器多次完成精确打击、情报侦察等高难度任务。可以预见,各种遥操作相关技术的应用可以改变传统军事系统的结构概念,即传统的 C^3I(即"指挥、控制、通信与侦察")系统可能变成 T^3(即"遥现、遥作与遥信")系统。

(6) 日常生活。随着计算机互联网的飞速发展,基于互联网的机器人遥操作技术正成为研究的热点。通过网络遥操作技术可以执行异地服务、远程教学、设备共享、异地危险复杂环境下的实验等任务,提高人类的生活质量。

1.3 空间机器人遥操作应用

遥操作装置的诞生可以追溯到第二次世界大战以后的美国阿贡国家实验室(Argonne National Laboratory,ANL),第一台伺服式遥操作工具如图 1.1 所示,它是基于机械伺服原理开发的一款操作工具[29,30]。遥操作技术历经了机电伺服、远动电子学、无线传输乃至网络化等各个阶段。至今,遥操作技术已成为发达国家在先进远程化装备中所普遍优先采用的一项系统性关键技术。特别是随着人类空间活动的不断发展和复杂空间应用需求的日益扩大,以空间机器人和空间有效载荷控制为目标的遥操作技术愈加受到科技强国的重视。在过去的二十多年中,世界上航天强国围绕在轨服务开展了大量卓有成效的研究,包括一系列地面实验、在轨实验和技术演示验证。目前,最成功的空间机器人遥操作应用是于 1998 年 11 月

15 日成功发射升空的 ISS 第一组成部分——曙光号功能货舱。ISS 计划建立了众多遥科学/遥操作支持中心。ISS 是人类历史上第 9 个载人的空间站，也是有史以来最大的空间站。ISS 在低地球轨道(low earth orbit，LEO)上运行，主要用于微重力环境下的研究实验[31]，到 2019 年 12 月 31 日为止，已经在轨运行 7700 余天。ISS 外观(2018 年 10 月 4 日)如图 1.2 所示。

图 1.1　第一台伺服式遥操作工具

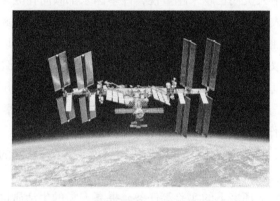

图 1.2　ISS 外观(2018 年 10 月 4 日)

1.3.1　美国空间机器人遥操作应用

早在 20 世纪 70 年代初，美国就提出了在空间飞行器中加强采用遥操作技术的思路。自 80 年代起，NASA 利用在航天飞机上安装的机器人及其舱内供宇航员使用的遥操作系统[32]，在空间多次成功地进行了轨道飞行器的组装、维修、回收和释放等操作，如 1984 年参与修复了玛克希姆太阳观测仪，1997 年借助遥操作机器人成功修复了哈勃望远镜(Hubble Space Telescope，HST)。目前，这种机(站)载机器人及其遥操作系统已成为 ISS 组装阶段的主要装配工具。

NASA 的报告指出，未来短时间内将有一半的在轨和行星表面工作通过遥科学(遥操作)或遥操作机器人的方式来运行。目前，NASA 已陆续建立并改造完善了若干个遥科学中心和遥操作中心。

(1) 马歇尔航天飞行中心(Marshall Space Flight Center，MSFC)的有效载荷操

作与集成中心(Payload Operations Integration Center，POIC)。POIC 主要用于开展微重力环境下的空间材料科学、生物技术研究和空间产品开发。

(2) 艾姆斯研究中心(Ames Research Center，ARC)的载荷操作部。该载荷操作部侧重于开展微重力环境下的生物研究。

(3) 格伦研究中心(Glenn Research Center，GRC)的遥科学支持中心。该遥科学支持中心开展微重力环境下的流体和燃烧实验。

(4) 约翰逊航天中心(Johnson Space Center，JSC)的空间任务控制中心。目前最新的中心具有两个空间任务操作控制室，允许在执行实时任务的同时进行训练，为后续任务做准备。

(5) 喷气推进实验室(Jet Propulsion Laboratory，JPL)。JPL 于 1997 年建立了漫游机器人的遥科学支持系统(web interface for telescience，WITS)[33]，有效地开展行星探索机器人的操作与控制，在火星探路者(Mars pathfinder，MPF)计划中发挥了关键作用。MPF 三代如图 1.3 所示。

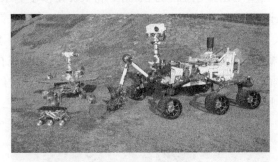

图 1.3　MPF 三代

1986 年，美国开展飞行遥控机器人(flight telerobotic servicer，FTS)项目[34]，该项目是由美国最早开展的空间机器人项目，其主要目的是设计能够在 ISS 执行典型任务的空间遥机器人设备，给宇航员提供一个装配 ISS 或维修卫星的鲁棒系统[35]。FTS 由两个完全相同的七自由度机械臂和一个五自由度的定位臂组成，其中两个七自由度机械臂用于执行空间抓捕、安装等任务，而五自由度机械臂用于将 FTS 系统固定于空间某个位置(如固定于 ISS 的特定部位)[36]。美国 FTS 系统如图 1.4 所示。由于 20 世纪 80 年代末自由号 ISS 项目资金的减少，FTS 项目也于 1991 年 9 月停止。

Ranger 计划(Ranger telerobotics program)[37,38]是由美国 NASA 资助，马里兰大学空间系统实验室(Space Systems Laboratory，SSL)提出并研制的灵巧空间机器人服务系统。在 SSL 20 多年来对哈勃太空望远镜机器人服务的实验和理论研究基础上设计 Ranger，主要是为了满足 HST 机器人服务的要求。为了在地面对 Ranger

图1.4　美国 FTS 系统

的服务功能进行测试，马里兰大学展开 Ranger 遥操作机器人飞行实验(Ranger telerobotic flight experiment, RTFX)，于 1993 年设计了自由飞行卫星本体，并于 1995 年开始开发 Ranger 水浮系统(Ranger neutral buoyancy vehicle，RNBV)。RNBV 作为机器人样机的实验床，用于卫星监测、维修、燃料补给和轨道调整等功能测试。该系统在水浮条件下演示了机器人轨道可更换单元(orbit replaceable unit，ORU)更换、电连接器插拔、双臂协调规划、自由飞行及轨道保持的自适应控制以及多臂协调的定位控制。由于具有潜在的航天飞机发射机会，1996 年，SSL 联合 NASA 空间科学办公室(Office of Space Science)将 RTFX 演变为 Ranger 遥操作机器人空间实验(Ranger telerobotic shuttle eXperiment，RTSX)，将原来设计的自由飞行版本发展成基于航天飞机的空间机器人在轨演示系统，机器人安装于在轨空间实验室的平台上，RTFX 概念图和 RTSX 系统如图 1.5 所示。RTSX 系统有在轨飞控站控制和地面飞控站控制(由 JPL 协作研制)两种操作模式，RTSX 系统的在轨飞控站和地面飞控站如图 1.6 所示，Ranger 机器人可在地面飞控站的支持下，替代宇航员进行出舱活动。

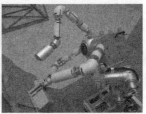

图 1.5　RTFX 概念图和 RTSX 系统

图 1.6　RTSX 系统的在轨飞控站和地面飞控站

美国 NASA 的机器宇航员(Robonaut)[39]项目开始于 1997 年，目的是建立一个仿人机器人协助宇航员完成较危险或耗时的在轨舱外活动(extravehicular activity, EVA)。第一代仿人机器人是 Robonaut 1(R1)，如图 1.7 所示，Robonaut 1 有两个版本 R1A 和 R1B，但这两个版本都没有被送入太空，其设计还提出了用于行星表面的遥操作，由在轨飞行宇航员发送指令，操作 Robonaut 机器人探索行星表面。2007 年，NASA 开始研究下一代版本 Robonaut 2(R2)。2010 年，Robonaut 2 公布于众，如图 1.8 所示，Robonaut 2 于 2011 年被送入 ISS，舱内宇航员可以将其释放到舱外，同地面控制器一样，宇航员借助舱内的遥操作系统也能够操作舱外的 Robonaut，通过头盔等仪器，感知 Robonaut 的作业状态及其所处环境，再根据作业任务需要，利用数据手套和模拟主手等操作器完成主从动作；另外，升级的 Robonaut 2 在改变外层材料后，可用于 ISS 内。Robonaut 2 的特点是具有类人的手臂和手指，每个臂长 0.8m，具有 7 个自由度，在地球重力的情况下可以抓捕 9kg 的载荷；每个手具有 12 个自由度：拇指具有 4 个自由度，食指和中指各具有 3 个自由度，其他手指各具有 1 个自由度。Robonaut 2 的手指像人类手指一样由肌腱连接和驱动，能够使用宇航员所使用的工具，具有遥操作模式和自主模式两种操作模式，大大减少了宇航员 EVA 负荷。

图 1.7 Robonaut 1

图 1.8 Robonaut 2

自治舱外自由机器人相机(autonomous extravehicular activity robotic camera sprint，AERCam Sprint)[40]是 NASA 用于演示自由飞行相机样机使用的实验，AERCam Sprint 在 STS-87 任务中得到测试。STS-87 任务中的 AERCam Sprint 如

图 1.9 所示，可用于航天飞机或 ISS 舱外远程视觉监测，其是一个直径 14 英寸 (360mm)，重 35 磅(16kg)的球体，包含两个电视摄像机、一个航空电子系统和 12 个小型氮气推进器。AERCam Sprint 的遥操作通过双向超高频无线电通信来实现，自动飞到指定位置，将监测视频数据传送回地面任务控制中心或航天器舱。

图 1.9　STS-87 任务中的 AERCam Sprint

　　1999 年初，美国国防高级研究计划局(Defense Advanced Research Projects Agency，DARPA)进行一项名为"轨道快车"(orbital express，OE)的计划[41,42]，"轨道快车"计划如图 1.10 所示。其内容是制造并应用名为"自动空间运输器机器人操作"(autonomous space transport robotic operations，ASTRO)的小卫星为美国的侦察卫星服务，以提高侦察卫星的机动能力和防卫能力，并提高其工作效率。该计划对相应的遥操作能力及其他的辅助基础设施都提出了技术挑战。通过中继卫星与相关地面测控网的配合，为遥操作功能的实现提供全轨道、全航时的全透明信道链路，从而保证在地面专家的直接参与和决策之下，有效地操作轨道运输器 ASTRO 与目标卫星进行交会，实现燃料补给、模块更换的技术目标。小卫星将停泊在轨道上，需要时可在轨道储藏器与侦察卫星之间机动飞行，将燃料、电子设

图 1.10　"轨道快车"计划

备以及其他物资从轨道储藏器运送到侦察卫星上，并可对侦察卫星上技术过时的设备进行更换。必要时 ASTRO 小卫星还可以用作反卫星武器。该计划实施分为两个阶段，第一阶段为期 14 个月，任务是验证方案的技术可行性和卫星接口的关键技术等；第二阶段从 2002 年开始，为期 38 个月，任务是验证实用系统的概念设计和在轨演示的操作方案。第二阶段的硬件集成工作中，波音公司建造了两颗卫星，一颗为"自主太空运输自动操作"卫星，另一颗为"下一代耐用卫星"(next-generation serviceable satellite，NEXTSat)，模拟可维护卫星。

此外，艾姆斯研究中心还提出了可同时接受地面遥操作和舱内支持的个人卫星助手(personal satellite assistant，PSA)[43]的概念。个人卫星助手及其操作概念如图 1.11 所示。其核心是在飞行器的舱内释放一个可自由飞行游走的微型卫星，用于完成对宇航员和舱内环境的监测、通信，以及辅助机组人员作业和地面的遥操作支持等任务。

图 1.11　个人卫星助手及其操作概念

1.3.2　欧洲空间机器人遥操作应用

在欧洲，相关的研究主要得益于 1983 年美国的联合倡议，即 ISS 计划。为此，欧洲航天局(European Space Agency，ESA)专门制订了相应的"哥伦布预先计划"，全力围绕 ISS 计划中哥伦布舱的在轨使命启动遥科学技术研究，其目的一是通过地面支持，实时地远程监测哥伦布空间站上、自由飞行实验室和在轨平台里的实验进程，分析相应的实验结果，并根据需要对实验进行调整干预；二是期望通过地面专家的直接参与，更好地监控相关实验，并有效地节省航天员的附加作业时间，以便其发挥更大的作用；三是对有人照料的自由飞行平台(实验室)实行最佳管理，对航天员、机器人和有关的自动化设备进行合理分工。在无人期间，有效载荷则需要通过机器人以及遥科学方式运行，即部分操作需由地面研究人员或用户直接监督和控制有效载荷实验过程。

为使空间科学实验达到预期的目的，德国宇航院(Deutsches Zentrum für Luft-und Raumfahrt，DLR)特别设计了机器人技术实验(robot technology experiment，

ROTEX)[44]及其地面遥操作系统[45,46]。空间机器人 ROTEX 示意图及其地面遥操作系统如图 1.12 所示，ROTEX 项目始于 1986 年，1993 年 4 月，哥伦比亚号航天飞机携带其发射升空。ROTEX 系统的相关技术在 1992 年 D2 任务(D2-mission)期间，得到了实际飞行验证，该项目取得了预期的成果，第一次实现了远距离大时延条件下的空间机器人遥操作实验，其采用的多传感器手爪、基于预测的立体图像仿真等技术方案，代表了其后的空间机器人发展方向。

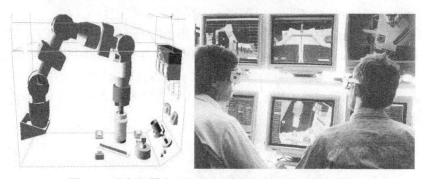

图 1.12　空间机器人 ROTEX 示意图及其地面遥操作系统

2004 年，DLR 展开无人在轨服务(unmanned on-orbit servicing，OOS)空间计划，包括 ISS 上的机器人部件验证(robotic components verification on ISS，ROKVISS)任务[47,48]，用于演示和验证空间系统的技术卫星(technology satellite for demonstration and verification of space systems，TECSAS)任务[49]，两项任务均是空间机器人技术验证实验。ROKVISS 系统于 2004 年 12 月随俄罗斯进步号飞船发射升空，安装在 ISS 外部作为服务模块，自 2005 年 2 月开始可从地面由无线电链路直接操作一个空间机器人，目的是在飞行中验证高度集成的模块化机器人关节技术，并演示不同控制模式，包括自主模式、遥操作模式及力反馈遥操作模式(遥现场模式)。DLR 的 ROKVISS 系统及其机器人遥现场如图 1.13 所示，包含空间机器人、控制器、照明系统、电源系统及周线设备等,其中空间机器人由一个 50cm 长的两关节机械臂、一个金属手指和两个摄像机组成。TECSAS 系统任务目的是验证空间维修和服务系统中关键技术的可用性及先进成熟度，具体包括接近和交会技术、绕飞监测技术、编队飞行技术、空间机器人捕获技术、耦合航天器稳定和标定及其机动飞行技术、目标星操作技术、通过遥现场的主动地面控制技术、自主操作期间的被动地面控制技术、轨道转移/离轨的推力控制技术、组合体解耦技术。TECSAS 任务于 2006 年终止后，DLR 进一步提出了轨道服务(Deutsche orbitale servicing，DEOS)任务，目的是验证在轨飞行中服务卫星接近技术，包括定位并接近目标卫星、使用安装在自由飞行服务卫星上的机器人捕获一颗翻滚非合作卫星、演示燃料注入、模块更换等服务任务、在预定再入走廊内离轨组合体。

尽管 DEOS 任务以地球同步轨道(geosynchronous orbit，GEO)卫星为服务对象，但先在 LEO 上开展，以验证慢旋非合作目标的捕获等关键技术。DLR 的 TECSAS 系统和 DEOS 任务如图 1.14 所示。

图 1.13　DLR 的 ROKVISS 系统及其机器人遥现场

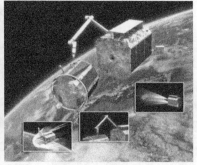

图 1.14　DLR 的 TECSAS 系统和 DEOS 任务

1990 年，ESA 提出了地球同步服务飞行器(geostationary servicing vehicle，GSV)计划[50]，GSV 计划的技术概念如图 1.15 所示。按照设计，它是一个装有机械臂的卫星，发射后在 GEO 上工作到寿命终止，GSV 计划设想通过该卫星监测 GEO 上的卫星，并在遥操作支持下，对一些模式故障进行排除，如未展开的太阳能帆板、未展开的天线、卫星上的失效模块等。该计划于 1998 年止于概念阶段。

欧洲机械臂(European robotic arm，ERA)[51]是 ESA 安装在 ISS 俄罗斯部分的大型对称结构的机械臂，臂长 11.3 m，具有 7 个自由度，工作载荷 8000 kg，具备两个手腕，手腕均有 3 个关节。自主模式下，ERA 能够在 ISS 外部"行走"，实现预定基点之间移动交接，具备自主或半自主地执行空间任务的能力，从而解放操作员，使其可以自由地做其他工作。ERA 的具体任务包括：太阳能电池板的安装、

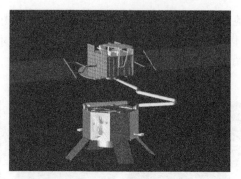

图 1.15　GSV 计划的技术概念

部署, ISS 检测, (外部)有效载荷处理, 宇航员太空行走时的支持。宇航员可从 ISS 内/外控制 ERA, ISS 舱内作业人机接口(intra vehicular activity-man machine interface, IVA-MMI)通过笔记本电脑实现, 在电脑上显示 ERA 及其环境模型; ISS 舱外作业人机接口(extra vehicular activity-man machine interface, EVA-MMI)通过特别设计的界面实现, 可以在宇航服内使用; ERA 也可由地面控制站完成操作, ERA 及其控制和数据接口如图 1.16 所示。

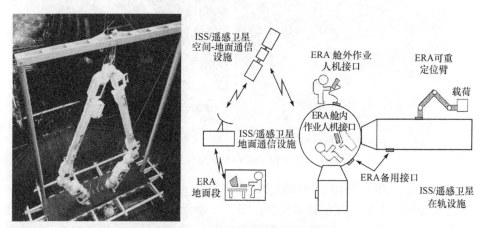

图 1.16　ERA 及其控制和数据接口

　　苏联是世界上较早将遥操作概念引用到空间领域的国家。Lunakhod 是其一系列机器人月球探测车, 计划于 1969～1977 年登陆月球, 探测月球表面。1970 年, 苏联成功研制了用于登陆月球表面进行探测的行走机器人 Lunakhod 1[52], Lunakhod 1 月球探测车如图 1.17 所示。Lunakhod 1 是第一个登陆其他星球的移动遥控机器人, 且最先利用了"走-停-走"的遥操作模式, 用于应对因远程大时延所可能引发的稳定性和安全性问题。Lunakhod 1 计划在月球上运行 3 天(大约 3 个地球月), 但实际上在月球上运行了 11 天。

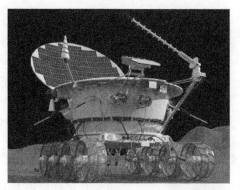

图 1.17　Lunakhod 1 月球探测车

2013 年，俄罗斯加加林宇航员培训中心(YU.A. Gagarin Research & Test Cosmonaut Training Centre，GCTC)的科学家们推出一个仿人机器人 SAR-401，首次在星城(Star City)亮相。SAR-401 与 NASA 的 Robonaut 2 非常类似，肩部具有 3 个自由度，但是只有躯干和两个机械臂，没有腿，其既可以在 ISS 内，也能在 ISS 舱外工作，但它不能够完全自主行动，必须由科学家穿戴上一套专门设计的手套，从地面遥操作机器人的胳膊和双手，完成精细复杂动作任务，如更换设备、检查维护 ISS。SAR-401 机器人如图 1.18 所示。SAR-401 机器人在地球上能够举起 10kg 的重物，在空间零重力条件下，可举起更重的重物，其有望在 2028 年之前投入使用，与 NASA 的 Robonaut 2 共同服务于 ISS。

图 1.18　SAR-401 机器人

舱外维修空间检查装置(space inspection device for extravehicular repair，SPIDER)[53]是由意大利航天局(Agenzia Spaziale Italiana，ASI)于 20 世纪 90 年代末启动的一个空间自动化和机器人领域的战略性长期计划，目的是开发高度自主的自由飞行空间机器人，用于航天器近距离监测和维修任务。1998 年，ASI 展开具体技术开发活动用于支持 SPIDER 计划，其中 SPIDER 操作系统(SPIDER manipulation

图 1.19　SPIDER 计划的机器人单臂

system, SMS)[53]项目已经启动，分三个阶段开发一个双臂操作系统，具体为首先开发一个单臂及其简单版控制器和操作界面，然后在第三阶段结束时获得完整双臂操作系统，SPIDER 机器人单臂有 7 个关节。SPIDER 计划的机器人单臂如图 1.19 所示。

1.3.3　加拿大空间机器人遥操作应用

加拿大是在空间机器人及其遥操作技术领域领先的国家之一，由其航天局(Canadian Space Agency, CSA)建立了有效载荷任务支持中心(Payload Mission Support Centre，PMSC)，PMSC 由有效载荷支持中心(Payload Support Centre，PSC)和有效载荷遥操作中心(Payload Telescience Operations Centre，PTOC)组成。PSC 的地面系统主要用于支持加拿大有效载荷的验证和集成任务。通过 PTOC 的地面系统，地面科学家和工程师团队可以与 NASA 的有效载荷操作中心及全球其他控制中心进行通信，实时支持 ISS 上的宇航员进行预定的科学实验，接收来自 ISS 的数据，必要时可直接与 ISS 的宇航员沟通以提供协助，确保所有科学实验的顺利完成。另外，CSA 还建立了机器人任务控制中心，地面团队的操作人员可通过该中心的遥操作控制系统规划、监测和控制 ISS 上一半以上的加拿大臂(Canadarm 2)和 Dextre 机器人完成操作任务。通过该中心可以发送指令，接收来自 ISS、Canadarm 2 和 Dextre 的数据，同时中心具有语音通信系统和视频通信系统，可以保证处于异地的操作人员进行协同操作。CSA 的 PTOC 和机器人任务控制中心如图 1.20 所示。

图 1.20　CSA 的 PTOC 和机器人任务控制中心

加拿大臂是加拿大为美国航天飞机研制的空间机械臂遥操作系统(shuttle remote manipulator system，SRMS)，也被称为 Canadarm 1[54]。第一套加拿大臂遥操作系统于 1981 年 4 月交付给 NASA，主要用于部署、操作和捕获有效载荷，于 1981 年首次在哥伦比亚号航天飞机 STS-2 任务中得到在轨测试，于 2011 年 7 月的 STS-135 任务之后退役。2001 年，在 SRMS 基础上，加拿大 SPAR 航空(SPAR Aerospace)公司设计制造了移动服务系统(mobile serving system，MSS)，也被称为 Canadarm 2[55]。STS-125 任务中的 Canadarm 1 和 STS-134 任务中的 Canadarm 2 如图 1.21 所示。MSS 是 ISS 上的一个机器人系统，MSS 如图 1.22 所示。它比上一代加拿大臂更大更先进，在 ISS 的组装和维护中起到关键作用：在 ISS 周围移动设备和补给，支持空间宇航员工作，服务于 ISS 的仪器和其他有效载荷，以及用于外部维护。MSS 由三部分组成，包括空间站远程机械臂系统(space station remote manipulator system，SSRMS)、移动远程服务基座系统(mobile remote servicer base system，MBS)和专用灵巧机械臂(special purpose dexterous manipulator，SPDM)，Canadarm 2 于 2001 年 4 月发射升空，安装在 ISS 上，ISS 的部分组装任务由 Canadarm 1 移交给 Canadarm 2。

图 1.21　STS-125 任务中的 Canadarm 1 和 STS-134 任务中的 Canadarm 2

图 1.22　MSS

随着国际空间界规划下一步向月球、火星或小行星等目的地的长期空间探索任务迈进，2012 年 9 月 27 日，CSA 揭幕了下一代加拿大臂计划(next-generation Canadarm project，NGC)[56]，通过推进未来天基机器人技术的研究、开发和原型设计，支持低地球轨道和深空任务，来延续加拿大原始机械臂的传统。通过 NGC 计划，加拿大设计并建造了轻型、经济高效的在轨服务机器人系统和技术的地面原型，具体包括下一代大加拿大臂(next-generation large Canadarm)、下一代小加拿大臂(next-generation small Canadarm)、近距离操作实验平台(proximity operations system testbed)、半自主对接系统(semi-autonomous docking system)和任务操作站(missions operations station)。CSA 的 NGC 系统如图 1.23 所示。通过这些系统和技术，遥操作所有 NGC 系统，给在轨卫星添加燃料或翻新，从而延长卫星的使用寿命，同时可以为载人或无人空间基础设施提供服务。

图 1.23　CSA 的 NGC 系统

1.3.4　日本空间机器人遥操作应用

日本是亚洲最早跟踪研究遥科学技术的国家，合并之前的宇宙开发事业团(National Space Development Agency of Japan，NASDA)于 1995 年开始先后开展了几个空间机器人遥操作相关项目或计划，包括空间自由飞行体(space flyer unit，SFU)项目[57]、空间机械臂飞行验证(manipulator flight demonstration，MFD)[58]、空间机器人在 Satellite7 上工程测试实验(engineering test satellite No.7，EST-VII)[59]、实验遥操作机械臂系统(Japanese experiment module remote manipulator system，JEMRMS)[60]。SFU 是由 NASDA 等三家团队联合开发并于 1995 年 3 月成功发射的一个多功能、可回收重复使用的无人空间自由飞行体，配备有灵巧机械臂，由日本、NASA 和智利的多个地面飞控站跟踪并获取在轨数据。SFU 及其跟踪、数据获取网络如图 1.24 所示。图 1.24 中，TDRS(tracking and data relay satellite)是跟踪与数据中继卫星；OTDS(Okinawa tracking and data acquisition station)是冲绳跟踪与数据采集站；ISAS KSC(Kagoshima Space Center, Institute of Space and Aeronautical Science)是日本航空航天科学研究所的鹿儿岛航天中心；TACC(Tracking and Control Center)是 NASDA 的跟踪与控制中心；SOC(Sagamihara Operation Center)是 ISAS 的相模原操作中心。SFU 项目完成了微重力条件下材料和生命科学实验。1996 年 1 月，NASA 宇航员操作航天飞机上的机械臂，实施轨道交会、靠近定位并抓取 SFU，成功回收。SFU 项目为日本空间交会对接及空间机器人操作提供了技术基础。

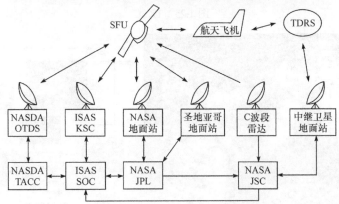

图 1.24　SFU 及其跟踪、数据获取网络

　　虽然没有美国那么完整和长期的相关空间计划，但是日本紧紧抓住了联合参
与 ISS 的历史机遇，为其日本实验舱(Japanese experiment module，JEM)研制了具
备一定交互功能的遥科学技术支持中心(Tsukuba Space Center，TKSC)，TKSC 如
图 1.25 所示。TKSC 是日本空间网络的中心，它利用国际商用的越洋海底电缆通
信网与 MSFC 的有效载荷操作控制中心(Payload Operations Control Center，POCC)
相联结，并借助于后者的白沙地面站及美国数据中继卫星，与 ISS 的 JEM 舱构成
透明的信息链路，用于开展空间生命科学、空间材料科学等遥科学实验。MFD 机
械臂任务是 JEMRMS 中小臂(small fine arm，SFA)的第一次空间飞行演示测试，
该任务系统于 1997 年 8 月 7 日的 STS-85 任务中发射升空。SFA 是 JEM 上功能
最重要、技术最先进的组件之一，MFD 机械臂的在轨飞行操作控制由 NASDA 和
JSC 地面人员团队联合完成，MFD 机械臂(SFA)及其操作控制示意图如图 1.26 所

示。MFD 任务目标是评估空间微重力条件下机械臂的性能，评估空间机械臂控制系统的人机接口，在轨演示 ORU 的安装/拆卸功能和卸载门的开/关功能，任务中的实验演示验证了空间机器人地面遥操作系统文件数据传输的有效性，获得了该技术进一步应用的基本数据。

图 1.25　TKSC

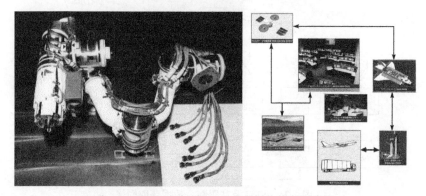

图 1.26　MFD 机械臂(SFA)及其操作控制示意图

　　1998 年 11 月 28 日，NASDA 开发并成功发射了 ETS-VII，ETS-VII 由受控卫星(chaser satellite)和目标卫星(target satellite)两部分组成，受控卫星是主星，并配备有 2 米长的机械臂，ETS-VII 及其地面控制站如图 1.27 所示。ETS-VII 开展了以遥操作机器人为手段的航天器在轨释放、捕获与交会对接技术演示验证。它是世界上第一个配备空间机械臂的卫星，同时也是第一个成功自主完成交会对接的无人航天器，主要进行了三项关键技术的实验验证。

　　(1) 地面遥操作空间机器人实验。主要用来验证第二代空间机器人的关键技术，其核心是克服大时延问题。

　　(2) 机器人和卫星协调控制实验。当卫星不是很大时，机器人的运动将影响卫星姿态，进而影响卫星的通信。该实验验证了如何协调两者的控制，以使机器人手臂不影响卫星姿态的稳定性。

(3) 在轨卫星服务实验。其包括：卫星监测，通过控制安装在机械手上的摄像机，地面人员可以对卫星进行监测；更换 ORU，其主要应用背景在于燃料的补给；用机械手抓取目标卫星，帮助其与主星对接。

图 1.27 ETS-VII 及其地面控制站

JEMRMS 是 JEM 上的遥操作空间机械臂系统，由 SFA 和主臂(main arm, MA)两部分组成，于 2008 年由发现号航天飞机送入 ISS，安装在 JEM 的密封舱 (pressurized module, PM)上，用于支持空间机器人实验以及 JEM 的维护任务。SFA 和 MA 均具有 6 个自由度，MA 长约 10m，重约 190kg，最大载荷 7t；SFA 长约 2.2m，重约 190kg，最大载荷 300kg，MA 可以处理(抓取/移动)有效载荷和大型物体，SFA 可以处理较小的物体。JEMRMS 由安装在 PM 内的控制台控制(JEMRMS rack)，控制台由管理数据处理器(management data processor, MDP)、笔记本电脑 (laptop computer)、手控器(hand controllers)、电视监视器(TV monitors)及保持/释放电子设备(hold/release electronics, HREL)等组成，机械臂上安装有摄像头，因此操作人员可在 PM 内的电视监视器上观看摄像机图像的同时，操纵 JEMRMS。TS-124 任务中的 JEMRMS 及其控制台如图 1.28 所示。

1.3.5 我国空间机器人遥操作应用

我国在空间遥科学或空间遥操作技术方面起步较晚，但技术起点较高。我国结合几十年来航天技术的发展基础，特别是在国家高技术研究发展计划(863 计划)航天领域专家委员会的指导下，于 1993 年设立了遥科学及空间机器人技术专家组，集中力量，突出重点，有步骤、分阶段地开展了空间遥科学/遥操作与空间机器人等关键技术的跟踪、攻关和综合集成，取得了一批重要成果，构建形成了空间机器人和遥科学两大技术演示系统。

其中的成果之一就是以国家高技术航天领域空间机器人工程研究中心为主研制的一套舱外移动机器人(extravehicular mobile robot, EMR)[61]地面模拟系统。系统通过主动式配重吊丝的伺服处理，在地面上消除了机器人各关节的 95%以上重力负载，从而可以有效地开展低重力条件下的空间机器人任务规划、工件维护等

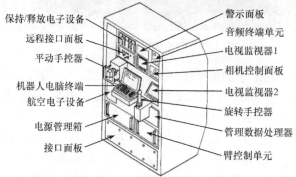

保持/释放电子设备　　　　　　　　警示面板

远程接口面板　　　　　　　　　　音频终端单元

平动手控器　　　　　　　　　　电视监视器1

　　　　　　　　　　　　　相机控制面板

机器人电脑终端　　　　　　　　电视监视器2

航空电子设备　　　　　　　　　旋转手控器

电源管理箱　　　　　　　　　管理数据处理器

接口面板　　　　　　　　　臂控制单元

图 1.28　TS-124 任务中的 JEMRMS 及其控制台

技术操作，具备了在该平台上开展空间机器人部分相关技术的设计、研究与验证条件。

遥科学地面演示与验证系统是 863 计划航天领域"九五"期间取得的另一项重要技术成果。该系统由中国科学院力学研究所负责承担研制。通过与国内各有关部门的通力协作，完成了以下两个方面的研制任务。

(1) 突破了遥科学系统的总体建模技术，天地信道大容量数据的实时压缩、传输与恢复技术，空间数据系统咨询委员会(Consultative Committee for Space Data Systems，CCSDS)协议的实时编/解码技术，遥科学交互信息的综合分发、协调与调度技术，飞行载荷的遥科学接口嵌入技术，遥科学实验进程的"全景"式实时记录与事后分析技术，以及遥科学系统的总体集成技术等，建立了相应的遥科学地面演示与验证系统[62-65](见第 7 章)。

(2) 实现了多种属性的实验集成(如科学载荷、飞行器和机器人等操作对象)；有效地开展多地域、多类别和多批次的遥科学演示实验，充分演示和验证了该系统平台的遥操作支持能力。如针对如(1)所述的地面模拟系统和地面机器人的实时、远程遥操作演示，中国科学院力学研究所开展了机器人遥操作实景；以在轨飞行中的"清华一号"卫星为对象，中国科学院力学研究所与清华大学合作开展了"清华一号"卫星遥操作实验；以微型无人机为对象的远程化、快速响应式遥科学操作演示，中国科学院力学研究所开展的微型无人机遥操作的实验对象如图 1.29 所示；其他诸如金属无容冷凝、空间材料载荷等遥科学的支持演示实验也陆续实现。

图 1.29　中国科学院力学研究所开展的微型无人机遥操作的实验对象

　　1992 年 9 月 21 日，我国确立了分三步走实施载人航天工程的战略，希望最终于 2022 年左右建成"天宫"号空间站(Chinese large modular space station，CSS)，计划在轨运行 10 年以上，用于开展科学研究和空间实验[66]。载人航天工程第三步的 CSS 建设，初期将建造 3 个舱段，包括"天和"号核心舱、"问天"号实验舱 I 和"巡天"号实验舱 II，每个舱段均在 20t 以上。CSS 的基本构型为 T 形，核心舱居中，两个实验舱分别位于两侧。此外，ISS 运行期间，将有一艘紧邻核心舱的"天舟"号货运飞船和两艘载人飞船，整个 ISS 系统将超过 90t，操作将由北京航天指挥控制中心(Beijing Aerospace Command and Control Center，BACCC/BACC)控制。2018 年 11 月 6 日，"天和"号核心舱首次以 1∶1 实物形式(工艺验证舱)出现在珠海航展上。CSS 示意图和"天和"号核心舱(工艺验证舱)如图 1.30 所示。

图 1.30　CSS 示意图和"天和"号核心舱(工艺验证舱)

此外，中国空间技术研究院、中国科学院力学研究所、中国科学院沈阳自动化研究所、清华大学、哈尔滨工业大学及北京航空航天大学等单位经过十多年的努力，在以下诸多方面取得了重要的研究成果：舱外自由移动机器人系统、遥科学演示实验系统、遥操作仿真系统、空间机器人先进控制方法、遥科学通信与数据管理技术、图像压缩技术、实时视觉技术、一体化关节技术、类皮肤传感器技术等。这些成果大大缩短了与先进国家在空间机器人与遥操作方面的技术差距，取得了一系列重要的技术突破，积累了宝贵的研制经验，为我国遥操作技术的发展计划奠定了坚实的技术和人才基础。

1.4　本书内容介绍

本书针对空间遥操作过程中面临的远程化不确定大时延的核心难题，从系统可靠性、有效性等诸多方面分析了不确定大时延带来的影响，给出体系化的解决方法。本书的第 2 章给出本书研究对象的一个具体例子(后续相关工作的研究和验证以该例子展开)，并描述其动力学和运动学建模过程；第 3 章针对基座本体、执行器(机械臂)以及被抓取物等多体的不确定及不确定耦合问题，论述了空间目标的响应修正方法及在轨状态预报技术；第 4 章和第 5 章针对操作的不确定问题，阐述了两种遥操作可靠性提升技术，包括可靠遥操作和多机多员共享遥操作技术；第 6 章给出一套针对空间机器人遥操作的任务和系统的双重通用性评估方法；第 7 章提出了"三段四回路"遥操作系统总体架构，并给出了集成本书相关方法、算法的系统性实现案例。

第 2 章　空间机器人动力学建模技术

本章给出一个具体研究示例：一个由基座、基座上的多关节(6 关节)机械臂和被抓取的自由漂浮对象组成的系统。其中机械臂的 D-H 参数、质量、质心、惯量参数精确已知，其受驱动的等效阻尼未知或不准确；基座的几何参数已知，内部结构已知，其燃料消耗情况未知(结构已知但惯性参数未知)；自由漂浮对象则分为部分参数已知但不准确，以及所有参数全未知两种情况。本章介绍对于此对象的建模过程。

2.1　自由漂浮空间机器人运动学模型

2.1.1　模型假设

无特殊说明情况下，"空间机器人"是指搭载了机械臂的空间飞行器，由飞行器主体及机械臂构成一个多体系统。"主星"是指飞行器主体部分，即搭载机械臂及其他部件机构的基座平台；"机械臂"是指由多个旋转关节(铰链)连接多个连杆而构成的多刚体结构；"目标物体"是指空间任务中机器人所要捕获及操作的空间对象，且一般视为刚体。当目标物体被机械臂末端的手爪或者其他执行机构捕获并牢固之后，也可认为是空间机器人系统的一部分。

一般情况下，人们只关心多体系统的刚性动作，因此整个空间机器人系统中最有意义的部分就是由主星、机械臂和目标物体构成的多刚体系统。其他主星或者机械臂上的附属机构和部件不作单独考察。

在一次完整的任务操作过程中，若不以任何姿态控制装置去补偿由机械臂作业动作导致的主星位姿变化，则所研究的是一个自由漂浮的空间机器人系统，建模对象为空间中自由漂浮的多关节机械臂机器人及其基座(主星)构成的多刚体系统。机械臂中共有 n 个连杆，通过 n 个旋转关节(铰链)依次连接，接续到主星上；连杆 1 为最接近主星的连杆，连杆 n 为最末端连杆。机械臂中每个关节都只有一个旋转自由度，关节 $i(i=1,2,\cdots,n)$ 表示机械臂上连杆 $i-1$ 与连杆 i 之间的关节。

系统的初始状态已知，随后处于无轨控推力和姿/控力矩作用下的在轨飞行状态，即主星位置和姿态均不受助推器或其他类似外力控制。建模中，地球扁率、大气阻尼、太阳光压、地球磁场等影响皆忽略不计，整个系统动量与角动量视为守恒。

2.1.2　坐标系与符号定义

本小节定义后续工作中建立模型和公式推导过程中涉及的物理量及其符号。星-臂耦合运动学建模对象示意图如图 2.1 所示。

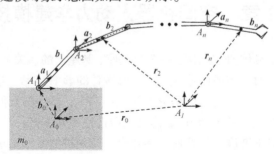

图 2.1　星-臂耦合运动学建模对象示意图

1. 特定坐标系或者坐标变换

坐标系 A_I 定义为惯性系。在后续章节所要求的环境中，一般将其定义在系统初始位置，并以与系统质心相同的初速度做惯性运动。出于保持符号统一与简便考虑，在一些推导过程中，令 $A_{-1} = A_I$，也表示惯性系。

A_0 定义为主星随体系，其原点在主星质心上，坐标系三轴方向与主星自身设计坐标系一致即可。主星本体坐标系与惯性坐标系之间的变换依照欧拉角定义。

$A_i (i=1,2,\cdots,n)$ 定义为多刚体系统中连杆 i 的随体系。其原点固定在关节 i 上前后两连杆铰接点处。坐标系 z 轴与关节 i 的旋转轴保持一致，x 轴与 y 轴参考机械臂 D-H 参数定义。$\hat{x}_i$、$\hat{y}_i$ 和 $\hat{z}_i$ 分别表示 A_i 的三轴单位矢量。

$A_{i-1,i} (i=1,2,\cdots,n)$ 定义为从坐标系 A_i 到坐标系 A_{i-1} 的坐标变换，即

$$A_{i-1,i} = E_{z\bar{\phi}_i} E_{x\psi_i} E_{z\phi_i}$$
$$= \begin{bmatrix} \cos\bar{\phi}_i & -\sin\bar{\phi}_i & 0 \\ \sin\bar{\phi}_i & \cos\bar{\phi}_i & 0 \\ 0 & 0 & 1 \end{bmatrix} \begin{bmatrix} 1 & 0 & 0 \\ 0 & \cos\psi_i & -\sin\psi_i \\ 0 & \sin\psi_i & \cos\psi_i \end{bmatrix} \begin{bmatrix} \cos\phi_i & -\sin\phi_i & 0 \\ \sin\phi_i & \cos\phi_i & 0 \\ 0 & 0 & 1 \end{bmatrix} \quad (2.1)$$

式中，$E_{z\phi_i}$、$E_{x\psi_i}$ 和 $E_{z\phi_i}$ 均为单轴旋转矩阵；ψ_i 为由 D-H 参数规定的关节 i 的 x 轴扭转角；$\bar{\phi}_i$ 为由 D-H 参数规定的关节 i 的 z 轴初始旋转角；ϕ_i 为关节 i 的 z 轴旋转角。

主星随体系与惯性系之间的坐标转换矩阵 A_{I0} 满足下式，即

$$A_{I0} = E_{z\gamma} E_{y\beta} E_{x\alpha}$$
$$= \begin{bmatrix} \cos\gamma & -\sin\gamma & 0 \\ \sin\gamma & \cos\gamma & 0 \\ 0 & 0 & 1 \end{bmatrix} \begin{bmatrix} \cos\beta & 0 & -\sin\beta \\ 0 & 1 & 0 \\ \sin\beta & 0 & \cos\beta \end{bmatrix} \begin{bmatrix} \cos\alpha & -\sin\alpha & 0 \\ \sin\alpha & \cos\alpha & 0 \\ 0 & 0 & 1 \end{bmatrix} \quad (2.2)$$

式中，$E_{z\gamma}$、$E_{y\beta}$ 和 $E_{x\alpha}$ 均为单轴旋转矩阵；α 为主星姿态 x 轴欧拉角；β 为主星姿态 y 轴欧拉角；γ 为主星姿态 z 轴欧拉角。

对于 $i < j$，坐标转换矩阵显然满足 $A_{ij} = A_{i,i+1}A_{i+1,i+2}\cdots A_{j-1,j}$；对于 $i = -1, 0, \cdots, n$，则有 $A_{ii} = E$，E 为单位矩阵。

2. 系统中的结构参数

$l_i = a_i + b_i (i = 1, 2, \cdots, n)$ 定义为由 A_i 原点指向 A_{i+1} 原点的矢量。其中，a_i 为随体系 A_i 原点指向连杆 i 质心的矢量，b_i 为由连杆 i 质心指向随体系 A_{i+1} 原点的矢量。这三者都定义在坐标系 A_i 中。由于整个空间机器人系统的结构参数是在发射之前就设计好的，因此在一次任务中，l_i、a_i 和 b_i 都是常量矩阵。

出于符号统一性考虑，定义 $a_0 = 0$ 为由主星随体系 A_0 原点指向主星质心的矢量，$l_0 = b_0$ 为由主星质心指向 A_1 原点的矢量。

3. 坐标系中的物理参数符号

$m_i (i = 0, 1, \cdots, n)$：连杆 i（或主星）的质量。

w：系统总质量。

$r_i (i = 0, 1, \cdots, n)$：连杆 i（或主星）的质心位置，定义在惯性系 A_{-1} 中。

r_G：系统质心位置。

$I_i (i = 0, 1, \cdots, n)$：连杆 i（或主星）关于自身质心的转动惯量，定义在自身随体系 A_i 中。

$R_i (i = 0, 1, \cdots, n)$：坐标系 A_i 原点的位置，定义在 A_{-1} 中。也即，A_i 原点的矢径在惯性系中的分量组成的向量。R_i 满足下式：

$$R_i = R_0 + \sum_{k=1}^{i} A_{I,k-1} r_{k-1,k}, \quad i = 1, 2, \cdots, n \tag{2.3}$$

式中，R_0 为主星随体坐标系原点在惯性系中的位置；$r_{k-1,k}$ 为连杆 k 随体系 A_k 原点到连杆 $k-1$ 随体系 A_{k-1} 原点的矢径。

$v_i (i = 0, 1, \cdots, n)$：连杆 i（或主星）质心速度，定义在惯性系 A_I 中。

$V_i (i = 0, 1, \cdots, n)$：坐标系 A_i 原点的线速度，定义在惯性系 A_I 中。也即，A_i 原点的绝对速度矢量在惯性系中的分量组成的向量。V_i 满足下式，即

$$V_i = V_0 + \sum_{k=0}^{i} A_{Ik} \Omega_k r_{k,k+1}, \quad i = 1, 2, \cdots, n \tag{2.4}$$

ϕ_i：关节 i 的旋转角。

$\bar{\phi}_i$：关节 i 的初始 D-H 角参数。

$\dot{\boldsymbol{\Phi}}_i(i=0,1,\cdots,n)$：连杆 i (或主星)相对于连杆 $i-1$ (或主星/惯性系)的角速度，定义在 A_i 中。也即，A_i 相对于 A_{i-1} 的角速度矢量在 A_i 体坐标系下的分量组成的向量。

$\boldsymbol{\Omega}_i(i=0,1,\cdots,n)$：连杆 i (或主星)的角速度，其定义在 A_i 中。也即，坐标系 A_i 的绝对角速度矢量在其自身体坐标系下的分量组成的向量。$\boldsymbol{\Omega}_i$ 满足下式：

$$\boldsymbol{\Omega}_i = \sum_{k=0}^{i} A_{ik}\dot{\boldsymbol{\Phi}}_k, \quad i=0,1,\cdots,n \tag{2.5}$$

$$\boldsymbol{\Omega}_0 = \dot{\boldsymbol{\Phi}}_0 \tag{2.6}$$

$\boldsymbol{\omega}_i(i=0,\cdots,n)$：连杆 i (或主星)的角速度，定义在惯性系 A_I 中。

2.1.3 运动学建模

在惯性系中，不受外力作用条件下，整个系统(包括主星、机械臂以及可能的被抓取物体)线动量守恒，即

$$\sum_{i=0}^{n} m_i \dot{\boldsymbol{r}}_i = \text{const} \tag{2.7}$$

整个系统同样满足角动量守恒，即

$$\sum_{i=0}^{n} \left(A_{Ii} \boldsymbol{I}_i \boldsymbol{\Omega}_i + m_i \boldsymbol{r}_i \times \dot{\boldsymbol{r}}_i \right) = \boldsymbol{L}_0 = \text{const} \tag{2.8}$$

式中，$\boldsymbol{L}_0$ 为系统角动量。两相邻连杆质心之间的几何方程，即

$$\boldsymbol{r}_i - \boldsymbol{r}_{i-1} = A_{Ii}\boldsymbol{a}_i + A_{I,i-1}\boldsymbol{b}_{i-1} \tag{2.9}$$

机械臂连杆末端手爪满足的几何方程，即

$$\boldsymbol{r}_i + A_{Ii}\boldsymbol{b}_i = \boldsymbol{r}_0 + A_{I0}\boldsymbol{b}_0 + \sum_{i=1}^{n} A_{Ii}\boldsymbol{l}_i \tag{2.10}$$

将式(2.9)展开至 $\boldsymbol{r}_0$，得到如下关系式：

$$\boldsymbol{r}_i = \sum_{l=1}^{i} \left(A_{Il}\boldsymbol{a}_l + A_{I,l-1}\boldsymbol{b}_{l-1} \right) + \boldsymbol{r}_0, \quad i \geqslant 1 \tag{2.11}$$

而整个系统质心位置表示为式(2.12)，即

$$\sum_{i=0}^{n} m_i \boldsymbol{r}_i = \boldsymbol{r}_G \sum_{i=0}^{n} m_i \tag{2.12}$$

将式(2.11)代入式(2.12)，得到如下关系式：

$$r_G \sum_{i=0}^{n} m_i = \sum_{i=0}^{n} m_i r_i = r_0 \sum_{i=0}^{n} m_i + \sum_{i=1}^{n} \left[m_i \sum_{l=1}^{i} \left(A_{Il} a_l + A_{I,l-1} b_{l-1} \right) \right] \tag{2.13}$$

$$r_0 = r_G - \frac{\sum_{i=1}^{n} \left[m_i \sum_{l=1}^{i} \left(A_{Il} a_l + A_{I,l-1} b_{l-1} \right) \right]}{w} \tag{2.14}$$

将式(2.14)代入式(2.11)，得到如下关系式：

$$
\begin{aligned}
r_i &= \frac{1}{w} \sum_{j=0}^{n} m_j \sum_{l=1}^{i} \left(A_{Il} a_l + A_{I,l-1} b_{l-1} \right) + r_G - \frac{1}{w} \sum_{j=1}^{n} \left[m_j \sum_{l=1}^{j} \left(A_{Il} a_l + A_{I,l-1} b_{l-1} \right) \right] \\
&= \frac{1}{w} m_0 \sum_{l=1}^{i} \left(A_{Il} a_l + A_{I,l-1} b_{l-1} \right) + \frac{1}{w} \sum_{j=1}^{n} m_j \sum_{l=1}^{i} \left(A_{Il} a_l + A_{I,l-1} b_{l-1} \right) \\
&\quad - \frac{1}{w} \sum_{j=1}^{n} m_j \sum_{l=1}^{j} \left(A_{Il} a_l + A_{I,l-1} b_{l-1} \right) + r_G \\
&= \frac{1}{w} \sum_{l=1}^{i} \left(A_{Il} a_l + A_{I,l-1} b_{l-1} \right) m_0 + \frac{1}{w} \sum_{l=1}^{i} \left(A_{Il} a_l + A_{I,l-1} b_{l-1} \right) \left(\sum_{j=1}^{n} m_j - \sum_{j=l}^{n} m_j \right) \\
&\quad - \frac{1}{w} \sum_{l=i+1}^{n} \left(A_{Il} a_l + A_{I,l-1} b_{l-1} \right) \sum_{j=l}^{n} m_j + r_G \\
&= \frac{1}{w} \sum_{l=1}^{i} \left(A_{Il} a_l + A_{I,l-1} b_{l-1} \right) \sum_{j=0}^{l-1} m_j - \frac{1}{w} \sum_{l=i+1}^{n} \left(A_{Il} a_l + A_{I,l-1} b_{l-1} \right) \sum_{j=l}^{n} m_j + r_G \\
&= \sum_{l=1}^{n} \left(A_{Il} a_l + A_{I,l-1} b_{l-1} \right) K_{il} + r_G
\end{aligned}
\tag{2.15}
$$

为使表达式简洁，这里为两个不同的区间定义了形式上统一的 K_{il}，令其满足下式：

$$K_{il} = \begin{cases} \dfrac{1}{w} \sum_{j=0}^{l-1} m_j, & i \geqslant l \\[4mm] -\dfrac{1}{w} \sum_{j=l}^{n} m_j, & i < l \end{cases} \tag{2.16}$$

注意到，在一次任务过程中，卫星的设计尺寸、质量特性一般都不会发生变化，即 a_i、b_i 和 K_{il} 均与时间无关。因此，将式(2.15)对时间求导，可以得到下式：

$$\dot{r}_i - \dot{r}_G = \sum_{j=1}^{n} K_{ij} \left(\dot{A}_{Ij} a_j + \dot{A}_{I,j-1} a_{j-1} \right) \tag{2.17}$$

其中坐标转换矩阵 A_{ji} 满足下式：

$$
\begin{aligned}
A_{Ii} &= A_{I0}A_{01}\cdots A_{i-2,i-1}A_{i-1,i} \\
&= \left(E_{z\gamma}E_{y\beta}E_{x\alpha}\right)\left(E_{z\phi_1}E_{x\psi_1}\right)\cdots\left(E_{z\phi_{i-1}}E_{x\psi_{i-1}}\right)\left(E_{z\phi_i}E_{x\psi_i}\right)
\end{aligned}
\tag{2.18}
$$

式中，E 为单轴旋转矩阵，满足下式：

$$
\begin{cases}
E_{z\gamma} = \begin{bmatrix} \cos\gamma & -\sin\gamma & 0 \\ \sin\gamma & \cos\gamma & 0 \\ 0 & 0 & 1 \end{bmatrix} \\[2mm]
E_{y\beta} = \begin{bmatrix} \cos\beta & 0 & \sin\beta \\ 0 & 1 & 0 \\ -\sin\beta & 0 & \cos\beta \end{bmatrix} \\[2mm]
E_{x\alpha} = \begin{bmatrix} 1 & 0 & 0 \\ 0 & \cos\alpha & -\sin\alpha \\ 0 & \sin\alpha & \cos\alpha \end{bmatrix}
\end{cases}
\tag{2.19}
$$

将式(2.18)的坐标转换矩阵对时间求导，得到下式：

$$
\begin{aligned}
\dot{A}_{Ii} &= \frac{\mathrm{d}}{\mathrm{d}t}\left(A_{I0}A_{01}\cdots A_{i-2,i-1}A_{i-1,i}\right) \\
&= \dot{A}_{I0}A_{01}\cdots A_{i-2,i-1}A_{i-1,i} + A_{I0}\dot{A}_{01}\cdots A_{i-2,i-1}A_{i-1,i} + \cdots \\
&\quad + A_{I0}A_{01}\cdots \dot{A}_{i-2,i-1}A_{i-1,i} + A_{I0}A_{01}\cdots A_{i-2,i-1}\dot{A}_{i-1,i}
\end{aligned}
\tag{2.20}
$$

式中，$\dot{A}_{i-1,i}$ 为机械臂各连杆间转换矩阵对时间的一阶导形式，满足下式：

$$
\dot{A}_{i-1,i} = \dot{\phi}_i \begin{bmatrix} 0 & -1 & 0 \\ 1 & 0 & 0 \\ 0 & 0 & 0 \end{bmatrix} E_{z\phi_i}E_{x\psi_i} \equiv \dot{\phi}_i D_z E_{z\phi_i}E_{x\psi_i} \equiv \dot{\phi}_i \frac{\partial A_{i-1,i}}{\partial \phi_i}, \quad i \geqslant 1
\tag{2.21}
$$

式中，D_z 为 z 轴的微分矩阵。

与机械臂各连杆的转换矩阵不同的是，从惯性系到主星基座坐标系转换矩阵的导数 $\dot{A}_{I0}$ 如下：

$$
\begin{aligned}
\dot{A}_{I0} &= \frac{\mathrm{d}}{\mathrm{d}t}\left(E_{z\gamma}E_{y\beta}E_{x\alpha}\right) \\
&= \dot{\gamma}\begin{bmatrix} 0 & -1 & 0 \\ 1 & 0 & 0 \\ 0 & 0 & 0 \end{bmatrix} E_{z\gamma}E_{y\beta}E_{x\alpha} + \dot{\beta}E_{z\gamma}\begin{bmatrix} 0 & 0 & 1 \\ 0 & 0 & 0 \\ -1 & 0 & 0 \end{bmatrix} E_{y\beta}E_{x\alpha}
\end{aligned}
$$

$$+\dot{\alpha}\boldsymbol{E}_{z\gamma}\boldsymbol{E}_{y\beta}\begin{bmatrix}0 & 0 & 0\\ 0 & 0 & -1\\ 0 & 1 & 0\end{bmatrix}\boldsymbol{E}_{x\alpha}$$

$$=\dot{\gamma}\boldsymbol{D}_z\boldsymbol{E}_{z\gamma}\boldsymbol{E}_{y\beta}\boldsymbol{E}_{x\alpha}+\dot{\beta}\boldsymbol{E}_{z\gamma}\boldsymbol{D}_y\boldsymbol{E}_{y\beta}\boldsymbol{E}_{x\alpha}+\dot{\alpha}\boldsymbol{E}_{z\gamma}\boldsymbol{E}_{y\beta}\boldsymbol{D}_x\boldsymbol{E}_{x\alpha} \tag{2.22}$$

$$\equiv\dot{\gamma}\frac{\partial\boldsymbol{A}_{I0}}{\partial\gamma}+\dot{\beta}\frac{\partial\boldsymbol{A}_{I0}}{\partial\beta}+\dot{\alpha}\frac{\partial\boldsymbol{A}_{I0}}{\partial\alpha}$$

将式(2.18)~式(2.22)代入式(2.17)中，得

$$\dot{\boldsymbol{r}}_i-\dot{\boldsymbol{r}}_G=\sum_{j=1}^{n}\boldsymbol{K}_{ij}\left(\dot{\gamma}\frac{\partial\boldsymbol{A}_{I0}}{\partial\gamma}+\dot{\beta}\frac{\partial\boldsymbol{A}_{I0}}{\partial\beta}+\dot{\alpha}\frac{\partial\boldsymbol{A}_{I0}}{\partial\alpha}\right)\left(\boldsymbol{A}_{0j}\boldsymbol{a}_j+\boldsymbol{A}_{0,j-1}\boldsymbol{b}_{j-1}\right)+\sum_{l=1}^{n}\boldsymbol{\mu}_{il}\dot{\phi}_l \tag{2.23}$$

式中，$\dot{\boldsymbol{r}}_G$ 为惯性系中系统质心线速度；$\boldsymbol{\mu}_{il}$ 为机械臂各关节末端的广义速度。

在线动量守恒的条件下，容易通过选取合理的初始坐标系，令 $\dot{\boldsymbol{r}}_G=\boldsymbol{0}$。当计算指定的机械臂连杆末端线速度时，$\boldsymbol{\mu}_{il}$ 代表当某个关节以单位角速度旋转时所给出的线速度贡献，其具体表达式如下：

$$\boldsymbol{\mu}_{il}=\sum_{j=l}^{n}\boldsymbol{K}_{ij}\left(\boldsymbol{A}_{I,l-1}\frac{\partial\boldsymbol{A}_{l-1,l}}{\partial\phi_l}\boldsymbol{A}_{lj}\boldsymbol{a}_j\right)+\sum_{j=l+1}^{n}\boldsymbol{K}_{ij}\left(\boldsymbol{A}_{I,l-1}\frac{\partial\boldsymbol{A}_{l-1,l}}{\partial\phi_l}\boldsymbol{A}_{l,j-1}\boldsymbol{b}_{j-1}\right) \tag{2.24}$$

式(2.24)便是系统中各个连杆刚体质心的线速度在惯性系中的表达式。另外，考虑式(2.8)中的角速度表达式，其中每个刚体的角速度 $\boldsymbol{\omega}_i$ 满足下式：

$$\boldsymbol{\omega}_i=\sum_{j=0}^{i}\boldsymbol{A}_{Ij}\boldsymbol{\Omega}_j=\boldsymbol{A}_{I0}\left(\hat{\boldsymbol{x}}_0\dot{\alpha}+\hat{\boldsymbol{y}}_0\dot{\beta}+\hat{\boldsymbol{z}}_0\dot{\gamma}\right)+\sum_{j=1}^{i}\left(\boldsymbol{A}_{Ij}\hat{\boldsymbol{z}}_j\right)\dot{\phi}_j+\boldsymbol{\omega}_G \tag{2.25}$$

式中，$\hat{\boldsymbol{z}}_j$ 为 j 坐标系中的 z 轴单位矢量；$\boldsymbol{\omega}_G$ 为惯性系中系统的初始角速度。在本问题推导中一般可以认为 $\boldsymbol{\omega}_G=\boldsymbol{0}$。

式(2.25)便是机器人系统中各个连杆刚体的角速度在惯性系中的表达。将角动量守恒式(2.8)的左边第一项展开成为惯性坐标系中的表达，并将式(2.24)中的线速度和式(2.25)中的角速度代入，得

$$\sum_{i=0}^{n}\boldsymbol{A}_{Ii}\boldsymbol{I}_i\boldsymbol{\omega}_i=\left[\sum_{i=0}^{n}\left(\boldsymbol{A}_{Ii}\boldsymbol{I}_i\boldsymbol{A}_{iI}\right)\boldsymbol{A}_{I0}\hat{\boldsymbol{x}}_0,\sum_{i=0}^{n}\left(\boldsymbol{A}_{Ii}\boldsymbol{I}_i\boldsymbol{A}_{iI}\right)\boldsymbol{A}_{I0}\hat{\boldsymbol{y}}_0,\sum_{i=0}^{n}\left(\boldsymbol{A}_{Ii}\boldsymbol{I}_i\boldsymbol{A}_{iI}\right)\boldsymbol{A}_{I0}\hat{\boldsymbol{z}}_0,\right.$$

$$\left.\sum_{i=1}^{n}\left(\boldsymbol{A}_{Ii}\boldsymbol{I}_i\boldsymbol{A}_{iI}\right)\boldsymbol{A}_{I1}\hat{\boldsymbol{z}}_1,\cdots,\sum_{i=n}^{n}\left(\boldsymbol{A}_{Ii}\boldsymbol{I}_i\boldsymbol{A}_{iI}\right)\boldsymbol{A}_{In}\hat{\boldsymbol{z}}_n\right]\cdot\left[\dot{\alpha},\dot{\beta},\dot{\gamma},\dot{\phi}_1,\cdots,\dot{\phi}_n\right]^{\mathrm{T}} \tag{2.26}$$

$$+\sum_{i=0}^{n}\left(\boldsymbol{A}_{Ii}\boldsymbol{I}_i\boldsymbol{A}_{iI}\right)\boldsymbol{\omega}_G$$

同理，式(2.8)的第二项展开，得

$$\sum_{i=0}^{n} m_i \boldsymbol{r}_i \times \dot{\boldsymbol{r}}_i = \sum_{i=0}^{n} m_i \left[\boldsymbol{r}_i \times \sum_{j=1}^{n} K_{ij} \frac{\partial \boldsymbol{A}_{I0}}{\partial \alpha} \left(\boldsymbol{A}_{0j} \boldsymbol{a}_j + \boldsymbol{A}_{0,j-1} \boldsymbol{b}_{j-1} \right), \right.$$

$$\boldsymbol{r}_i \times \sum_{j=1}^{n} K_{ij} \frac{\partial \boldsymbol{A}_{I0}}{\partial \beta} \left(\boldsymbol{A}_{0j} \boldsymbol{a}_j + \boldsymbol{A}_{0,j-1} \boldsymbol{b}_{j-1} \right),$$

$$\boldsymbol{r}_i \times \sum_{j=1}^{n} K_{ij} \frac{\partial \boldsymbol{A}_{I0}}{\partial \gamma} \left(\boldsymbol{A}_{0j} \boldsymbol{a}_j + \boldsymbol{A}_{0,j-1} \boldsymbol{b}_{j-1} \right), \qquad (2.27)$$

$$\left. \boldsymbol{r}_i \times \boldsymbol{\mu}_{i1}, \boldsymbol{r}_i \times \boldsymbol{\mu}_{i2}, \cdots, \boldsymbol{r}_i \times \boldsymbol{\mu}_{in} \right] \cdot \left[\dot{\alpha}, \dot{\beta}, \dot{\gamma}, \dot{\phi}_1, \cdots, \dot{\phi}_n \right]^{\mathrm{T}}$$

$$+ \sum_{i=0}^{n} m_i \boldsymbol{r}_i \times \dot{\boldsymbol{r}}_G$$

将式(2.26)和式(2.27)代入式(2.8)，将其中涉及的主星姿态角速度 $\left[\dot{\alpha}, \dot{\beta}, \dot{\gamma} \right]^{\mathrm{T}}$ 和机械臂关节角速度 $\left[\dot{\phi}_1, \dot{\phi}_2, \cdots, \dot{\phi}_n \right]^{\mathrm{T}}$ 提取出来，写成矩阵形式，可得空间机器人主星-机械臂耦合系统运动学方程[105,106]，即

$$\bar{\boldsymbol{I}}_S \dot{\boldsymbol{\phi}}_S + \bar{\boldsymbol{I}}_M \dot{\boldsymbol{\phi}}_M = \boldsymbol{L}_0 \qquad (2.28)$$

式中，$\bar{\boldsymbol{I}}_S$ 为主星的广义雅克比矩阵，其满足下式，即

$$\bar{\boldsymbol{I}}_S = \left[\sum_{i=0}^{n} \left(\boldsymbol{A}_{Ii} \boldsymbol{I}_i \boldsymbol{A}_{iI} \right) \boldsymbol{A}_{I0} \hat{\boldsymbol{x}}_0 + \sum_{i=0}^{n} m_i \boldsymbol{r}_i \times \sum_{j=1}^{n} K_{ij} \frac{\partial \boldsymbol{A}_{I0}}{\partial \alpha} \left(\boldsymbol{A}_{0j} \boldsymbol{a}_j + \boldsymbol{A}_{0,j-1} \boldsymbol{b}_{j-1} \right), \right.$$

$$\sum_{i=0}^{n} \left(\boldsymbol{A}_{Ii} \boldsymbol{I}_i \boldsymbol{A}_{iI} \right) \boldsymbol{A}_{I0} \hat{\boldsymbol{y}}_0 + \sum_{i=0}^{n} m_i \boldsymbol{r}_i \times \sum_{j=1}^{n} K_{ij} \frac{\partial \boldsymbol{A}_{I0}}{\partial \beta} \left(\boldsymbol{A}_{0j} \boldsymbol{a}_j + \boldsymbol{A}_{0,j-1} \boldsymbol{b}_{j-1} \right), \qquad (2.29)$$

$$\left. \sum_{i=0}^{n} \left(\boldsymbol{A}_{Ii} \boldsymbol{I}_i \boldsymbol{A}_{iI} \right) \boldsymbol{A}_{I0} \hat{\boldsymbol{z}}_0 + \sum_{i=0}^{n} m_i \boldsymbol{r}_i \times \sum_{j=1}^{n} K_{ij} \frac{\partial \boldsymbol{A}_{I0}}{\partial \gamma} \left(\boldsymbol{A}_{0j} \boldsymbol{a}_j + \boldsymbol{A}_{0,j-1} \boldsymbol{b}_{j-1} \right) \right]$$

$\bar{\boldsymbol{I}}_M$ 为多关节机械臂的广义雅克比矩阵，其满足下式：

$$\bar{\boldsymbol{I}}_M = \left[\sum_{i=1}^{n} \left(\boldsymbol{A}_{Ii} \boldsymbol{I}_i \boldsymbol{A}_{iI} \right) \boldsymbol{A}_{I1} \hat{\boldsymbol{z}}_1 + \sum_{i=0}^{n} m_i \boldsymbol{r}_i \times \boldsymbol{\mu}_{i1}, \right.$$

$$\sum_{i=2}^{n} \left(\boldsymbol{A}_{Ii} \boldsymbol{I}_i \boldsymbol{A}_{iA} \right) \boldsymbol{A}_{I2} \hat{\boldsymbol{z}}_2 + \sum_{i=0}^{n} m_i \boldsymbol{r}_i \times \boldsymbol{\mu}_{i2}, \qquad (2.30)$$

$$\vdots$$

$$\left. \sum_{i=n}^{n} \left(\boldsymbol{A}_{Ii} \boldsymbol{I}_i \boldsymbol{A}_{iA} \right) \boldsymbol{A}_{In} {}^{n} \hat{\boldsymbol{z}}_n + \sum_{i=0}^{n} m_i \boldsymbol{r}_i \times \boldsymbol{\mu}_{in} \right]$$

式中，$\dot{\boldsymbol{\phi}}_S = \left[\dot{\alpha}, \dot{\beta}, \dot{\gamma} \right]^{\mathrm{T}}$ 为主星姿态角速度；$\dot{\boldsymbol{\phi}}_M = \left[\dot{\phi}_1, \dot{\phi}_2, \cdots, \dot{\phi}_n \right]^{\mathrm{T}}$ 为机械臂关节角速

度；L_0 为系统初始角动量。

可以合理选择惯性系，令系统初始角动量为零，得

$$\overline{I}_S \dot{\boldsymbol{\phi}}_S + \overline{I}_M \dot{\boldsymbol{\phi}}_M = 0 \tag{2.31}$$

由此可得

$$\dot{\boldsymbol{\phi}}_S = \left(-\overline{I}_S^{-1}\overline{I}_M\right)\dot{\boldsymbol{\phi}}_M \tag{2.32}$$

式中，$\dot{\boldsymbol{\phi}}_M$ 为机械臂关节角速度，是由空间机器人控制系统给出的输入指令，也即系统的激励；$\left(-\overline{I}_S^{-1}\overline{I}_M\right)$ 为与机械臂当前构型相关的状态矩阵。注意到 $\left(-\overline{I}_S^{-1}\overline{I}_M\right)$ 是一个 $3 \times n$ 的矩阵，定义 $\overline{I} = -\overline{I}_S^{-1}\overline{I}_M$，得

$$\dot{\boldsymbol{\phi}}_S = \overline{I}\,\dot{\boldsymbol{\phi}}_M \tag{2.33}$$

仔细观察式(2.29)和式(2.30)，容易注意到 $\overline{I}$ 的表达式中只有与机械臂当前构型相关的变量，而不包含这些量对时间的导数。换而言之，在任意特定时刻，机械臂具有特定的构型，系统响应(主星的姿态角速度 $\dot{\boldsymbol{\phi}}_S$)与系统激励(机械臂关节角速度 $\dot{\boldsymbol{\phi}}_M$)之间为线性关系。

由此，得到了空间机器人及其主星系统的多刚体耦合运动学模型。通过式(2.33)，在确定的构型和其他条件下，给定瞬时机械臂关节角速度作为激励，可以得到瞬时的主星姿态角速度响应。

显然，在机械臂末端执行机构(夹具、手爪等抓取机构)已经抓牢了某一刚性目标物体的情况下，可以将该目标物体视为机械臂的一个新的连杆。不失一般性地，设该假想连杆的随体坐标系朝向与机械臂原本的末端连杆(抓取机构)始终保持相同。可以将被抓取的目标物体视为一个额外新增的机械臂连杆，即将系统中的连杆数 n 简单加 1。这样，本节所建立的主星-机械臂耦合运动学模型，就可用于主星-机械臂-目标物体耦合运动学问题。

2.2　受控机械臂关节建模

在整个空间机器人系统仿真预测模型中，由于受到控制系统制约，机械臂的实际响应并不能完全跟随其输入指令。而作为整个机器人系统模型的输入，获取准确的机械臂响应是对系统耦合模型进行正确仿真的前提条件。因此，除了对主星-机械臂-目标物体进行运动学建模之外，还需要对受控机械臂的控制系统进行建模，以便在对整个主星-机械臂-目标物体耦合系统的响应状态进行预报的模型中，将机械臂的响应误差修正也纳入考虑，完成对整个系统的响应

修正和状态预报。

考虑空间机器人中由电机驱动的一种典型关节[107]，为了便于对其控制传递函数进行建模，一般可以做如下五条合理简化的假设。

(1) 忽略饱和效应，忽略涡流，忽略铁心磁滞。

(2) 各相分布均匀，气隙均匀。

(3) 控制电压为阶跃信号，其通断状态之间切换的弛豫时间为零。

(4) 干摩擦型负载。

(5) 各项绕阻的电阻、电感分别相等且为一固定常数。

在这五条假设成立的前提下，电机将满足三个控制方程。

(1) 电机电路中的电压如下：

$$V = Ri + L\frac{\mathrm{d}i}{\mathrm{d}t} + k_e\omega \tag{2.34}$$

(2) 电机中的控制力矩如下：

$$T_e = k_T i \tag{2.35}$$

(3) 电机传动轴动力学方程则如下：

$$T = J\frac{\mathrm{d}^2\theta}{\mathrm{d}t^2} + B\frac{\mathrm{d}\theta}{\mathrm{d}t} + T_D = T_e + T_D \tag{2.36}$$

式中，V 为电枢电压；R 为电阻；i 为电枢电流；L 为相绕组自感；k_e 为旋转电压系数；ω 为电机轴的角速度；T_e 为电机控制力矩；k_T 为电磁转矩系数；T_D 为由重力、负载、阻尼等所有其他因素引起的外力矩之和；J 为由电机传动轴上所有惯量累加而得的等效转动惯量；θ 为电机轴的角位移；B 为由电机传动轴上所有阻尼累加而求得的等效阻尼系数。

联立式(2.34)～式(2.36)的控制方程，即可以最常见的独立关节比例积分微分(proportional-integral-derivative，PID)控制方法来建立单个关节的动力学模型。机械臂关节闭环控制模型结构图如图 2.2 所示。图中，$\Theta_r(s)$ 为输入关节角；$E(s)$

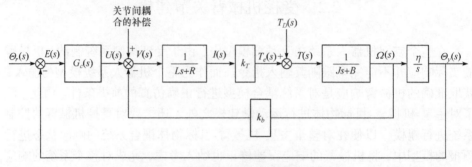

图 2.2　机械臂关节闭环控制模型结构图

为误差；$G_c(s)$ 为控制器；$U(s)$ 为控制器输出；$V(s)$ 为电枢输入电压；$I(s)$ 为电枢电流；$T_e(s)$ 为电机控制力矩；$T_D(s)$ 为外力矩；$T(s)$ 为电机传动轴输入力矩；$\Omega(s)$ 为电机传动轴输入关节角；η 为传动比；$\Theta_y(s)$ 为输出关节角；k_b 为反馈控制系数。

图中，$G_c(s)$ 为控制器；k_b 为反馈控制系数。若不使用测速发电机，则 k_b 与旋转电压系数 k_e 相等；若在系统中添加测速发电机，则有下式：

$$k_b = k_e + k_s k_\omega \tag{2.37}$$

式中，k_s 为测速发电机的传递函数；k_ω 为速度反馈信号放大器的增益。

传动比如下式：

$$\eta = \frac{N_m}{N_L} \tag{2.38}$$

式中，N_m 为传动轴的齿数；N_L 为负载轴的齿数。

在不同的关节构型和关节角速度下，机械臂不同关节之间还存在耦合问题，考虑在机械臂控制器中不添加耦合补偿环节的情况下，关节角输出的传递函数 $\Theta_y(s)$ 可以表达如下：

$$\Theta_y(s) = \frac{k_T \eta G_c(s)}{(Ls+R)(Js+B)s^3 + k_T \eta G_c(s) + k_b k_T \eta} \Theta_r(s)$$
$$+ \frac{\eta(Ls+R)}{(Ls+R)(Js+B)s + k_T \eta G_c(s) + k_b k_T \eta} T_D(s) \tag{2.39}$$

只要 $G_c(s)$ 中含有积分项，就可以将阶跃扰动引起的稳态输出平抑为零，即

$$\Theta_{y|T_D}(s) = \frac{\eta(Ls+R)}{(Ls+R)(Js+B)s + k_T \eta G_c(s) + k_b k_T \eta} T_D(s) \tag{2.40}$$

设 $G_c(s) = k_P + \dfrac{k_I}{s}$，则有

$$\Theta_{y|T_D}(\infty) = \lim_{s \to 0} s \Theta_{y|T_D}(s)$$
$$= \lim_{s \to 0} s \frac{\eta(Ls+R)}{(Ls+R)(Js+B)s + k_T \eta G_c(s) + k_b k_T \eta} \frac{1}{s} = 0 \tag{2.41}$$

使用经典的 PID 控制，经分析可得机械臂关节角的传递函数，将 $G_c(s) = k_p + \dfrac{k_I}{s} + k_D s$ 代入式(2.39)，得

$$\Theta_y(s) = \frac{k_T\eta\left(k_Ds^2 + k_ps + k_I\right)}{LJs^4 + (LB + RJ)s^3 + (RB + k_Dk_T\eta + k_bk_T)s^2 + k_pk_T\eta s + k_Ik_T\eta}\Theta_r(s)$$

$$+ \frac{\eta\left(Ls^2 + Rs\right)}{LJs^4 + (LB + RJ)s^3 + (RB + k_Dk_T\eta + k_bk_T)s^2 + k_pk_T\eta s + k_Ik_T\eta}T_D(s) \tag{2.42}$$

式(2.42)即为受控机械臂一个典型关节的控制模型。

2.3　小　　结

本章开展了星-臂耦合运动学建模研究，通过联立动量守恒方程，给出了自由漂浮空间机器人的广义雅可比矩阵，建立了空间漂浮多刚体系统的运动学模型。此外，本章建立了受控状态下空间机器人单关节机械臂的动力学模型，为第 3 章预测机械臂的响应建立了理论基础。

第3章 空间目标运动状态预报技术

本章首先介绍空间机器人系统响应的修正方法，然后给出多体融合在线状态修正的方法，以解决由辨识误差及多体误差级联耦合引起的误差放大问题，达到对空间目标运动状态高精度预报效果，从而消减由操作对象认知不准确带来的影响。

3.1 空间机器人响应修正方法

3.1.1 空间机器人响应修正问题

在空间机器人运动状态预报问题中，由于在轨飞行的参数变化，地面的运动学建模和标定不能直接用于预报机器人的在轨实际响应，而需要对模型预报的响应进行修正，才可以对在轨机器人响应进行更真实地预测。

对于受控良好的对象，如理想情况下的受控机械臂、自由飞行空间机器人(以推进器维持其自身姿态稳定)等，虽然对象建模复杂，但其激励-响应波形一般与简单模型(一阶、二阶、三阶等低阶模型)接近。其内部结构参数以及外部载荷参数的变化，虽然对系统响应的动态特性有一定影响，但并不影响这一相似性。理想情况下，由于闭环控制系统的约束，系统终态仅取决于指令期望，而与内外部参数变化无关。因此，可以使用带参数修正的低阶模型作为这类对象的预测模型，只要修正机制能够保证及时和有效修正，就能够使得修正后的预测响应与实测响应趋于一致。良好受控对象的一般性响应修正模型如图 3.1 所示。

但对于空间环境中的真实受控机械臂系统，或处于空间自由漂浮状态下的机器人系统而言，上述问题则有明显不同。

一方面，在实际空间作业环境中，由于机械臂的载荷变化、构型变化以及参数变化等影响，地面的输入指令很难完全精确地控制机械臂的运动状态，这使得机械臂的预计状态与实际运动状态之间可能存在差别，需要通过对受控机械臂的关节角响应进行修正，来预报其运动状态。

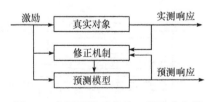

图 3.1 良好受控对象的一般性响应修正模型

　　另一方面，为了预报空间机器人主星的姿态角，需要首先对在地面建立的系统运动学仿真模型进行校正，辨识其中发生变化的、未知的参数，从而建立一个接近于真实的星-臂-目标物体耦合系统的在轨运动学模型。

　　空间机器人主星及其抓取目标物体的惯性参数在轨辨识方法，通常是基于优化方法以及改进和原创的智能算法，其目的在于获取空间机器人系统中的未知的惯性参数，即解决机器人运动学模型中的参数性误差问题，然后代入辨识好的运动学参数，并通过空间机器人的运动学模型来预报其响应状态。需要注意的是，仅通过参数辨识的方法不能完全准确地预报空间机器人的响应状态。要通过参数辨识的方法来构建足够高精度的预报模型，至少需要满足如下四个重要的前提条件。

　　(1) 预报所用的运动学模型本身并不存在系统性的误差。

　　(2) 所接收的在轨数据中的噪声及传输截断误差是小量。

　　(3) 所辨识的惯性参数是唯一尚未得到准确认知的参数。

　　(4) 辨识的结果非常准确，辨识不准导致的残余误差可以忽略。

　　实际上，在真实的空间机器人工作环境中，上述的理想条件很难同时得到满足——受测量数据精度及参数辨识方法本身系统误差影响，辨识得到的惯性参数仍有残差存在，并且除了这些得到辨识的主要惯性参数之外，空间机器人其他结构中也可能存在由损耗而导致的微小误差。除此之外，在第 2 章中通过设定诸多简化假设而建立的理想化运动学模型本身也必定存在系统性的误差，这些因素都将导致仿真预报模型中必定存在误差。

　　在实时的状态预报问题中，若要对系统响应运动状态进行高达 10~20s 时长的前向状态预报，或在同等通信时延情况下对系统当前状态进行估计，则预报过程中的微小误差将不断累积，最终可能导致预报系统完全失效，空间操作任务无法进行。在这种情况下，由于系统中不再存在闭合的控制回路，因此相关参数的变化不但影响响应过程中的动态特性，而且将使系统实际终值逐渐背离指令，并随着预测时长的增加而逐渐发散。此时，需要使用修正模型来抑制预测误差。星-臂耦合对象的响应修正模型如图 3.2 所示。

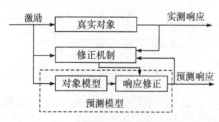

图 3.2　星-臂耦合对象的响应修正模型

　　这一预测模型由对象模型和响应修正两部分构成。对象模型即为真实对象的运动学模型，但由于前述诸多真实问题的存在，该模型与真实对象之间不可避免地存在一定差别，这使得整个预报体系中，仿真模型与真实模型输出的响应之间始终存在不可弥合的偏差。总体来说，这都需要通过在原模型中添加响应修正这一模块，来对预测误差予以消减。

综上所述，在运动学建模、惯性参数辨识基础上，本章将对空间机器人系统的响应进行实时在轨的修正。

1. 最小二乘法修正原理

在工程领域，有多种算法可以实现对机械臂关节响应和主星姿态响应的实时在线修正，其中最经典实用的方法，便是递推最小二乘法(recursive least squares，RLS)。本章所述的两个修正问题，都基于这一经典算法，因此本节首先介绍以 RLS 进行参数估计和参数修正的原理。

目前常用的参数估计与修正方法有最小二乘法、增广最小二乘法、广义最小二乘法、多步最小二乘法、辅助变量法，以及极大似然法、卡尔曼滤波法、随机逼近法等[67,68]。其中最小二乘法是早年高斯在进行行星运动轨迹预报研究工作中提出来的，并在后来诸多学者的实践探索和理论研究中，成为参数估计与修正理论的基础。

最小二乘法原理简单，算法代码化也很容易，不需要数理统计的知识，也不要求问题具有特定的背景与特性。在许多其他复杂的修正方法表现不佳的问题上，最简单的最小二乘法却往往可以提供足够好的效果，所以历来受到学界重视与广泛应用，并且被视为是大部分实际工程问题的第一选择。

具体来讲，最小二乘修正方法具有两种基本的形式：离线修正和在线修正[69]。离线最小二乘修正法，或称离线最小二乘估计，是指通过收集系统运行生成的全部历史实测数据，在正常的数值仿真模型工作之外，对模型中的误差进行一次性修正，并在修正完毕后更新全部预测结果，然后重新开始正常的仿真运算；而在线修正算法是指每当获取了一组新的实测数据时，都立即使用这组数据，在数值仿真计算正常运行的同时，实时滚动地对误差进行修正，更新预测结果的修正方法。

离线修正算法简单，计算量相对较大，修正过程全部离线完成，因此一般对计算机的算力没有要求。而在线修正算法往往需要实时在线地进行大量运算，但由于算法实时运行在系统中，因此人类专家可以实时监督算法的运行过程，跟踪全部中间结果，可以及时发现问题，保证算法运行的稳定。由于现代计算机计算能力的飞跃式发展，在大部分工程领域的修正问题中，在线修正算法更受欢迎。

一般通过一次性最小二乘法来进行离线估计，而通过递推最小二乘法来完成在线估计。下面将分别介绍这两种最小二乘方法。

2. 一次性最小二乘法

一个典型的系统参数辨识问题模型如图 3.3 所示。

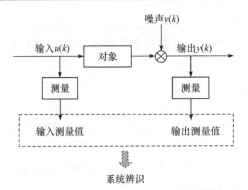

图 3.3　一个典型的系统参数辨识问题模型

一个典型的定常确定性单输入单输出(single input single output, SISO)离散系统输入输出方程如下[70]：

$$y(k)+a_1 y(k-1)+\cdots+a_{n_a} y(k-n_a)=b_1 u(k-1)+\cdots+b_{n_b} u(k-n_b)+v(k) \quad (3.1)$$

式中，$y(*)$ 为系统模型输出；$u(*)$ 为系统模型输入；$v(k)$ 为系统所受的所有内外扰动和测量误差等在输出端的综合反映，并用一随机过程来加以建模；$a_i(1,2,\cdots,n_a)$ 和 $b_i(1,2,\cdots,n_b)$ 为常数。或者写为如下形式：

$$y(k)=\varphi^{\mathrm{T}}(k-1)\theta+w(k) \quad (3.2)$$

式中，$\varphi(k-1)$ 为观测数据向量；θ 为所有待辨识参数组成的向量；$w(k)$ 为系统所受的所有内外扰动和测量误差等在输出端的综合反映，并用一随机过程来加以建模。在实际建模中一般都假设为零均值的平稳随机序列，本问题中使用与系统输入统计独立的零均值白噪声，令 $w(k)$ 满足下式：

$$E\big[w(k)\big]=0, \quad E\big[w^2(k)\big]=2 \quad (3.3)$$

式中，$E(x)$ 为随机变量 x 的期望。

令 z^{-1} 为时滞算子，则各相关参量满足如下定义：

$$\begin{cases} z^{-1}f(k)=f(k-1) \\ A\big(z^{-1}\big)=1+\sum_{i=1}^{n_a}a_i z^{-i} \\ B\big(z^{-1}\big)=\sum_{i=1}^{n_b}b_i z^{-i} \end{cases} \quad (3.4)$$

$\varphi(k-1)$ 为观测数据向量，定义如下：

$$\varphi(k-1)=\big[y(k-1),\cdots,y(k-n_a),u(k-1),\cdots,u(k-n_b)\big]^{\mathrm{T}} \quad (3.5)$$

在最小二乘估计中，观测数据向量，即所有相关数据的实测值是参数估计及修正的基础。一般而言，为了满足参数估计的准确性，需要观测数据 i 满足如下三个条件[71]。

(1) 输入信号必须是持续激励的。即在实验期间，输入信号应当足以充分激励到系统运行过程中的所有主要状态，也即输入信号的频谱必须覆盖过程频谱。

(2) 输入信号的功率或幅值不宜过大，以免系统的工况进入非线性区，但也不应当过小，否则实测数据的信噪比将下降，直接影响到噪声较大情况下的参数估计与模型修正精度。

(3) 观测数据要充分且适当。即实测数据的采样间隔应当满足香农采样定理——采样速率要高于过程模型截止频率的 2 倍。若采样间隔过小，则会使得数据之间的相关性大幅上升，导致算法迭代中出现奇异性问题，而且采样间隔过小将使得整体计算量大幅提升，在许多复杂问题中产生数值计算上的实质困难。

θ 为所有待辨识参数组成的向量，定义如下：

$$\theta = \left[-a_1, \cdots, -a_{n_a}, b_1, \cdots, b_{n_b} \right]^{\mathrm{T}} \tag{3.6}$$

在有如上所述噪声误差的情况下，当获得所有系统输入输出检测数据之后，可以利用如下的最小二乘估计式一次性计算出所有相关待辨识参数的估计值[72]，即

$$\theta_{LS} = (\Phi_L^{\mathrm{T}} \Lambda_L \Phi_L)^{-1} \Phi_L^{\mathrm{T}} \Lambda_L Y_L \tag{3.7}$$

式中，$Y_L = \left[y(1), y(2), \cdots, y(L) \right]^{\mathrm{T}}$ 为系统输出数据向量；$\Phi_L = [\varphi(0), \varphi(1), \cdots, \varphi(L-1)]^{\mathrm{T}}$ 为观测数据矩阵；$W_L = \left[w(1), w(2), \cdots, w(L) \right]^{\mathrm{T}}$ 为噪声向量；Λ_L 为加权因子。当加权因子为单位阵时，所有观测数据拥有相同的权重，此时式(3.7)退化为如下所示的无加权型最小二乘估计：

$$\theta_{LS} = (\Phi_L^{\mathrm{T}} \Phi_L)^{-1} \Phi_L^{\mathrm{T}} Y_L \tag{3.8}$$

综上所述，为一次性最小二乘法，或称成批型最小二乘法。通过式(3.7)或式(3.8)，可以同时给定所有的系统观测数据，来一次性地求解确定所有参数的估计值，从而离线地完成参数估计与模型误差修正。

3. 递推最小二乘法

经典的最小二乘法在使用时对计算能力的需求大，占用存储空间多，而且不能很好地适用于在线参数估计与模型误差修正问题[73]。为此，出于在线辨识、自适应控制以及时变参数预测的需求，常使用另一种参数估计方法——递推最小二乘法。其思想可以简单地概括如下：

新的参数估计值 = 旧的参数估计值 + 修正项

RLS 不是在系统输出的最后时刻获取所有需要的观测数据，并进行一次完整

计算来求取所有待估计参数；而是通过系统初始时刻的观测数据计算得到一个估计值，并在后续时刻不断获取新的观测数据，借此计算出一个修正项，叠加到已有的估计值上，对已有的估计结果进行修正和更新。这就是 RLS 的思路。在实际工作中，递推算法不仅可极大地减少计算量和存储量，而且能实现在线实时的参数估计。

此外，典型的最小二乘法只适用于估计系统模型中的定常参数，而在我们研究的问题中，随着系统结构发生变化，待估计的修正参数也是不断变化的。随着系统观测量的逐步更新，我们需要同步剔除过时数据的影响，来保证修正参数能很好地追踪观测数据的变化，也即同步反映系统结构的变化。在时变系统中，RLS 可以通过采样频率实时更新模型中的修正参数，并充分利用过去的估计值以减少在线计算量，提高系统实时计算能力。

总体来说，RLS 一般具有如下几方面特点[74,75]。

(1) 快速收敛。

(2) 可用于时变模型中的参数估计。

(3) 良好的跟踪性。

(4) 计算简单。

RLS 方法的具体递推式，也即估计值的更新式如下：

$$
\begin{cases}
\boldsymbol{\theta}(k) = \boldsymbol{\theta}(k-1) + \boldsymbol{R}(k-1)\left[y(k) - \boldsymbol{\varphi}^{\mathrm{T}}(k-1)\boldsymbol{\theta}(k-1)\right] \\
\boldsymbol{P}(k-1) = \left[\boldsymbol{I} - \boldsymbol{R}(k-1)\boldsymbol{\varphi}^{\mathrm{T}}(k-1)\right]\boldsymbol{P}(k-2) \\
\boldsymbol{R}(k-1) = \dfrac{\boldsymbol{P}(k-2)\boldsymbol{\varphi}(k-1)}{1 + \boldsymbol{\varphi}^{\mathrm{T}}(k-1)\boldsymbol{P}(k-2)\boldsymbol{\varphi}(k-1)}
\end{cases}
\tag{3.9}
$$

式中，$\boldsymbol{R}(k-1)$ 称为增益向量；$\boldsymbol{P}(k)$ 是一个对称、非增的矩阵，定义如下：

$$
\boldsymbol{P}(k-1) = \left(\boldsymbol{\varPhi}_k^{\mathrm{T}}\boldsymbol{\varPhi}_k\right)^{-1}
\tag{3.10}
$$

在实际计算中，由于计算精度的限制，计算误差会在迭代过程中累积，破坏 $\boldsymbol{P}(k)$ 的对称性，并导致所估计的参数不一致收敛。因此，为了保证在整个计算过程中矩阵 $\boldsymbol{P}(k)$ 的对称性不遭到破坏，一般可以使用如下的形式来计算 $\boldsymbol{P}(k)$：

$$
\boldsymbol{P}(k-1) = \boldsymbol{P}(k-2) - \boldsymbol{K}(k-1)\boldsymbol{K}^{\mathrm{T}}(k-1)\left[1 + \boldsymbol{\varphi}^{\mathrm{T}}(k-1)\boldsymbol{P}(k-2)\boldsymbol{\varphi}(k-1)\right]
\tag{3.11}
$$

在计算时，需要给 $\boldsymbol{\theta}(k)$ 和 $\boldsymbol{P}(k)$ 设定一个初值以开始计算。一般而言，可以取 $\boldsymbol{\theta}(0)$ 中的各元素均为零，或者一个充分小的实数，取 $\boldsymbol{P}(0) = \alpha^2\boldsymbol{I}$，其中 α 为一个充分大的实数。或者，可以取系统运行初始一小段时间内的实测数据，一次性地计算出对应的参数值，并以该组参数值作为初值，开始迭代。

综上所述，即为标准形式的 RLS，其基本计算步骤可以描述如下。

流程 3-1。

(1) 确定被参数估计与系统辨识的模型的结构。

(2) 设定递推参数初始值 $\boldsymbol{\theta}(0)$ 和 $\boldsymbol{P}(0)$。

(3) 获取新的观测参数 $y(k)$ 和 $u(k)$，并将它们组成观测数据向量 $\boldsymbol{\varphi}(k)$。

(4) 依照式(3.9)及式(3.11)来计算参数向量的递推估计值 $\boldsymbol{\theta}(k)$。

(5) 令 k 加 1，然后转第(3)步循环。直到参数的估计值稳定，或者输出数据结束。
流程结束。

一般而言，为了估计非定常系统中的时变参数，还需要通过对不同时刻的数据赋予一定的加权系数，从而逐渐遗忘旧数据的影响，有效跟踪待估计参数的近期变化。为此，引入一个遗忘因子 λ，将式(3.9)变作带遗忘因子的渐消记忆 RLS，即

$$
\begin{cases}
\boldsymbol{\theta}(k)=\boldsymbol{\theta}(k-1)+\boldsymbol{R}(k-1)\Big[y(k)-\boldsymbol{\varphi}^{\mathrm{T}}(k-1)\boldsymbol{\theta}(k-1)\Big] \\[2mm]
\boldsymbol{P}(k-1)=\dfrac{1}{\lambda}\Big[\boldsymbol{I}-\boldsymbol{R}(k-1)\boldsymbol{\varphi}^{\mathrm{T}}(k-1)\Big]\boldsymbol{P}(k-2) \\[2mm]
\boldsymbol{R}(k-1)=\dfrac{\boldsymbol{P}(k-2)\boldsymbol{\varphi}(k-1)}{\lambda+\boldsymbol{\varphi}^{\mathrm{T}}(k-1)\boldsymbol{P}(k-2)\boldsymbol{\varphi}(k-1)}
\end{cases} \tag{3.12}
$$

遗忘因子越小，旧数据的影响消减的越快，跟踪性能越好，但相应地，对新数据中携带的局部噪声也越敏感；反之，遗忘因子越大，旧数据的影响消减得越慢，数据中噪声的影响也越小，当遗忘因子趋于 1 时，式(3.12)退化为式(3.9)所示的无权重的 RLS。通过调节遗忘因子的大小，可以在参数估计问题中取得一个有效的平衡，使得参数的近期变化得到良好的跟踪，同时尽可能平抑数据中的短期波动和噪声。

以上这一特点，使得带遗忘因子的 RLS 非常适合我们的问题：不论是在系统状态前向预报还是时延条件下的状态估计中，不论是用于修正受控机械臂相对于输入指令有偏差的真实响应，还是用于修正主星姿态角速度的运动学模型仿真响应，其都能对系统中的各种误差完成简单有效的修正。

3.1.2　受控机械臂关节响应修正方法

1. 受控机械臂关节响应修正模型

考虑第 2 章中的受控机械臂关节控制模型，如式(2.42)所示，单关节的机械臂的简化模型已经是三阶模型，采用 PID 控制器的空间机器人机械臂简化模型的传递函数则达到四阶或更多，如果进一步考虑关节间的运动耦合和不同构型下转动

惯量的变化，其阶数还将继续上升。而且，随着机械臂控制器的迅速发展，其结构日趋复杂，各种智能性控制算法层出不穷，当采用神经网络、模糊控制、变结构控制等强非线性控制器时，要建立精确的机械臂模型已经非常难，模型修正更是无处下手。

以模型参数修正方法的思想，并不要求模型输出与实际结果完全匹配，而只需要依照一定的等价准则，利用激励-响应数据组，从可行集合中拟合出一个动态特性与实际过程相一致的模型即可。从工程角度而言，处于良好受控状态下、具备完整内闭环控制的空间机械臂，其对指令的响应会与一个典型的理想系统相似。因此，如果能建立一个合适的修正模型，就能极大降低模型复杂度，使修正变得可行。此外，任何复杂系统的瞬时响应，总是可以等价为一个简单的系统的响应。只要保证该简单系统的参数变化快速合理，即可以由该系统来模拟复杂的真实系统的输入输出。由此，建立修正模型的整体思路应当遵循如下三个原则。

(1) 采用简单模型。

(2) 模型结构与典型系统类似。

(3) 引入先验知识，任务中的不同状态选择与之对应的模型参数或模型结构，以模型集合的方式，缩短修正时的参数收敛时间。

以典型机械臂的单个关节为研究对象，通过 PID 控制器进行闭环控制，因此由关节对象及闭环控制器构成一个广义被控对象 F。根据前面所述的修正模型建立方法，将修正模型予以简化，并将参数漂移当作模型参数误差进行在线实时修正。其正向预测与反馈修正的原理如图 3.4 所示。

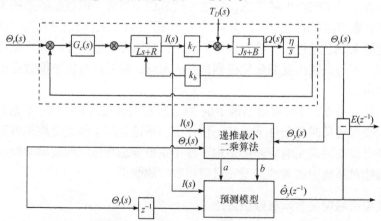

图 3.4　受控条件下机械臂关节正向预测与反馈修正原理示意图

以 NASA 的喷气推进实验室机械手第一个关节为真实对象，NASA 的喷气推进实验室机械手第一个关节参数表如表 3.1 所示。

表 3.1　NASA 的喷气推进实验室机械手第一个关节参数表

第一个关节参数	数值
电磁转矩系数 k_T/(N·m/A)	0.0430
驱动电机的转动惯量 J_a/(kg·m^2)	5.5359×10^{-4}
电机阻尼系数 B_m/(kg·m^2/s)	7.9301×10^{-4}
电势反馈系数 k_e/(V·s/rad)	0.04297
电机电枢电感 L/μH	100
电机电枢电阻 R/Ω	1.025
测速电机系数 k_s	0.02149
速度反馈增益 k_b	1
传动比 η	0.01
机械手有效转动惯量 J_l/(kg·m^2)	空载最小值 1.417，空载最大值 6.173，满载最大值 9.570

根据式(2.42)，对虚拟对象预测模型的化简过程如下，即令 $G_c(s) = G_{c0}(s)/s$，有如下关系：

$$I(s) = \frac{G_c(s)(Js+B)s}{(Ls+R)(Js+B)s + k_T\eta G_c(s) + k_T k_b s}\Theta_r(s)$$
$$- \frac{\eta G_c(s) + k_b s}{(Ls+R)(Js+B)s + k_T\eta G_c(s) + k_T k_b s}T_D(s) \tag{3.13}$$

带入传递函数得到下式：

$$\Theta_y(s) = \frac{\eta G_{c0}(s)}{k_b s^2 + \eta G_{c0}(s)}\Theta_r(s) - \frac{\eta(Ls+R)s}{k_b s^2 + \eta G_{c0}(s)}I(s) \tag{3.14}$$

令 $G_{c0}(s) = k_P s + k_I + k_D s^2$，则上式(3.14)等号右侧第一项的系数化为

$$\frac{\eta G_{c0}(s)}{k_b s^2 + \eta G_{c0}(s)} = \frac{\eta k_D s^2 + \eta k_P s + \eta k_I}{(\eta k_D + k_b)s^2 + \eta k_P s + \eta k_I} \tag{3.15}$$

如果 $k_I = 0$，$k_D = 0$，上式成为一阶惯性环节，但是对于阶跃扰动存在稳态误差。当 $k_I \neq 0$，对阶跃扰动的稳态误差为 0，但阶跃响应可能出现超调。

这里采用简化形式的预测模型，即

$$\frac{\eta G_{c0}(s)}{k_b s^2 + \eta G_{c0}(s)} = \frac{1}{T_0 s + 1} \tag{3.16}$$

类似地，将式(3.14)等号右侧第二项系数简化为

$$\frac{\eta(Ls+R)s}{k_b s^2 + \eta G_{c0}(s)} = \frac{1}{T_0 s + 1} \frac{(Ls+R)s}{G_{c0}} \tag{3.17}$$

由于 $G_{c0}(s)$ 的所有零点都远小于 $\frac{1}{T_0}$，即有 $\frac{L}{R} \ll T_0$，则 $\frac{\eta(Ls+R)s}{k_b s^2 + \eta G_{c0}(s)} = \frac{k_i s}{T_0 s + 1}$。所以得到简化的预测模型为

$$\Theta_y(s) = \frac{1}{T_0 s + 1}\Theta_r(s) - \frac{k_i s}{T_0 s + 1}I(s) \tag{3.18}$$

令 $a = \dfrac{T_0}{T_0 + T_s}$，$b = \dfrac{k_i}{T_0 + T_s}$，矩形法离散化得

$$\Theta_y(z^{-1}) = \frac{1-a}{1-az^{-1}}\Theta_r(z^{-1}) - \frac{b-bz^{-1}}{1-az^{-1}}I(z^{-1}) \tag{3.19}$$

有下式成立：

$$\boldsymbol{Y}(k) = a\big[\boldsymbol{Y}(k-1) - \boldsymbol{R}(k)\big] + b\big[\boldsymbol{I}(k-1) - \boldsymbol{I}(k)\big] + \boldsymbol{R}(k) \tag{3.20}$$

取最小二乘法中的参数 $\boldsymbol{\theta}$、$\boldsymbol{\varphi}$ 及 y 分别为如下式：

$$\boldsymbol{\theta} = [a, b]^{\mathrm{T}} \tag{3.21}$$

$$\boldsymbol{\varphi}(k-1) = \big[\boldsymbol{Y}(k-1) - \boldsymbol{R}(k), \boldsymbol{I}(k-1) - \boldsymbol{I}(k)\big]^{\mathrm{T}} \tag{3.22}$$

$$y(k) = \boldsymbol{Y}(k-1) - \boldsymbol{R}(k) \tag{3.23}$$

代入前面所述的带遗忘因子的递推最小二乘法式(3.12)，并取初值为 $\boldsymbol{P}(0) = 10^7\begin{bmatrix} 1 & 0 \\ 0 & 1 \end{bmatrix}$，$\boldsymbol{\theta}(0) = [10^{-7}, 10^{-7}]^{\mathrm{T}}$。

2. 受控机械臂响应修正算例

1) 工况 1

参考输入信号：单位阶跃；无噪声；机械手有效转动惯量 $J_l = 5 \text{ kg·m}^2$；最小二乘算法的采样间隔为 0.01s；比例控制。在基本达到稳态后某时刻加入单位阶跃扰动。使用最小二乘法和简化模型在线修正效果(工况 1)如图 3.5 所示。

2) 工况 2

参考输入信号：单位阶跃；无噪声；机械手有效转动惯量 $J_l = 5\text{kg·m}^2$；最小二乘算法的采样间隔为 0.01s；PID 控制。在基本达到稳态后某时刻加入单位脉冲扰动。使用最小二乘法和简化模型在线修正效果(工况 2)如图 3.6 所示。

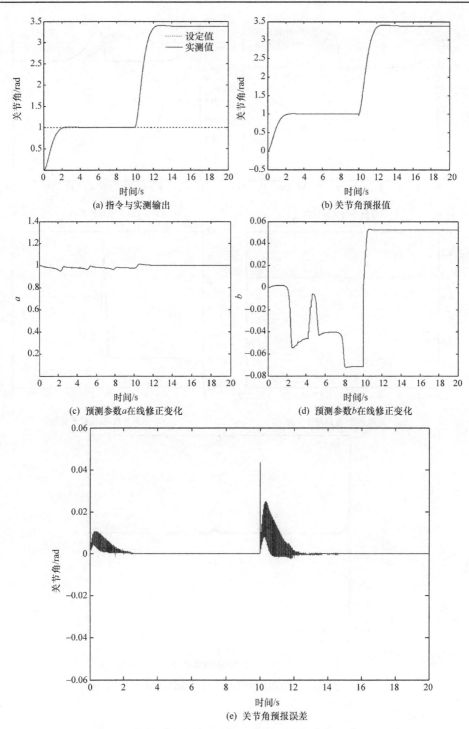

(a) 指令与实测输出

(b) 关节角预报值

(c) 预测参数 a 在线修正变化

(d) 预测参数 b 在线修正变化

(e) 关节角预报误差

图 3.5　使用最小二乘法和简化模型在线修正效果(工况 1)

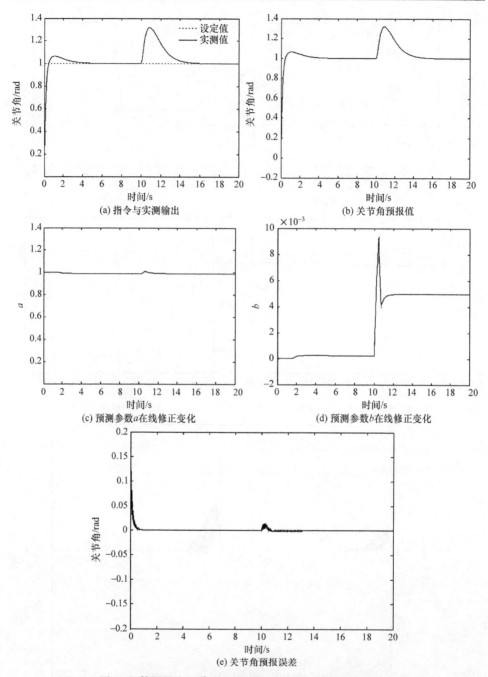

图 3.6　使用最小二乘法和简化模型在线修正效果(工况 2)

3) 工况 3

参考输入信号：正弦信号；无噪声；机械手有效转动惯量 $J_l = 3.7965 +$

$2.3795\sin(0.2\pi t)$；最小二乘算法的采样间隔为 0.05s；PID 控制。使用最小二乘法和简化模型在线修正效果(工况 3)如图 3.7 所示。

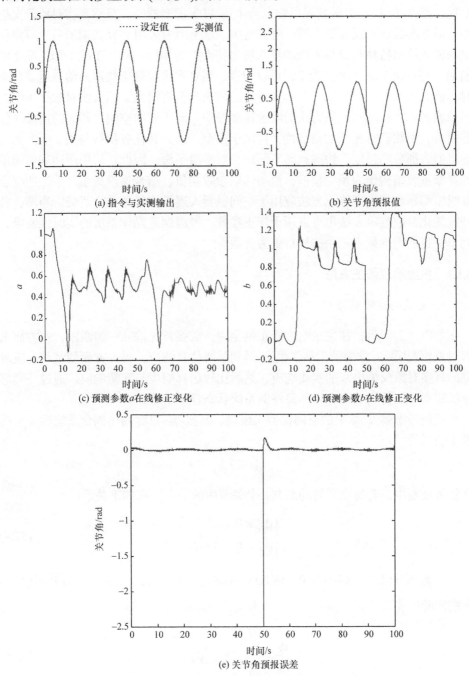

图 3.7　使用最小二乘法和简化模型在线修正效果(工况 3)

由图 3.5～图 3.7 可知，采用简单的典型系统结构模型作为预测模型，恰当选取参数初值，利用递推最小二乘法，可以使预测模型与真实模型的输入输出匹配。对比工况 1 和工况 2 的情况可知，当采用 PID 控制器时，虽然真实对象阶次更高，但是参数修正反而更平滑，跳变更少，这是因为采用 PID 控制器后，对象模型的输入输出特性与典型系统的输入输出特性更为相似；对比工况 1 和工况 2 的前期，并对比工况 1 和工况 3，可以知道，当真实系统处于快速的动态运动状态时，该方法的预测模型输出与真实对象的输出误差将增大，当真实对象处于慢速运动或者达到稳态时，该方法的收敛速度较快。对于面向空间机器人的遥操作任务而言，虽然具有相当的动态性，但出于安全考虑，其任务执行与用于生产的工业机器人那种高强度、快速运动不同，相对平滑平缓。因此，采用所述利用简单的典型系统结构作为预测模型，恰当选取参数初值，结合递推最小二乘法的综合在线模型预测和模型修正方法应用于空间机器人遥操作任务是合适的。当然，各种智能化参数整定方法也可以用于修正参数，考虑到遥操作系统的实时性要求，简单快速的递推最小二乘法相对更为合适。

3.1.3　主星响应修正方法

1. 主星响应修正模型

如图 3.2 所示，在主星响应修正模型中，需要首先输入一组激励，一方面求解对象模型(第 2 章中的运动学模型)得到系统仿真响应，另一方面测量相对应时刻的真实对象反馈出来的实测响应，然后比较仿真响应与实测响应，通过一套修正机制来修正仿真响应，得到最终的系统状态预测响应值。

重新考虑第 2 章中的空间机器人模型，其星-臂-目标物体耦合系统运动学的基本公式为

$$\dot{\boldsymbol{\phi}}_S = \overline{\boldsymbol{I}}\,\dot{\boldsymbol{\phi}}_M$$

在任务规划中，若每次只转动总共 n 个关节中的一个，有如下关系：

$$\begin{cases} \dot{\phi}_{Mi} \neq 0 \\ \dot{\phi}_{Mj} = 0, \quad j \neq i \end{cases} \tag{3.24}$$

此时，$\dot{\boldsymbol{\phi}}_M$ 中只有第 i 列不为 0。依式(3.24)取 $\dot{\boldsymbol{\phi}}_M = \begin{bmatrix} 0, \cdots, \dot{\phi}_{Mi}, \cdots, 0 \end{bmatrix}^{\mathrm{T}}$，并将式(2.33)两端同除以 $\dot{\phi}_{Mi}$，得

$$\frac{\dot{\boldsymbol{\phi}}_S}{\dot{\phi}_{Mi}} = \begin{bmatrix} \overline{I}_{1i} \\ \overline{I}_{2i} \\ \overline{I}_{3i} \end{bmatrix} = f(\boldsymbol{\phi}_M) \tag{3.25}$$

式中，$\bar{I}_{ji}$ 表示矩阵 $\bar{I}$ 的第 j 行第 i 列的元素。显而易见，列向量 $\left[\bar{I}_{1i},\bar{I}_{2i},\bar{I}_{3i}\right]^{\mathrm{T}}$ 中的每个分量都是整个机械臂关节角空间 $\boldsymbol{\phi}_M$ 的函数，但与机械臂关节角速度(系统激励)无关。

若不考虑机械臂实际响应与机械臂指令之间的误差，或者认为通过前述方法对受控机械臂的响应误差进行了修正之后，机械臂的实测关节角速度 $\dot{\hat{\phi}}_{Mi}$ 与仿真模型中所用的关节角速度激励 $\dot{\phi}_{Mi}$ 近似相等，则有下式成立：

$$\begin{cases} \dot{\hat{\phi}}_{Mi} = \dot{\phi}_{Mi} \\ \dot{\hat{\phi}}_M = \dot{\phi}_M \end{cases} \tag{3.26}$$

这样，便可以借助式(3.25)来比较主星姿态角速度实测响应 $\dot{\hat{\phi}}_S$ 与仿真响应 $\dot{\phi}_S$ 之间的关系，取向量 $\dot{\phi}_S$ 的任一分量 $\dot{\phi}_{Si}$，将其与 $\dot{\hat{\phi}}_S$ 的对应分量比较如下：

$$\frac{\dot{\hat{\phi}}_{Sj}}{\dot{\phi}_{Sj}} = \frac{\dot{\hat{\phi}}_{Sj}/\dot{\hat{\phi}}_{Mi}}{\dot{\phi}_{Sj}/\dot{\phi}_{Mi}} = \frac{\hat{\bar{I}}_{ji}(\hat{\boldsymbol{\phi}}_M)}{\bar{I}_{ji}(\boldsymbol{\phi}_M)} \equiv \Theta_{ji} = f(\boldsymbol{\phi}_M), \quad j=1,2,3; i=1,2,\cdots,n \tag{3.27}$$

这里定义了 $\boldsymbol{\phi}_M$ 的函数 Θ_{ji}，表示当只驱动关节 i 运转时，空间机器人主星角速度第 j 轴分量的实测响应 $\dot{\hat{\phi}}_{Sj}$ 与仿真响应 $\dot{\phi}_{Sj}$ 之比。由于前面所述的辨识残差和其他微小误差的存在，实测的响应与由运动学模型求出的仿真响应并不相同，这使得实测与仿真响应比 Θ_{ji} 一般情况下不为 1。显而易见，Θ_{ji} 的值与驱动的具体关节，以及考察的主星角速度分量都有关系。式(3.27)表明，当机械臂关节角空间 $\boldsymbol{\phi}_M$ 不变时，比值 Θ_{ji} 不会发生变化。注意，由于受到运动学模型中的参数辨识残差或者其他微小误差的影响，实测响应所对应的矩阵 $\hat{\bar{I}}$ 与仿真响应所对应的矩阵 $\bar{I}$ 不同，而且由于这些不可消除的误差的存在，Θ_{ji} 的具体函数结构是不可知的。

一般而言，出于性能、安全、控制稳定性等角度出发，在空间机器人作业过程中，机械臂的转动速度不会很大，系统关节角速度 $\dot{\hat{\phi}}_{Mi}$ 是一个比较小的量，也就是说，机械臂关节角 $\boldsymbol{\phi}_M$ 乃至 $\boldsymbol{\phi}_M$ 的函数 Θ_{ji} 都是时间的缓变函数，即

$$\frac{\dot{\hat{\phi}}_{Sj}}{\dot{\phi}_{Sj}} = \Theta_{ji} = f\left[\boldsymbol{\phi}_M(t)\right] \tag{3.28}$$

将式(3.28)两边都写成特定的时刻的函数，即

$$\frac{\dot{\hat{\phi}}_{Sj}(t)}{\dot{\phi}_{Sj}(t)} = \Theta_{ji}(t) \tag{3.29}$$

既然 Θ_{ji} 是时间的缓变函数,在机械臂运转速度不快的工作条件下,这一函数的变化不会非常剧烈。因此在机械臂仿真过程中,可以考虑利用之前一段时间内的实测/仿真响应比 Θ_{ji},通过某种算法来预测此后一段时间的比值 Θ_{ji},进而借此将仿真响应 $\dot{\phi}_S$ 向着更接近可能的实际值的方向修正,得到一个新的预测响应 $\tilde{\dot{\phi}}_S$。只要 Θ_{ji} 的变化不太剧烈,这一预测响应将比仅使用运动学模型仿真得到的仿真响应更接近真实的响应。

以过去一段时间内的 Θ_{ji} 为基础,预测未来一段时间内 Θ_{ji} 的值的多种算法各有利弊。考虑到 Θ_{ji} 的时间缓变特性,最简单、最有效的方式,应当是直接把过去一段时间内 Θ_{ji} 的加权平均值,作为未来一段时间内 Θ_{ji} 的预测值。

设系统从 t_0 时刻开始运转,t_K 为当前时刻,已经获取了过去 $t_0 \sim t_K$ 时间段内的仿真响应 $\dot{\phi}_{Sj}$ 和实测响应 $\hat{\dot{\phi}}_{Sj}$,此时可以由任意 $t_K \sim t_K + T$ 的历史数据求出对应的实测/仿真响应比:

$$\hat{\Theta}_{ji}(t) = \frac{\hat{\dot{\phi}}_{Sj}(t)}{\dot{\phi}_{Sj}(t)}, \quad t \in (t_0, t_K] \tag{3.30}$$

定义 $\bar{\Theta}_{ji}(t)$ 为由 t_K 时刻以前 $[t_0, t_K]$ 区间内所有历史数据,以特定的算法加权求和得到的实测与仿真响应比,即

$$\bar{\Theta}_{ji}(t_K) = \frac{\int_{t_0}^{t_K} w(t)\hat{\Theta}_{ji}(t)\,\mathrm{d}t}{\int_{t_0}^{t_K} w(t)\,\mathrm{d}t} = \frac{\int_{t_0}^{t_K} w(t)\dfrac{\hat{\dot{\phi}}_{Sj}(t)}{\dot{\phi}_{Sj}(t)}\,\mathrm{d}t}{\int_{t_0}^{t_K} w(t)\,\mathrm{d}t} \tag{3.31}$$

式中,$w(t)$ 为加权权值,一般可以令 $\int_{t_0}^{t_K} w(t)\,\mathrm{d}t = 1$。在离散情况下,$\bar{\Theta}_{ji}(t_K)$ 化为如下形式:

$$\bar{\Theta}_{ji}(t_K) = \frac{\sum_{k=0}^{K} w(t_k)\hat{\Theta}_{ji}(t_k)}{\sum_{k=0}^{K} w(t_k)} = \frac{\sum_{k=0}^{K} w(t_k)\dfrac{\hat{\dot{\phi}}_{Sj}(t_k)}{\dot{\phi}_{Sj}(t_k)}}{\sum_{k=0}^{K} w(t_k)} \tag{3.32}$$

式中,$t_K = t_0 + K\Delta t$,而 $\Delta t = t_{k+1} - t_k, k = 0,1,2,\cdots$ 为离散时间步长。一般令权值 $w(t_k)$ 满足 $\sum_{k=0}^{K} w(t_k) = 1$。

为了修正未来 $t_K \sim t_K + T$ 时间段内的仿真响应 $\dot{\phi}_{Sj}$(T 为前向预报时长),以得

到一个更准确的预测响应 $\tilde{\dot{\phi}}_{Sj}$，可以直接按下式取值：

$$\begin{aligned}
\tilde{\dot{\phi}}_{Sj}(t) &= \tilde{\Theta}_{ji}(t)\dot{\phi}_{Sj}(t) \\
&= \bar{\Theta}_{ji}(t_K)\dot{\phi}_{Sj}(t), \quad t \in (t_K, t_K + T]
\end{aligned} \tag{3.33}$$

式中，$\tilde{\Theta}_{ji}(t)$ 为用于修正未来某一时刻 $t \in (t_K, t_K + T]$ 仿真响应的预测/仿真响应比。显然，这里直接将未来预报时长内每个时刻的 $\tilde{\Theta}_{ji}(t)$ 都直接取作了相同的 $\bar{\Theta}_{ji}(t_K)$。

需要注意的是，未来某一时刻的响应比 Θ_{ji}，既是所预测的时刻 t 的函数(响应比是时间的缓变函数)，又是当前时刻 t_K 的函数。显然，预测是在当前时刻 t_K 做出的，对某一特定时刻 t 做出的预测将随着当前时刻向前流逝而不断地滚动更新。同理，随着实测数据的不断获取，仿真值和预测值也在滚动更新。因此，所有未来值都是当前时刻 t_K 的函数，可以分别写作 $\tilde{\Theta}_{ji}(t,t_K)$、$\dot{\phi}_{Sj}(t,t_K)$ 和 $\tilde{\dot{\phi}}_{Sj}(t,t_K)$，但在当前时刻 t_K，将其略去。在式(3.33)中，考虑到 Θ_{ji} 的时间缓变特性，直接忽略了其随时间 t 的变化，而简单地把它取作当前时刻 t_K 的函数 $\bar{\Theta}_{ji}(t_K)$。由后面的仿真实验可以看到，在没有进一步信息的情况下，这一简化是合理而有效的。

为了综合平衡对缓变参数的跟踪能力、系统抗噪声能力以及计算效率，下面在前述原理的基础上，采用带遗忘因子的渐消记忆 RLS 来估计参数 $\bar{\Theta}_{ji}(t_K)$，并借此对空间机器人系统的响应 $\dot{\phi}_S$ 进行修正。

2. 基于递推最小二乘法的响应修正

本小节基于 RLS 来对星-臂-目标物体耦合系统的响应进行在线修正。

由特定时刻 t 的实测和仿真响应数据求得的 $\hat{\Theta}_{ji}$ 只与该时刻的 $\hat{\dot{\phi}}_{Sj}(t_k)$ 和 $\dot{\phi}_{Sj}(t_k)$ 相关，因此这是一个单输入单输出的一阶模型参数估计问题。在 Θ_{ji} 估计问题中，对于不同的参数 ji 和 $j'i'$，不同的响应比 Θ_{ji} 与 $\Theta_{j'i'}$ 之间并没有相关关系，而是实质上互相独立的标量。因此在代入 RLS 方法进行参数估计时，对于转动任一特定关节 $t = 1, 2, \cdots, K + \tau$ 而测得的一段数据，都需要同时跟踪 Θ_{1i}、Θ_{2i} 和 Θ_{3i} 这三个比值的变化，换言之，我们需要同时维持三个互相独立的迭代流程，来分别估计 Θ_{1i}、Θ_{2i} 和 Θ_{3i}，并且每次换另一个关节转动之后，还需要重新进行跟踪估计。

为三个 Θ_{ji} 各自关联一组最小二乘估计量：取 $\hat{\dot{\phi}}_{Sj}$ 为参数估计模型中的输出变量 $y(k)$，取 $\dot{\phi}_{Sj}$ 为参数估计模型中的输入变量 φ，取响应比 Θ_{ji} 为待估计的参数 θ，

在 t_K 时刻的迭代结果 $\theta(t_K)$ 即为问题中所要估计的参数 $\overline{\Theta}_{ji}(t_K)$ ，代入迭代式，得

$$
\begin{cases}
\overline{\Theta}_{ji}(t_K) = \overline{\Theta}_{ji}(t_{K-1}) + R(t_{K-1})\left[\hat{\dot{\phi}}_{Sj}(t_K) - \dot{\phi}_{Sj}(t_K)\overline{\Theta}_{ji}(t_{K-1})\right] \\
P(t_K) = \dfrac{1}{\lambda}\left[1 - R(t_K)\dot{\phi}_{Sj}(t_K)\right]P(t_{K-1}) \\
R(t_K) = \dfrac{P(t_{K-1})\dot{\phi}_{Sj}(t_K)}{\lambda + \dot{\phi}_{Sj}(t_K)P(t_{K-1})\dot{\phi}_{Sj}(t_K)}
\end{cases}
\tag{3.34}
$$

式中，$\overline{\Theta}_{ji}$ 的初值 $\overline{\Theta}_{ji}(t_1)$ 设为 1，P 的初值为一个足够大的正实数，如 10^7。获取后续每个时刻的仿真响应和实测响应，并依迭代式(3.34)更新对应的 K、P 和 θ。该问题中待估计参数 $\theta = \Theta_{ji}$ 是一个标量，因此 K、P 都由矩阵退化为标量。通过迭代式(3.34)，即可以快速准确地估计过去一段时间的实测/仿真响应比 Θ_{ji}，从而以较高的精度预测未来一段时间的系统响应。

由这一方法确定的整个修正模块的步骤描述如下。

流程 3-2。

(1) 设定迭代参数初值 $\overline{\Theta}_{ji}(t_1)$ 和 $P(t_1)$。

(2) 获取当前时刻 t_K 的主星姿态角速度实测值 $\hat{\dot{\phi}}_{Sj}(t_K)$ 以及姿态角实测值 $\hat{\phi}_{Sj}(t_K)$。

(3) 由迭代式(3.34)，更新响应比 $\overline{\Theta}_{ji}(t_K)$。

(4) 将 $\hat{\dot{\phi}}_{Sj}(t_K)$ 和 $\hat{\phi}_{Sj}(t_K)$ 作为运动学仿真的初始状态，通过仿真模型式(2.33)，计算未来 $t \in (t_K, t_K + T]$ 时间内的仿真响应 $\dot{\phi}_{Sj}(t)$，在仿真过程中，需要将求得的每个时刻的仿真响应 $\dot{\phi}_{Sj}(t)$ 立刻修正为预测响应 $\tilde{\dot{\phi}}_{Sj}(t)$，并用于后续的积分计算。

(5) 当前时刻递增为 t_{K+1}。转步骤(2)，循环更新。

流程结束。

这便是对主星姿态角速度响应仿真值进行修正的步骤。

在流程 3-2 的步骤(4)中，每次获取了新的实测数据之后，都要从这一最新数据出发，对未来 T 时间内的系统响应进行一次完整的运动学仿真，而这需要大量的数值积分运算。在前向预报时间 T 足够长，仿真中的数值积分步长 D 足够小，并且数据采样周期 Δt 足够短的前提下，这一运算量是相当大的。事实上，系统在单位时间内的计算开销与 $T/(D\Delta t)$ 成正比。为了保证系统的实时修正能力，有必要对上述流程进行一定程度的简化。

在流程 3-2 的步骤(4)更新了主星姿态角速度和姿态角的实测值，而对机械臂

关节角和关节角速度并没有影响。实际上，主星姿态角速度响应只与机械臂的关节角和角速度相关。在假设机械臂关节角的实际响应与其输入指令相当的条件下，更新的主星姿态角速度和姿态角并没有改变后续时刻的姿态角速度响应，只要把原来计算好的姿态角速度叠加到新的姿态角初值中去，就能得到随后各个时刻的新的姿态角预测值。

这样，只需类比仿真流程的数值积分进度，在每个时刻积分出下一时刻的姿态角速度仿真值即可，而不必每次都对过去时段内的姿态角速度响应重新积分，改进后的简化流程描述如下。

流程 3-3。

(1) 设定迭代参数初值 $\bar{\Theta}_{ji}(t_1)$ 和 Θ_{ik}。

(2) 获取当前时刻 t_K 的主星姿态角速度实测值 $\dot{\hat{\phi}}_{Sj}(t_K)$ 以及姿态角实测值 $\hat{\phi}_{Sj}(t_K)$。

(3) 由迭代式(3.34)，更新响应比 $\bar{\Theta}_{ji}(t_K)$。

(4) 以响应比 $\bar{\Theta}_{ji}(t_K)$ 直接修正之前保存的 $t_K \sim t_K + T - \Delta t$ 时段内的仿真响应 $\dot{\phi}_{Sj}(t)$，得到该时段内的全部预测响应 $\dot{\tilde{\phi}}_{Sj}(t)$。

(5) 将 $\hat{\phi}_{Sj}(t_K)$ 作为系统初始状态，叠加 $t_K \sim t_K + T - \Delta t$ 时段内的预测响应 $\dot{\tilde{\phi}}_{Sj}(t)$，得到该时段内的全部姿态角预测值 $\tilde{\phi}_{Sj}(t)$。

(6) 在已累加求得 $\tilde{\phi}_{Sj}(t_K + T - \Delta t)$，且已知该时刻机械臂状态和指令的条件下，通过仿真模型式(2.33)，计算该时刻的主星响应仿真值 $\dot{\tilde{\phi}}_{Sj}(t_K + T - \Delta t)$，并通过 $\dot{\phi}_{Sj}(t_K + T)$ 将其修正为预测值 $\dot{\tilde{\phi}}_{Sj}(t_K + T)$。

(7) 当前时刻递增为 t_{K+1}。转步骤(2)，循环更新。

流程结束。

主星响应修正方法流程图如图 3.8 所示。

在该流程示意中，以不同线型的方框表示不同的内容。其中，双点画线方框表示系统中的某个处理模块，点画线方框表示系统所用的修正参数，也即响应比 $\bar{\Theta}_{ji}$，实线方框表示实测值，点线方框表示仿真值，虚线方框表示预测值。不同列的方框表示不同的物理量，从左到右依次为机械臂关节角速度、关节角、主星姿态角、响应比参数以及主星姿态角速度的实测、仿真和预测值，而不同行的方框则表示时间的流逝，从上到下依次经历了 t_{K-1}，t_K，$t_K \sim t_K + T - \Delta t$ 以及 $t_K + T$ 等不同时段。

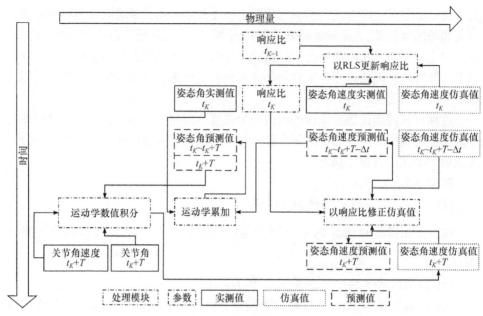

图 3.8　主星响应修正方法流程图

在运动学累加模块中，将过去 T 时间内的姿态角速度预测值直接累加到新的姿态角实测值上，得到一组新的姿态角预测值，而在此后的运动学数值积分中，则只用到最新的 $t_K + T$ 时刻的状态和激励数据来进行数值积分，可极大提高整个修正模块的计算速度，使得其中运动学模块数值积分的计算量与正常的仿真速度相当，而将其余计算量都转化为简单的代数运算。

这一对系统进行前向预报的方法，也可以很自然地用于具有通信时延情况下的系统响应估计。只要将 D 重新解释为系统时延，$t_K + T$ 为系统运行的当前时刻，t_K 为当前时刻所获取到的下行实测数据所生成的那一时刻，则所有的迭代方法和流程都能直接地平移到时延问题中来。

3. 主星响应修正算例

在前面的章节中，所有的预报结果都是将姿态角、姿态角速度各自的三个分量进行分别统计，并且统计主星姿态角的仿真值、辨识值的相对误差时，采取直接求某一时刻的角度偏差值与实际值的比值的办法。实际上在空间坐标系中，姿态角本身是可以通过改变初始朝向而人为定义的。因此，对于采用大量随机初始条件进行的实验而言，若要比较修正预测值相对于原预测值的改进，这一指标显得不够稳定。

为了更好地比较修正预测值预报主星姿态角的准确程度，给出一个主星姿态角预测值相对误差的新定义。

考虑刚体动力学中用于表征坐标系旋转的欧拉轴/角(或称轴角)表述：任何坐标变换矩阵可以写作 Φe 的形式，其中 $e = e_x \hat{x} + e_y \hat{y} + e_z \hat{z}$ 为两个坐标系之间的相对转轴，称作欧拉轴，$\hat{x}$、$\hat{y}$ 和 $\hat{z}$ 为参考坐标系的三轴单位矢量，而 Φ 称作轴角。该变换表示，所有坐标之间的转换关系可以通过绕着欧拉轴 e，一次性转动 Φ 角度而完成。

通过轴/角表述，可以用单一标量 Φ 来表征两个坐标系之间的整体偏差程度。若一个坐标系相对于另一个坐标系的三个对应坐标轴的偏角分别为 α、β 和 γ，则轴角 Φ 满足下式：

$$\sin^2 \frac{\Phi}{2} = \frac{1}{2}\left(\sin^2 \frac{\alpha}{2} + \sin^2 \frac{\beta}{2} + \sin^2 \frac{\gamma}{2} \right) \tag{3.35}$$

当偏角较小时，式(3.35)化为如下形式：

$$\Phi = \frac{1}{\sqrt{2}} \sqrt{\alpha^2 + \beta^2 + \gamma^2} \tag{3.36}$$

该式实际上相当于将三轴偏角合成为一个，从而给出了主星姿态角的整体绝对误差水平，相当于下式：

$$e_{ab}(t) = \frac{1}{\sqrt{2}} \left\| \tilde{\boldsymbol{\phi}}_S(t) - \hat{\boldsymbol{\phi}}_S(t) \right\|_2 \tag{3.37}$$

在此基础上，引入姿态角相对误差的概念。定义某一时刻 t 主星姿态角预测值的相对误差为该时刻主星三轴姿态角预测值的绝对误差与之前的 T 时间内主星轴角实测值的积分之比，T 为预报时长，即

$$e_{re}(t) = \frac{\dfrac{1}{\sqrt{2}} \left\| \tilde{\boldsymbol{\phi}}_S(t) - \hat{\boldsymbol{\phi}}_S(t) \right\|_2}{\displaystyle\int_{t-T}^{t} \dfrac{1}{\sqrt{2}} \left\| \tilde{\boldsymbol{\phi}}_S(\tau + d\tau) - \tilde{\boldsymbol{\phi}}_S(\tau) \right\|_2 d\tau} = \frac{\left\| \tilde{\boldsymbol{\phi}}_S(t) - \hat{\boldsymbol{\phi}}_S(t) \right\|_2}{\displaystyle\int_{t-T}^{t} \left\| \dot{\tilde{\boldsymbol{\phi}}}_S(\tau) \right\|_2 d\tau} \tag{3.38}$$

可见，式(3.38)中的分母即是主星姿态角速度三轴均方和的积分(忽略常系数)。在离散情况下，式(3.38)化为如下形式：

$$e_{re}(t_K) = \frac{\left\| \tilde{\boldsymbol{\phi}}_S(t_K) - \hat{\boldsymbol{\phi}}_S(t_K) \right\|_2}{\displaystyle\sum_{k=K-T/\Delta t+1}^{K} \left\| \tilde{\boldsymbol{\phi}}_S(t_k) - \hat{\boldsymbol{\phi}}_S(t_{k-1}) \right\|_2} = \frac{\left\| \tilde{\boldsymbol{\phi}}_S(t_K) - \hat{\boldsymbol{\phi}}_S(t_K) \right\|_2}{\displaystyle\sum_{k=K-T/\Delta t}^{K-1} \left\| \dot{\hat{\boldsymbol{\phi}}}_S(t_k) \right\|_2 \Delta t} \tag{3.39}$$

式中，t_K 为所预测的时刻；Δt 为数据采样周期，也即系统获取实测值的周期。

在实际计算中，可以任意取式(3.39)中两个等号右边的两种形式之一，在不考虑采样误差的情况下，这两者应当是等价的。相应地，将一整次实验的姿态角相

对误差，定义为从修正算法开始稳定生效时起(一般定义从系统起始时刻起，2～3倍的预报时长之后稳定)，至实验结束时，各时刻相对误差的均值如下：

$$E_{\mathrm{re}} = \sum_{K=2T/D}^{N} e_{\mathrm{re}}(t_K) \tag{3.40}$$

式中，t_N 为当次实验的终止时刻。

算例 3-1　为了测试本节所述的主星响应修正方法对整个空间机器人响应的修正能力，首先设计一组仿真实验所用的典型激励模式。给定三种典型的长周期任务机械臂输入指令波形，关节角速度激励波形 1 如图 3.9 所示。

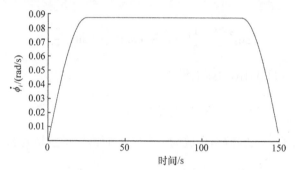

图 3.9　关节角速度激励波形 1

关节角速度激励波形 2 如图 3.10 所示。

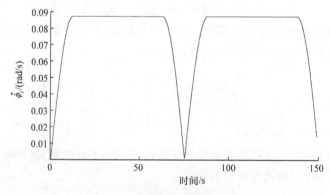

图 3.10　关节角速度激励波形 2

关节角速度激励波形 3 如图 3.11 所示。

其中，波形 1 为单次启动到结束，波形 2 为双次启动到结束，波形 3 为单次启动后，关节角以正弦波形持续不断地波动，其中启动和结束段的波形皆为正弦波形，且所有激励的瞬时峰值都为 5(°)/s，不超过 0.1rad/s。通常情况下，在机器人执行实际空间任务的过程中，出于任务执行的安全稳定性考虑，这对机械臂来

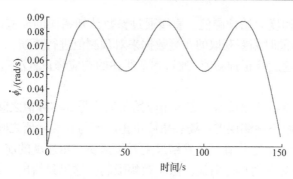

图 3.11　关节角速度激励波形 3

说已经是一个足够大的运转速度。

下面将计算在机械臂空载(未抓取目标物体)的条件下，通过本节所述的主星响应修正方法直接修正对主星惯性参数的认知存在一定误差的模型。

算例 3-2　该算例为主星-机械臂空载系统响应修正仿真实验。所使用的关节角速度输入指令为算例 3-1 中的激励波形 1～3 之一，算例 3-2 中的系统响应修正算例如表 3.2 所示。

表 3.2　算例 3-2 中的系统响应修正算例

组序号	激励波形	激励关节	惯性参数误差/%	预报时长/s	姿态角相对误差/%
1	1	1	30	10	2.28
2	2	1	30	10	2.94
3	3	1	30	10	2.65
4	1	2	30	10	2.13
5	1	1	50	10	3.72
6	1	1	50	20	7.31
7	1	1	10	20	1.69

在该算例中将仿真模型中的质量和惯量矩阵，相对其真实设定值乘以一个整体性的系数(如表 3.2 中惯性参数误差列所示)，以模拟在仿真过程中对惯性参数的认知误差。在仿真实验中，为了模拟真实的工程任务环境，在主星姿态角速度的实测值中加入了 5%的白噪声作为测量误差。

采用本节所述的响应修正方法，实时地对仿真过程中的系统响应进行修正，分别记录了如下几类结果。

(1) 姿态角速度实际值。以设定参数的模型运转得到，模拟主星运转过程中的真实姿态角速度。

(2) 姿态角速度实测值。对实际值添加了白噪声的结果，模拟实际工程环境中的测量误差。

(3) 姿态角速度原始预测值。直接通过参数认知错误的模型进行仿真预测的结果，仅通过当前时刻新获取的实测数据来对预测值进行更新。

(4) 姿态角速度修正预测值。通过本章所述的响应修正方法，对原始预测值进行修正后的结果。

(5) 姿态角原始预测误差。姿态角原始预测值与其实际值之间的绝对误差。

(6) 姿态角修正预测误差。姿态角修正预测值与其实际值之间的绝对误差。

该算例进行了七组仿真。仿真结果主要包括姿态角速度的前述四个值，以及姿态角的修正前后绝对误差对比。限于篇幅限制，这里只给出部分仿真结果。算例 3-2 第 1 组角 α 的角速度曲线与角度绝对误差如图 3.12 所示。

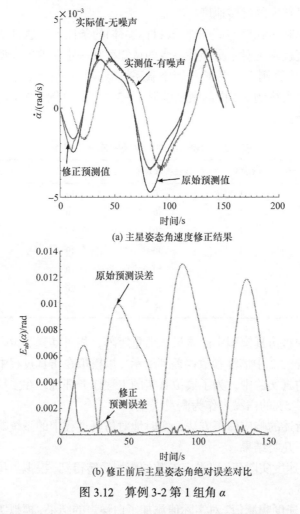

(a) 主星姿态角速度修正结果

(b) 修正前后主星姿态角绝对误差对比

图 3.12　算例 3-2 第 1 组角 α

算例 3-2 第 1 组角 β 的角速度曲线和角度绝对误差如图 3.13 所示。

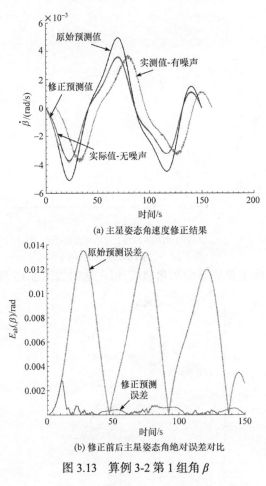

(a) 主星姿态角速度修正结果

(b) 修正前后主星姿态角绝对误差对比

图 3.13　算例 3-2 第 1 组角 β

算例 3-2 第 1 组角 γ 的角速度曲线和角度绝对误差如图 3.14 所示。

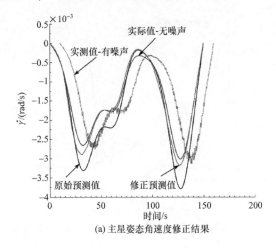

(a) 主星姿态角速度修正结果

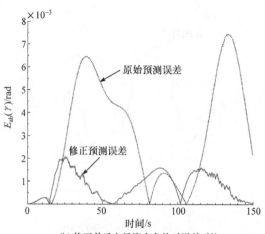

(b) 修正前后主星姿态角绝对误差对比

图 3.14　算例 3-2 第 1 组角 γ

算例 3-2 第 7 组主星姿态角和角速度 γ 修正结果如图 3.15 所示。

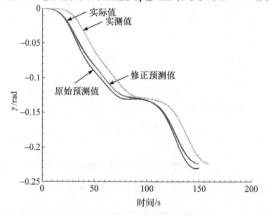

(a) 主星姿态角修正结果

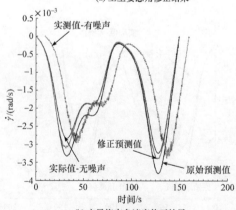

(b) 主星姿态角速度修正结果

图 3.15　算例 3-2 第 7 组主星姿态角和角速度 γ 修正结果

算例 3-2 第 7 组姿态角 γ 修正前后绝对误差对比如图 3.16 所示。

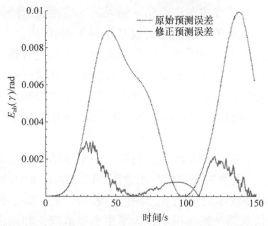

图 3.16　算例 3-2 第 7 组姿态角 γ 修正前后绝对误差对比

算例 3-2 第 7 组主星姿态角 γ 修正系数变化如图 3.17 所示。

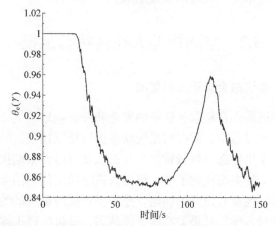

图 3.17　算例 3-2 第 7 组主星姿态角 γ 修正系数变化

　　算例 3-2 的仿真第 1 组~第 3 组中，在相同的前向预报时长下和惯性参数认知误差下，为相同的关节加载三种不同的激励，以此来比较修正方法在不同种类的激励作用下的效果。从其修正前后响应曲线对比图中可以看出，本节所述的主星运动状态响应修正方法，可以在高达 10s 的前向预报状态下，有效地修正由惯性参数认知误差而引入的仿真误差。对于算例 3-1 中所示的三种不同的激励波形，在星-臂系统整体的惯性参数认知误差高达 30%的条件下，主星的姿态角和姿态角速度都能够得到较好的修正，使得修正后的姿态角相对误差低于 3%。

　　从仿真第 4 组的对比结果中可以看出，在不同的关节运转时，修正效果都表现良好。从仿真第 5 组的结果可以看出,即使在设置了高达 50%的惯性参数相对认知误差的条件下,除了在主星姿态角 γ 结果的准确性有所降低,其他通道上的修正结果仍然良好,且总的姿态角相对误差控制在 4%以内。

从仿真第 6 组的结果可以看出,前向预报时长的加大对修正效果的影响比较明显,尤其体现在主星姿态角 γ 轴上,在某些情况下甚至可能导致修正的效果适得其反。从总的姿态角相对误差来看,该次实验高达 7.31%。考虑到在 20s 预报时长下,轴角实测值的积分结果[式(3.38)中的分母]远比 10s 情况下要大,这一结果无法令人满意。

仿真第 7 组在第 6 组的基础上,将系统中主星惯性参数的认知误差降低到10%,且重点显示了 γ 通道的完整结果示意图,以与第 6 组中的较差结果相对比。显然,在惯性参数误差较小的情况下,即使预报时长高达 20s,也能够较准确地修正响应状态。同时仿真第 7 组也说明,为了更准确地修正和预报空间机器人的响应状态,应当将本节所述的响应修正方法与惯性参数辨识方法相结合。通过各种方法辨识系统中难以确定的惯性参数以尽量减小其认知误差,在此基础上,对仿真模型进行响应修正来得到最终的预报结果。

3.2　空间机器人在轨状态预报

3.2.1　空间机器人系统融合修正预报策略

为了保障空间机器人在轨服务任务的安全和任务规划与运动控制的可靠,在空间机器人执行任务过程中,需要对系统状态进行持续预报。一般情况下,所预报的主要状态包括主星姿态、机械臂关节状态以及机械臂末端执行机构位置。

空间机器人主星的姿态决定了整个机器人系统的定位和锚准,同时决定了系统平台上所搭载的其他所有设备的朝向,是需要预报的最基础的系统状态。在机器人执行服务任务时,操作员最关心的系统状态,是机械臂末端执行机构的位置(在未抓取目标状态下),或者被抓取目标物体的位置(已抓取目标物体之后)。为了对主星状态和机械臂末端状态进行准确预报,并规划安全可行的任务路径,还需要先对机械臂各关节的实时响应状态进行修正和预报[76]。

空间机器人的实际工作过程受控制系统的性能限制,机械臂的实际运动响应并不能完美跟随指令输入。而机械臂的响应本身是主星-机械臂耦合系统的激励。因此,在预报整个空间机器人系统的响应之前,必须先通过机械臂的输入指令和历史响应数据,来预报未来一段时间内的机械臂真实响应,并将这一预报结果(关节角/角速度),作为激励条件输入到主星响应状态修正模型中去。

长期在轨运行可能使得卫星上存在零件损坏,外部损伤,或者机械结构老化等难以具体估量的变化，惯性参数辨识结果中存有残差，建模中的简化也使得模型本身存在系统误差。这些问题都制约着仿真模型的长期预报精度，因此在机械臂响应状态修预报的基础上，将进一步对主星响应状态进行在线修正。

将机械臂响应修正和主星响应修正这两种修正方法相结合，并通过每个时刻获取的实测数据，对这两者交替更新，滚动向前，便可以完成整个空间机器人的在轨状态预报。与机械臂和主星响应修正分别作用时相比，这里的预报策略引入了受控机械臂的响应修正模型，并将其置于整个系统修正模型之前。这一整套预报策略，称为空间机器人系统融合修正预报策略[77,78]，具体步骤描述如下。

流程 3-4。

(1) 分别设定主星响应修正模型和机械臂响应修正模型中的迭代参数初值。

(2) 获取当前时刻 t_K 的主星姿态角速度 $\hat{\dot{\phi}}_{Sj}(t_K)$、角度实测值 $\hat{\phi}_{Sj}(t_K)$，以及机械臂关节角速度和角度实测值 $\hat{\dot{\phi}}_{Mi}(t_K)$ 和 $\hat{\phi}_{Mi}(t_K)$。

(3) 更新式(3.12)中的机械臂修正参数 $\boldsymbol{\theta}=\begin{bmatrix}a,b\end{bmatrix}^{\mathrm{T}}$，以及式(3.31)中的主星响应修正参数 $\bar{\varTheta}_{ji}(t_K)$。

(4) 以机械臂修正参数 $\boldsymbol{\theta}=\begin{bmatrix}a,b\end{bmatrix}^{\mathrm{T}}$ 修正机械臂关节角指令值，得到后续时段 $t_K\sim t_K+T$ 的机械臂关节角和关节角速度预测值。

(5) 将主星姿态角实测值 $\hat{\phi}_{Sj}(t_K)$ 作为运动学仿真的初始状态，以后续时段内的机械臂关节角速度预测值为激励，通过仿真模型式(2.36)，迭代计算未来 $t\in(t_K,t_K+T]$ 时间内的仿真响应 $\dot{\phi}_{Sj}(t)$。注意在仿真模型计算过程中，需要将求得的每个时刻的仿真响应 $\dot{\phi}_{Sj}(t)$ 立刻修正为预测响应 $\tilde{\dot{\phi}}_{Sj}(t)$，并用于后续的计算。

(6) 当前时刻递增为 t_{K+1}。转步骤(2)，循环更新。

流程结束。

空间机器人系统融合修正预报策略流程示意图如图 3.18 所示。

与之前的主星响应修正模型相比，在融合修正模型中，需要考虑机械臂实际响应与其输入指令之间的不同，因此在每个时刻中都要通过更新的机械臂响应实测数据 $\hat{\dot{\phi}}_{Mi}(t)$ 和 $\hat{\phi}_{M}(t_K)$，计算机械臂响应在未来 $t_K\sim t_K+T$ 时段的预测值，并将这一预测值作为主星响应修正模块的激励，来进行后续流程。这意味着，每当当前时刻的实测数据更新后，所有未来时段的机械臂都要经过重新预测，因此在计算主星仿真响应时，也需要重新进行一次完整的积分计算，再以响应比来修正该仿真值。

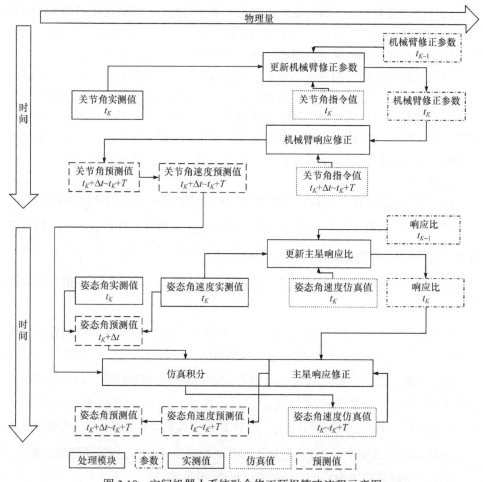

图 3.18　空间机器人系统融合修正预报策略流程示意图

　　为了同时呈现机械臂响应修正模块与主星响应修正模块的关系，这里将时间轴绘制为上下两部分，上半部分表示机械臂响应修正模块中的时间流逝，而下半部分表示主星响应修正模块中的时间流逝。注意到为了表明仿真积分模块和主星响应修正模块之间的耦合关系，将这两个模块绘制在一起，它们实际上共同构成一个完整的模块，其中包含如下未被显式绘制出来的双向数据流动：每当仿真积分模块计算出一个姿态角速度仿真值之后，就将其送入主星响应修正模块，以此修正得到的姿态角速度修正值；修正过的姿态角速度将重新返回仿真积分模块，用以作为下一个时刻积分计算的输入。经过反复迭代的仿真积分和响应修正之后，可以求得未来 $t_0 \sim t_K$ 时段内的主星姿态角速度和角度预测值。

　　在对空间机器人的机械臂关节角以及主星姿态角速度、角度进行准确预报的基础上，容易通过空间机器人运动学模型进一步求解系统中各部分刚体在空间中的位姿。在许多任务场景中，都需要准确地抓取目标物体，或者对已抓取的物体进行操作，此时操作员更为关心机械臂末端关节执行机构或被抓取的目标物体在空间中的位置，或其相对于初始时刻的位移。很自然地，在完成了机械臂响应状态和主星响应状态预报的基础上，可以进一步预报被抓取目标物体的位移响应。

由空间机器人运动学模型中的式(2.15)，即

$$r_i = \sum_{l=1}^{n} \left(A_{Il} a_l + A_{I,l-1} b_{l-1} \right) K_{il} + r_G$$

代入 $i = n$，得到下式：

$$
\begin{aligned}
r_n &= \sum_{l=1}^{n} \left(A_{Il} a_l + A_{I,l-1} b_{l-1} \right) K_{nl} + r_G \\
&= \frac{1}{w} \sum_{l=1}^{n} \left(A_{Il} a_l + A_{I,l-1} b_{l-1} \right) \sum_{j=0}^{l-1} m_j + r_G
\end{aligned}
\tag{3.41}
$$

直接以质心位置 r_n 作为末端关节位置的考察点，在任务中的任意时刻 t，考察点相对于初始时刻 t_0 的位移 $\Delta r_n(t)$ 如下：

$$\Delta r_n(t) = r_n(t) - r_n(t_0) \tag{3.42}$$

只需将 t、t_0 这两个时刻的质量、质心位置的辨识结果，以及姿态角、关节角的预报结果代入式(3.42)中，即可求得 t 时刻的 $\Delta r_n(t)$。注意到在整个过程中系统不受外力，质心位置保持不变，因此式(3.42)的展开式中不存在显式的 r_G。

总体来说，这一融合修正预报策略将受控机械臂的响应修正和主星的响应修正完整地结合在一起，可以通过获取系统中的实测历史数据，来修正未来一段时间内的星-臂-物体耦合系统仿真模型的误差，进而预报整个空间机器人的在轨响应状态。

1. 空载时的预报策略

在一般的抓取目标空间作业任务中，首先需要操作空载的空间机器人，通过其机械臂末端手爪等执行机构，去抓取目标物体，而在成功捕获目标物体之前，机器人处于空载状态。在这一任务流程中，需要对处于空载状态下的空间机器人系统状态进行预报，空间机器人空载时的在轨状态预报策略如图3.19所示。

2. 抓取有误差先验知识的目标物体时的预报策略

在实际空间作业任务中，机器人经常需要面对的一类空间目标是损坏、失控

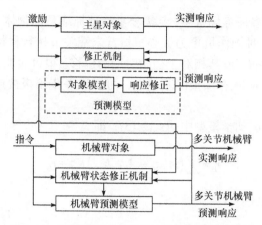

图 3.19　空间机器人空载时的在轨状态预报策略

乃至报废的飞行器。这类空间目标也属于非合作目标的一种，但与完全无先验知识的非合作目标物体不同的是，这类空间飞行器的初始惯性参数以及其他一些设计指标是已知的，只是在长期在轨的过程中发生了一定程度的变化，仿真模型中的参数与目标当前的实际参数之间存在着一定误差，这类存在一定认知上的模糊性的目标，称作有误差先验知识的目标物体。

　　操作者对系统各项参数有一个基本的判断，但其中又存在一些较为模糊的认识误差。在这类情况下，可以尝试直接使用本章所述的空间机器人系统融合修正预报策略，预报抓取了有先验知识目标物体后的系统状态，抓取有误差先验知识目标物体时的在轨状态预报策略如图 3.20 所示。

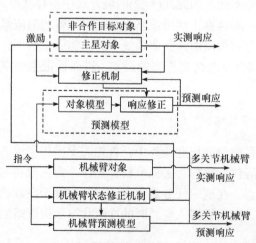

图 3.20　抓取有误差先验知识目标物体时的在轨状态预报策略

整体而言，前面展示的针对主星惯性参数存在认知误差时的模型进行修正的结果都比较理想。本节将在此基础上，考察当机械臂末端执行机构抓取了目标物体，且对目标物体的惯性参数的估计存在误差的情况下，使用融合修正预报策略对整个空间机器人系统的响应进行修正的效果。

3. 抓取无先验知识的目标物体时的预报策略

在许多情况下，如在执行空间碎片捕获任务时，我们对即将抓取的非合作目标物体的惯性参数完全没有任何先验的认知，给出的估计可能存在极大误差。若仍使用前一小节中的方法进行预报，预报可能失效，因此，在此类任务场景中，需要以更普适的策略来确定未知的目标物体惯性参数，并对系统的在轨响应状态进行预报。此外，为了更好地服务于抓取目标的后续任务流程，在机械臂响应状态和主星响应状态预报的基础上，还需要对机械臂末端执行机构的位移状态进行预报。

在一次抓取无先验知识的目标物体任务中，完整的预报策略描述如下。

流程 3-5。

(1) 以基于改进的 PSO 方法的主星惯性参数辨识方法[71]，对空间机器人的主星惯性参数进行辨识，以建立一个较为准确的机器人系统自身的运动学模型。

(2) 在机械臂末端向目标物体趋近的过程中，以本章中介绍的方法，将机械臂响应修正模型和主星响应修正模型结合起来，对星-臂耦合系统的响应状态进行预报。

(3) 在牢固抓取了非合作的目标物体之后，以文献[71]介绍的被抓取目标物体的惯性参数辨识方法对目标物体的惯性参数进行辨识。

(4) 在对整个系统中主星和未知目标的惯性参数已有一个大致准确的认知之后，再以本章中介绍的方法，在机器人抓取目标物体之后的作业过程中，对机械臂和主星的在轨状态进行实时预报。

(5) 在辨识了系统中的未知惯性参数，并预报了主星角速度响应和机械臂关节角响应的基础上，求解空间机器人系统运动学模型，从而对机械臂末端执行机构或其所抓取的目标物体的状态进行预报。

流程结束。

抓取无先验知识目标物体时的在轨状态预报策略如图 3.21 所示。

3.2.2　空载时的空间机器人在轨状态预报

在空间机器人空载的条件下，以算例 3-1 中的机械臂指令作为输入来操作机械臂运转，然后对机械臂关节角和主星姿态进行预报。在进行仿真预报时，假设

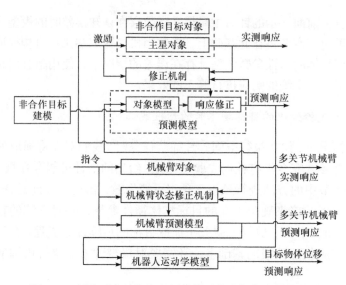

图 3.21 抓取无先验知识目标物体时的在轨状态预报策略

对主星惯性参数的认知仍具有一定误差，以测试预报策略的效果。

算例 3-3 将算例 3-1 中的激励作为机械臂关节角输入指令,然后进行关节响应仿真,并比较在仿真过程中, 要求 10s 的前向预报时长的情况下, 通过机械臂响应修正方法进行修正和预报, 比较关节角的预报状态与实测状态之间的差别。激励波形 1 下的机械臂状态预测值与实测值对比如图 3.22 所示。

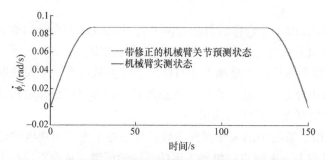

图 3.22 激励波形 1 下的机械臂状态预测值与实测值对比

激励波形 2 下的机械臂状态预测值与实测值对比如图 3.23 所示。

激励波形 3 下的机械臂状态预测值与实测值对比如图 3.24 所示。

可以看到, 即使在前向预报时长高达 10s 的要求下, 通过对受控机械臂的关节角响应进行修正, 所得到的关节角响应预测值与实测值之间的差别也很小。由这一组波形曲线的仿真结果也可以看到, 在长周期、大幅值的激励条件下, 经过良好修正的机械臂关节角预测响应误差变得更为微小和平滑, 与其实际响应基本

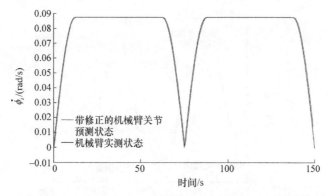

图 3.23 激励波形 2 下的机械臂状态预测值与实测值对比

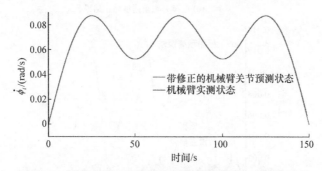

图 3.24 激励波形 3 下的机械臂状态预测值与实测值对比

一致。这也说明，通过这一修正和预测方法的处理，机械臂的仿真响应，确实足以作为机器人系统的输入，而不引入大的误差。

算例 3-4 使用算例 3-3 中的波形 3 的指令作为本算例的系统激励，并采用与算例 3-2 类似的设定。算例 3-4 中机器人空载时的在轨状态预报实验的参数设置如表 3.3 所示。

表 3.3 算例 3-4 中机器人空载时的在轨状态预报实验的参数设定

组序号	激励波形	激励关节	惯性参数认知误差/%	预报时长/s	姿态角相对误差/%
1	1	1	30	10	2.41
2	1	1	50	10	3.89

同样在主星姿态角速度中加入 5%的白噪声以模拟测量误差。由于算例中展现出来的特征与算例 3-2 中的主星响应修正结果非常类似，因此这里只给出一组示意结果。算例 3-4 第 1 组角 α 如图 3.25 所示。

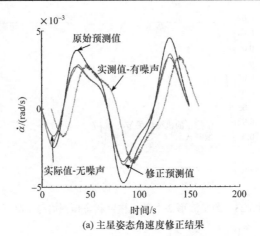

(a) 主星姿态角速度修正结果

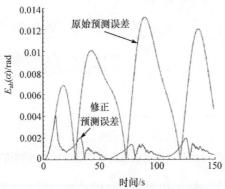

(b) 修正前后主星姿态角绝对误差对比

图 3.25　算例 3-4 第 1 组角 α

算例 3-4 第 1 组角 β 如图 3.26 所示。

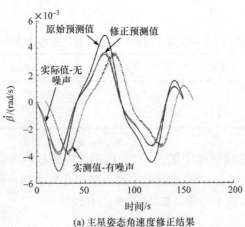

(a) 主星姿态角速度修正结果

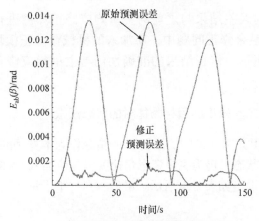

(b) 修正前后主星姿态角绝对误差对比

图 3.26　算例 3-4 第 1 组角 β

算例 3-4 第 1 组角 γ 如图 3.27 所示。

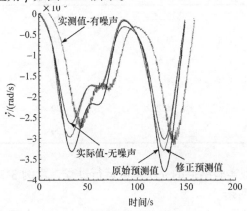

(a) 主星姿态角速度修正结果

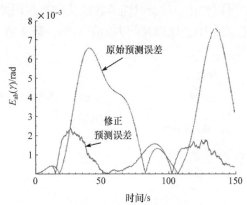

(b) 修正前后主星姿态角绝对误差对比

图 3.27　算例 3-4 第 1 组角 γ

这两组算例的误差结果与之前的主星响应修正算例进行对比可知，在主星-机械臂的响应融合修正问题中，新加入的机械臂修正模块并没有成为系统整体修正能力的瓶颈，修正结果的准确性仍与主星响应修正算例的结果基本相当。

3.2.3 抓取有误差先验知识的目标物体时的状态预报

算例 3-5 使用算例 3-3 中的波形 3 的指令作为本算例的系统激励，并随机设置初始的关节角状态，仍为主星姿态角速度实测值加入 5% 的白噪声。算例 3-5 中的系统仿真参数设定如表 3.4 所示。最后一列列举了每次实验结果中的姿态角相对误差。

表 3.4　算例 3-5 中的系统仿真参数设定

组序号	激励关节	惯性参数认知误差/%	预报时长/s	姿态角相对误差/%
1	1	32.35	10	3.09
2	1	76.10	10	5.57
3	4	32.06	10	2.42
4	1	53.87	20	9.43
5	4	35.08	20	5.39
6	4	51.52	20	7.86

取其中一次典型实验结果的完整单次运行过程，算例 3-5 第 5 组的在轨状态预报结果如图 3.28 所示。

观察表中罗列的姿态角相对误差，以及图中的一次实验完整过程中姿态角的相对误差变化曲线，可以看出，对于惯性参数的认知存在误差的非合作目标物体，这一预报策略仍能有效作用。比较算例中的第 1 组、第 2 组、第 3 组与第 4 组、

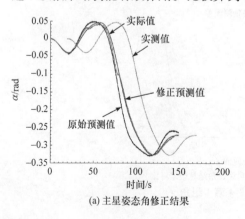

(a) 主星姿态角修正结果

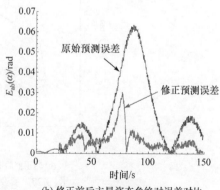

(b) 修正前后主星姿态角绝对误差对比

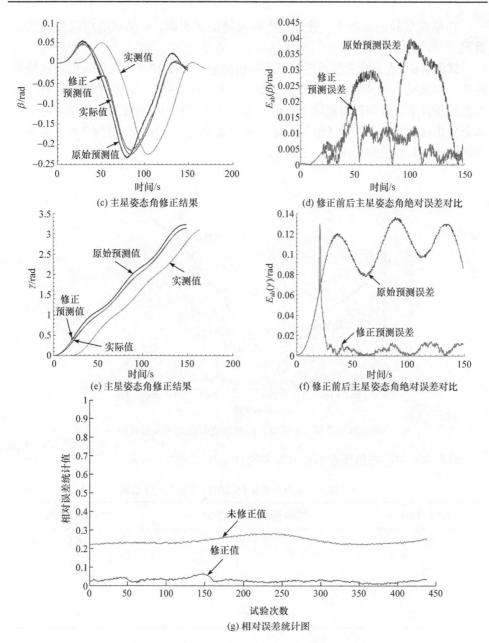

图 3.28 算例 3-5 第 5 组的在轨状态预报结果

第 5 组、第 6 组容易发现,在同等惯性参数认知误差水平下,预报时长对相对误差的影响更为明显。观察第 3 组与第 5 组两个算例可以看到,两者的惯性参数认知误差非常相近,且激励加载在同一个通道,而由于预报时长不同,两次实验中对姿态角的预报相对误差相差将近一倍。

在单次实验的基础上，进一步进行大量仿真实验，来测试响应误差的统计情况。

算例 3-6　为每次实验设定随机的初始构型，以及 10 s 或者 20 s 的随机预报时长，将激励加载到随机的机械臂关节，并在−50%～100%随机的惯性参数认知误差的条件下，开展针对抓取了有惯性参数认知误差的非合作目标情况下的系统状态预报仿真实验，共计 450 组，统计所有实验的误差结果。算例 3-6 中姿态角预测值的相对误差统计图如图 3.29 所示。

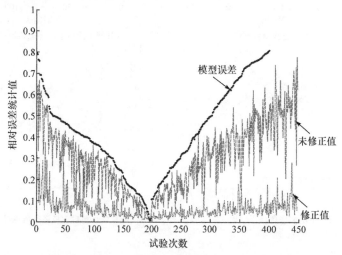

图 3.29　算例 3-6 中姿态角预测值的相对误差统计图

算例 3-6 中姿态角预报的相对误差统计结果如表 3.5 所示。

表 3.5　算例 3-6 中姿态角预报的相对误差统计结果

惯性参数误差/%	姿态角预报相对误差平均值/%	95%置信区间/%
−60～−30	7.99	28.2
−30～50	3.77	7.82
50～70	6.38	16.3
70～110	7.85	24.5

在图 3.29 中，所有实验结果依惯性参数认知误差(模型误差)升序排列，0～194 组仿真实验为惯性参数认知误差为负(假定值比实际值小)的情况；195～450 组仿真实验是认知误差为正(假定值比实际值大)的情况；中间的"未修正"线为不进行修正时，姿态角仿真值的相对误差；下面的"修正值"线为修正后的姿态角预测

值的相对误差。

表 3.5 中第一列为惯性参数认知误差的随机设定区间，第二列表示区间内所有实验单次平均相对误差总的统计平均值，第三列表示在给定的惯性参数误差区间内，置信度为 95% 时误差的置信区间。从表格中的数据可以看出，对于惯性参数的认知存在不超过 30% 的误差的情况下，姿态角预报结果的相对误差平均值仅为 3.77%，且在 95% 的置信水平上，系统状态预报结果的相对误差置信区间被控制在 7.82% 以内，或 $(-7.82\%, 7.82\%)$。可见通过系统状态预报策略，即使在仿真模型中存在明显误差的条件下，空间机器人姿态角响应预测值的相对误差也能很好地得到控制。

3.2.4 抓取无先验知识非合作目标物体时的状态预报

为了比较结合多种方法后整个策略的累进预报效果，在对每一组实验进行修正时，都记录四种不同预报策略下的修正结果。

(1) 既不进行辨识，也不进行修正。在认为机械臂空载的情况下，直接通过主星-机械臂运动学模型的仿真，对主星姿态角响应进行预报。这一机械臂空载假设相当于预报模型中目标物体的惯性参数误差为 100%，该情况下的预报结果可以作为一个基础对比。

(2) 不辨识目标惯性参数，直接进行响应融合修正得到的预报结果。在这种情况下，虽然目标物体的惯性参数认知误差仍为 100%，但由于经过了融合修正的处理，系统可以实时地更新模型仿真预报结果中的偏差。设定的目标物体惯性参数的绝对值不太大的情况下，或者说，目标物体惯性参数相对于机器人自身惯性参数不太大的情况下，直接进行融合修正也可以得到较好的结果。

(3) 只对目标物体的惯性参数进行辨识，然后将辨识后的参数代入运动学模型，进行仿真预报，而不经过响应修正过程。在这种情况下，预报结果的好坏基本上取决于辨识结果的精度。

(4) 使用本章前述的状态预报模型对机器人系统整体响应状态进行预报，先辨识，再修正。在大部分情况下，这一方法都应该比前三种方法的结果要好。

使用这四种不同方法进行状态预报的结果，都将被记录下来，并进行统计和比较，实验中具体的设置及结果如下。

算例 3-7　使用算例 4-9 中的 50 组设定值，在其辨识结果的基础上，再通过 RLS 方法对响应进行在线修正，并实时预报修正后的主星姿态角状态。算例中关节角速度的实测值加入了 5% 的白噪声，取两组典型的实验设定及响应预报结果。算例 3-7 的响应状态预报实验中的八组典型设定如表 3.6 所示。

表 3.6 算例 3-7 的响应状态预报实验中的八组典型设定

序号	辨识结果				设置参数				激励通道	激励波形	预报时长/s
	m	x	y	z	m	x	y	z			
1	187.9	0.175	−0.166	0.121	198.9	0.191	−0.162	0.081	4	1	10
2	58.4	0.245	0.097	0.131	64.1	0.107	−0.002	0.004	1	2	10

限于篇幅，这里只给出部分仿真结果。算例 3-7 第 2 组的系统状态预报结果如图 3.30 所示。

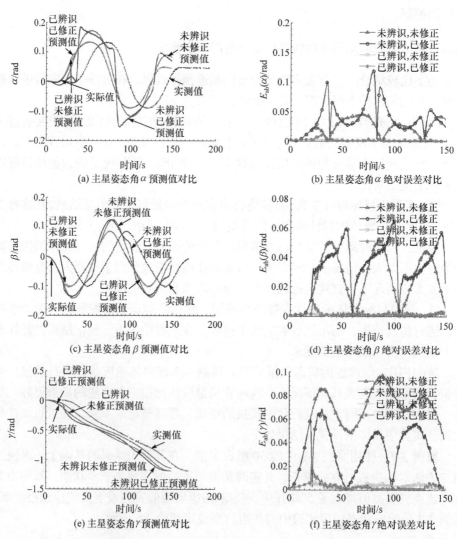

(a) 主星姿态角 α 预测值对比

(b) 主星姿态角 α 绝对误差对比

(c) 主星姿态角 β 预测值对比

(d) 主星姿态角 β 绝对误差对比

(e) 主星姿态角 γ 预测值对比

(f) 主星姿态角 γ 绝对误差对比

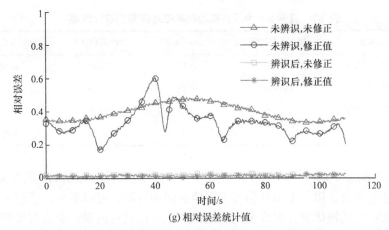

(g) 相对误差统计值

图 3.30 算例 3-7 第 2 组的系统状态预报结果

算例 3-7 的系统状态预报相对误差统计结果如图 3.31 所示。

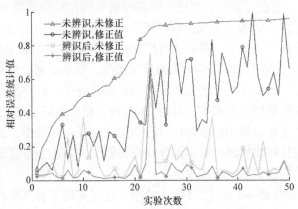

图 3.31 算例 3-7 的系统状态预报相对误差统计结果

图 3.30 展示了所有 50 次实验的相对误差在不进行辨识和修正直接仿真、不辨识直接修正、只进行辨识不对响应进行修正以及在辨识之后再进行响应修正，四种不同情况下的主星姿态角预报值的相对误差对比。出于展示清晰考虑，将实验结果按照不辨识也不修正时的相对误差做了升序排列。从图 3.31 中每次实验平均值的统计结果来看，除了极少数峰值点之外，这四种情况下的相对误差在大部分算例中都遵循依次递减的规律，在几乎全部算例中，经过先辨识再修正处理后的预报结果，其相对误差都处于最低水平。算例 3-7 中所有实验结果相对误差的统计结果如表 3.7 所示。

表 3.7　算例 3-7 中所有实验结果相对误差的统计结果　　　　（单位：%）

处理方法	相对误差均值	95%置信区间	90%置信区间	80%置信区间
不辨识，不修正	74.73	95.17	95.01	94.55
不辨识，即修正	44.44	83.22	76.98	66.63
辨识后，未修正	12.14	37.21	23.59	18.33
辨识后，再修正	5.31	10.09	9.16	6.02

　　表 3.7 展示了四种不同处理方法情况下，主星姿态角预报值的相对误差 50 次实验统计平均值，以及不同置信度下置信区间的分布。可以看到，通过一整套先辨识再修正的预报体系，抓取无先验知识的非合作目标的系统响应预报平均相对误差被降低到 5.31%，且在 95%的高置信水平下，仍可以将预报误差的置信区间控制在 10.09%以内。

　　算例 3-6 中，不经过辨识直接进行修正时的平均相对误差为 3.77%，95%置信水平下的误差置信区间为 7.82%，而在该算例中，经过辨识再加以修正之后的平均相对误差上升到了 5.31%，置信区间扩大到 10.09%。这显然是因为，算例 3-6 针对的是有不超过 30%误差先验知识的目标物体，而本算例针对的是完全无先验知识的目标物体。即使在完全无先验知识的前提条件下，针对抓取目标这一空间任务，系统响应的平均误差水平也只在 5%左右，充分验证了这一方法的有效性。

　　在抓取完全无先验知识的非合作目标物体这一任务场景中，操作者往往更关心机械臂末端或目标物体的位移，因此在机械臂关节角和主星姿态角的基础上，还需要对该位移响应状态进行预报。

　　算例 3-8　在算例 3-7 中的 50 次实验中，已经完成了被抓取目标物体的惯性参数辨识，以及对主星姿态角速度相应状态的预报，在此基础上依据式(3.42)求解，对每次实验过程中被抓取目标物体的位移状态进行预报。

　　为了考察目标物体位移的预报误差，令 $\Delta \tilde{r}_n(t)$ 表示通过辨识、修正等方法预报的考察点位移，令 $\Delta \hat{r}_n(t)$ 表示真实机器人上考察点的位移，以这两者之差的距离来表示考察点位移预报结果的绝对误差 $e(t)$，即

$$e(t) = \left\| \Delta \tilde{r}_n(t) - \Delta \hat{r}_n(t) \right\|_2 \tag{3.43}$$

将一次实验的绝对误差 E 定义为该次实验过程中各时刻误差的平均值，即

$$E = \frac{1}{t_2 - t_1} \int_{t_1}^{t_2} e(t) \mathrm{d}t \tag{3.44}$$

式中，t_2 为终止时刻；t_1 为机械臂启动后预报算法开始稳定的时刻。在本实验中，

取其为预报时长的两倍。

被抓取目标物体的位移响应状态 50 次实验预报误差如表 3.8 所示。

表 3.8 被抓取目标物体的位移响应状态 50 次实验预报误差

直接仿真预报误差/m	辨识修正策略预报误差/m	策略预报误差下降/%
0.4345	0.1521	64.99

表 3.8 中第一列为不经过辨识和修正过程,直接运用模型仿真结果进行主星响应和机械臂响应预报,并进一步预报目标物体位移的结果平均误差;第二列为使用了辨识后、再修正的完整策略,对系统响应进行预报的结果平均误差。后者比前者大幅下降 64.99%,充分展现了该一整套状态预报策略,不仅可以用于预报主星姿态角响应,在抓取无先验知识的非合作目标物体任务中,还可以对目标物体的位移状态进行预报,并显著降低其预报误差。

3.3 小　结

本章主要研究了空间机器人系统响应的在线修正方法,在受控机械臂响应误差的修正问题中,通过一定简化假设,将原模型降阶,得到了简单的二阶预测模型。在主星响应修正问题中,提出了将实测/仿真响应比视为时间的缓变函数,通过历史数据估计该响应比,并用以修正未来一段时间内仿真预报数据的方法,然后基于带遗忘因子的递推最小二乘法,分别对受控机械臂关节响应和机器人系统中的主星响应这两个问题中的参数进行了估计,从而实现了对空间机器人系统的在轨实时响应修正。通过多种不同条件和参数设定下进行的仿真实验,验证了本章提出的基于 RLS 方法的机械臂和主星响应修正方法的有效性。

另外,本章提出了空间机器人系统融合修正的预报策略,并将其成功用于多种不同场景下的空间在轨服务任务。在机械臂空载时,以融合修正预报策略对主星-机械臂耦合系统的在轨状态进行预报,简单的仿真实验结果表明,在真实任务中运用该策略进行预报,其准确性基本与单纯对主星响应进行修正时的情况相当,在机器人抓取了有先验知识的目标物体的情况下,运用该修正策略对星-臂-目标耦合系统的在轨状态进行了预报。

第4章 不确定大时延环境下的可靠遥操作技术

本章针对遥操作员在操作回路中的不确定操作问题，给出了一种解决思路，即可靠遥操作。加强遥操作系统集成中的操作管理，信息的自动化分解和多层纠正算法作为内环，人主观/客观的误判/失误的防范及反馈为外环，并形成多层级的可靠遥操作系统策略。

可靠性理论在各领域里的元器件、部件、设备以及系统中都有成熟的理论，针对不确定大时延下的遥操作，本小节重点阐述相关且特有的可靠性提升系列方法，并初步形成可靠遥操作方法的基本体系。根据各可靠性提升方法在遥操作过程中发挥作用的环节不同，可以将其分解在数据层、算法层、操作层、策略层以及系统层[79]。数据层中主要针对遥操作中的交互数据进行可靠性处理；算法层主要针对操作员的操作指令到被操作对象的控制指令的转换算法进行可靠性处理；操作层主要针对操作员与遥操作系统间的软件、硬件交互进行可靠性处理；策略层主要针对任务制定到操作员执行操作前的流程进行可靠性处理；系统层主要针对遥操作大系统集成及其运行进行可靠性处理。可靠遥操作方法在不同层面的分解如图 4.1 所示。

图 4.1 中的不同的层间既有明确的边界，也交叉耦合，互相支撑，如数据层中部分数据的有效性判定需要通过算法层中的位置/速度/加速度的分析获取，同时处理后的有效判定信息又会影响连续操作中的规划；操作层中的嵌套规划算法既可以作为可靠性操作的引导机制，又可以由操作员操作的结果所改变；策略层中的应急操作和系统级的共享遥操作策略可能对于遥操作的各层级策略的配合和交融产生明显改变。接下来针对各层内可靠性遥操作方法进行介绍。

4.1 数据层中的可靠遥操作方法

交互数据的数据纠错、容错处理是信息交互中的常用手段，成熟算法很多，主要集中于对数据流的编解码过程中的容错和纠错。对于不确定大时延环境下的遥操作情况，数据层有几个突出的新问题需要进行可靠性提升。

(1) 由于时延的波动，获取的遥现场数据可能一段时间接收量很密集，而另一段时间接收量很稀疏，甚至在某段时期形成数据真空。时延条件下，为保证状态预报和模型修正的连续性所要求的数据密度，需要进行遥测数据处理。

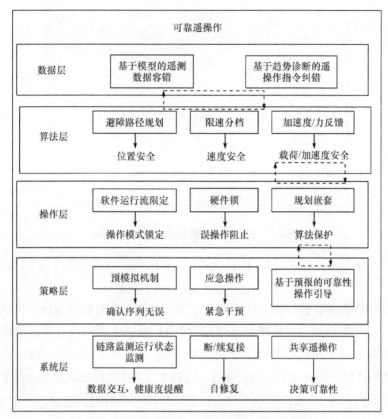

图 4.1　可靠遥操作方法在不同层面的分解

(2) 基于实收遥测状态和对应预报状态的比对,对预报模型进行实时修正。由于时延的波动,遥测数据的接收时序常与发出的时序不同,某些遥测状态可能生成较早但接收较晚。因此,遥测数据即使在编码校验中无误,仍然需要根据前后状态判断其对预报模型修正的有效性。

(3) 遥操作指令与遥测数据一样,即使在编解码中校验无误,仍然需要根据前后状态判断是否属于有效指令。

根据文献[62],对于遥测数据的补偿可采用基于预报模型的数据平滑方法,达到补全和增加数据密度的目的。相对常用的数据平滑方法,该方法同时考虑了模型结构的确定性信息和大采样步长时段内控制量的作用效果,有效减小了平滑误差。基于模型的数据积分平滑示意图如图 4.2 所示。

具体地,考虑到模型结构的确定性信息,利用动态的同态模型设计如下平滑器:

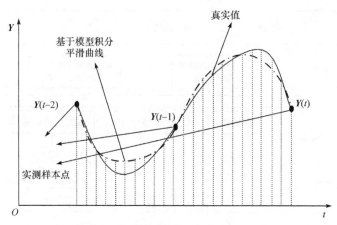

图 4.2　基于模型的数据积分平滑示意图

$$\breve{Y}(t+nh)=\underbrace{f\left[\cdots[f\left[Y(t),U(t),\breve{A}(t)\right],\cdots,U\left(t+(n-1)h\right),\breve{A}\left(t+(n-1)h\right)\right]\right]}_{n} \quad (4.1)$$

对遥测数据需要进行有效性判断。以空间机器人为对象的遥操作为例，设某关节当前接收的遥测关节角度状态数据为 $Y(t)$，前三个时刻经过预测模型平滑处理后的有效的关节角度遥测状态分别为 $Y(t-1)$，$Y(t-2)$ 和 $Y(t-3)$；在预测模型中，对应时刻下的对应 $Y(t-1)$，$Y(t-2)$ 和 $Y(t-3)$ 的预报状态数据为 $\tilde{Y}(t-1)$，$\tilde{Y}(t-2)$ 和 $\tilde{Y}(t-3)$，预报模型中当前以及后续的三个时刻预报状态分别为 $\tilde{Y}(t)$，$\tilde{Y}(t+1)$，$\tilde{Y}(t+2)$ 和 $\tilde{Y}(t+3)$，则 $Y(t)$ 的有效性判定条件如下：

$$\left|Y(t)-\tilde{Y}(t)\right|\leqslant k_1\left[\left|Y(t-1)-\tilde{Y}(t-1)\right|+\left|Y(t-2)-\tilde{Y}(t-2)\right|+\left|Y(t-3)-\tilde{Y}(t-3)\right|\right]$$

$$(4.2)$$

$$\left|Y(t)-Y(t-1)\right|\leqslant k_2\left[\left|Y(t-1)-Y(t-2)\right|+\left|Y(t-2)-Y(t-3)\right|\right] \quad (4.3)$$

$$\left|Y(t)-\tilde{Y}(t-1)\right|\leqslant k_3\left[\begin{array}{l}\left|\tilde{Y}(t-1)-\tilde{Y}(t-2)\right|+\left|\tilde{Y}(t-2)-\tilde{Y}(t-3)\right|+\left|\tilde{Y}(t+1)-\tilde{Y}(t)\right|\\+\left|\tilde{Y}(t+2)-\tilde{Y}(t+1)\right|+\left|\tilde{Y}(t+3)-\tilde{Y}(t+2)\right|\end{array}\right]$$

$$(4.4)$$

$$\left|Y(t-2)+Y(t)-2Y(t-1)\right|\leqslant k_4\left|Y(t-3)+Y(t-1)-2Y(t-2)\right| \quad (4.5)$$

$$\left|\tilde{\boldsymbol{Y}}(t-2)+\boldsymbol{Y}(t)-2\tilde{\boldsymbol{Y}}(t-1)\right|$$

$$\leqslant k_5 \begin{bmatrix} \left|\tilde{\boldsymbol{Y}}(t-3)+\tilde{\boldsymbol{Y}}(t-1)-2\tilde{\boldsymbol{Y}}(t-2)\right|+\left|\tilde{\boldsymbol{Y}}(t-2)+\tilde{\boldsymbol{Y}}(t-2)\tilde{\boldsymbol{Y}}(t-1)\right| \\ +\left|\tilde{\boldsymbol{Y}}(t-1)+\tilde{\boldsymbol{Y}}(t+1)-2\tilde{\boldsymbol{Y}}(t)\right|+\left|\tilde{\boldsymbol{Y}}(t)+\tilde{\boldsymbol{Y}}(t+2)-2\tilde{\boldsymbol{Y}}(t-1)\right| \\ +\left|\tilde{\boldsymbol{Y}}(t+1)+\tilde{\boldsymbol{Y}}(t+3)-2\tilde{\boldsymbol{Y}}(t)\right| \end{bmatrix} \tag{4.6}$$

式中，系数 k_1、k_2、k_3、k_4 和 k_5 分别为对应的可调整判定系数，与对应关节的运动特性相关，其大小可以通过优化来确定。

式(4.2)～式(4.6)分别反映了实测数据以及预报模型数据的位置量关联、速度量关联以及加速度量关联的计算判定条件，满足其一即可判定为有效遥测数据。

遥操作指令的有效性判断方法与判断遥测数据的有效性类似，仅需要根据指令序列的上下信息进行比对即可。仍以空间机器人为对象的遥操作为例，设某关节角度的一组指令序列状态数据为 $\boldsymbol{C}(1),\boldsymbol{C}(2),\cdots,\boldsymbol{C}(m),\cdots,\boldsymbol{C}(n)$，则指令 $\boldsymbol{C}(m)$ 的有效性判定条件如下：

$$\left|\boldsymbol{C}(t)-\boldsymbol{C}(t-1)\right|\leqslant k_6 \begin{bmatrix} \left|\boldsymbol{C}(t-2)-\boldsymbol{C}(t-3)\right|+\left|\boldsymbol{C}(t-1)-\boldsymbol{C}(t-2)\right| \\ +\left|\boldsymbol{C}(t+1)-\boldsymbol{C}(t)\right|+\left|\boldsymbol{C}(t+2)-\boldsymbol{C}(t+1)\right| \end{bmatrix} \tag{4.7}$$

$$\left|\boldsymbol{C}(t-2)+\boldsymbol{C}(t)-2\boldsymbol{C}(t-1)\right|\leqslant k_7 \begin{bmatrix} \left|\boldsymbol{C}(t-3)+\boldsymbol{C}(t-1)-2\boldsymbol{C}(t-2)\right| \\ +\left|\boldsymbol{C}(t-1)+\boldsymbol{C}(t+1)-2\boldsymbol{C}(t)\right| \\ +\left|\boldsymbol{C}(t)+\boldsymbol{C}(t+2)-2\boldsymbol{C}(t+1)\right| \end{bmatrix} \tag{4.8}$$

式中，k_6、k_7 为可调整的判定系数，与该指令序列内容的运动范围和平均运动速度相关。满足其一，则 $\boldsymbol{C}(m)$ 可判定为有效指令。

4.2　算法层中的可靠遥操作方法

操作员难以将指令详细分解到机器人的执行序列，因此操作员下达的如末端直线运动、圆弧运动、多圆弧曲线运动、单/多关节运动和离线规划宏指令等命令，或者通过手操作器输入的方向性操作指令，当解算为机器人各关节角的转动控制序列指令时，需要通过内嵌的与机器人构型结构相关的关节运动规划算法，如避障最远、时间最优、反作用力矩最小[80,81]等规则所形成的反解约定形成指令序列。算法层对遥操作的可靠性提升也依赖于内嵌的规划策略，包括位置、速度和加速度可靠性规划。

位置的可靠性规划主要为机器人的末端和构型避障规划，即生成的指令序列所对应的机器人构型和末端位置均满足避免自碰撞和障碍碰撞的条件。通常，避障规划只能假设机器人是为良好受控的刚性系统(柔性情况下的控制结果会偏离刚性假设下的预计位置,使得以刚性条件为前提的避障规划器失效)。速度的可靠性规划主要针对机器人的柔性问题(若机器人关节较多,杆臂较长,负载较重,加上空间中的微重力环境产生的影响,关节的柔性、臂杆的柔性效应[82]难以避免)。除了增强系统的刚性、采用柔顺控制等方法外,一个直接解决柔性问题的方法即约束末端/各关节的平动/转动速度,其可靠性提升的物理含义在于降低动量(当惯性减少,相应的各种柔性效应则会减弱)。一种简单的速度约束策略即设置不同的速度档位,针对不同的运动阶段(如静止启动、平稳运动、减速运动)和不同的负载条件,对末端运动速度和关节的转动使用不同挡位的速度限制。加速度的可靠性规划重点针对接触操控或者目标接近过程中的问题,主要通过加速度反馈、人工势场[83]下的力反馈和接近速度反馈告知遥操作员机器人执行器与目标对象的相对关系的变化趋势,从而规划下一步动作。

4.3　操作层中的可靠遥操作方法

　　操作层中可靠遥操作方法的主要目的是在有效发挥人的智能决策优势同时,尽量抑制人的不稳定操作和非精确性动作对遥操作任务的不利影响,包括硬件锁、软件锁、规划嵌套方法和可靠操作反演。

　　硬件锁是指在操作器或者操作台上加装使能有效的硬件设备,只有在一个或多个硬件锁同时使能后,由操作器或者操作台发出的指令才会有效输入。硬件锁对于由非主观因素引起的误指令和误操作非常有效。软件锁是通过软件流程的限定(如操作模式切换的流程限定,各操作模式下的控制信号输入流程限定等)有效屏蔽由非主观因素引起的误指令和误操作。此外,操作员按照软件操作流程进行操作时,通过不断提示所记录的操作过程并提醒操作员正在进行操作的可能目的,有效地防止由短暂的主观误导引起的误操作。基于规划嵌套的操作是指在操作的输出端规划嵌套避障和安全保护,使得即使遥操作员主观引导错误,也不易对空间在轨系统和操作对象产生灾难性危害。可靠操作反演主要针对操作员动作,通过操作器输入后反演成操作指令的可靠性处理。现有的操作器种类繁多,如杆形操作器、空间鼠标、肌电感应操作器、外骨骼式操作器、数据手套和基于视觉的行为感知的非接触式操作器等,但由于人操作的不精确性,操作器输出均存在通道耦合的现象。解决的方法主要有操作员训练、平动/转动使能限制、多向输出的主项判定、基于运动趋势连续性的输出滤波和输出再分配算法等。

4.4　策略层中的可靠遥操作方法

策略层的可靠遥操作方法主要是通过遥操作流程或者规则等策略性的优化，达到遥操作可靠性提升的目的，包括预模拟策略、应急操作策略和可靠性操作引导策略。

预模拟策略是利用遥操作对不确定大时延影响消减中所采用的对象运行状态高精度前向预报技术。在执行操作前，先基于场景模拟、视觉模拟等数字仿真技术[84]，对生成的遥操作指令进行预演示和评估，并用于改进设计估计，优化操作指令序列，确定操作任务的可行性以及对周围环境和物体的影响，从而提高遥操作的可靠性。

应急操作策略是在现场情况出现了紧急情况，或者对任务和空间在轨系统安全有重要影响的突发事件时，需要使用的操作行为。一类应急情况是由于空间机器人的操作对外界物体、任务或空间机器人本体带来危险的情况，一般这类应急情况都有相应的处理预案，如紧急停止，回行安全位置等；另一类应急情况是未预计的突发事件对空间机器人或者空间机器人搭载平台产生威胁，又或者急需空间机器人进行补救性操作的情况，当这类情况出现时，空间机器人的应急操作需要部分打破安全性原则，而且若突发事件动态性要求较高，短时间内难以进行充分的任务预演和路径规划，则应急操作更依赖于操作员的操作技术和远端状态预报的正确性和精度。

可靠性操作引导策略是当进行人在回路的实时遥操作(如进行复杂环境/动态环境下的复杂任务操作、进行在轨维修/在轨服务中的精细化操作、进行对非合作的或未知目标接触或抓取操作、进行应急情况下的操作)时，为了降低遥操作员疲劳度的同时便利任务执行，提供若干的提示引导信息，以提高操作员的操作成功率。具体地，包括对任务的关键路径节点、典型准备位置、任务执行流程、运动物体和可能的威胁等的提示引导[85-89]。

4.5　系统层中的可靠遥操作方法

系统层中的可靠遥操作方法主要是指从遥操作系统的架构和运行机制层面来提升遥操作的可靠性。系统层面的可靠遥操作方法主要体现在以下方面。

(1) 对上述数据层、算法层、操作层和策略层可靠遥操作方法/算法进行集成，并在遥操作任务过程中，对各运行情况进行监视、汇总、判断和及时地提示，反馈至遥操作员和任务决策专家，以便其考虑当前的运行情况，制定操作任务。

(2) 保障遥操作系统运行的稳定、流畅；提高遥操作系统对外部环境(温度、湿度、电磁、电源、振动环境等)的适应性；监视系统运行情况，出现故障情况时能够迅速诊断并热启动复接。

(3) 提供更丰富的决策途径，当出现在场遥操作员或者决策员不能应对的情况时，将当前的遥操作情况共享至更多的终端节点，以便发挥遥操作专家的集体智慧，进一步提供干预进行直接遥操作的途径，提高遥操作任务和决策的可靠性。

4.6 小　结

本章针对空间机器人不确定操作问题，提出了数据层、算法层、操作层、策略层以及系统层的可靠遥操作体系框架，分别针对各层中的一些可靠遥操作方法、算法等问题进行了进一步阐述。

第5章　多机多员共享遥操作技术

本章针对遥操作员在操作回路中的不确定操作问题,给出了另一种解决思路,用于提升遥操作可靠性,即多机多员共享遥操作。引入多机多员共享遥操作策略,将单个遥操作员的不确定操作影响降低,同时明显增强多遥操作节点的群体操作效能,提高集同决策和协同操作能力。

5.1　不确定大时延下多机多员共享遥操作及其研究现状

目前已有的不少研究成果均提到了"遥操作共享操作"[90,91]的概念。单机单员遥操作的共享模式是指遥操作员的操作指令与现场闭环操作的指令进行的共享、分配和融合,构成遥操作的融合指令。区别于遥操作的共享模式,共享遥操作是指遥操作员与遥操作员之间,遥操作决策者与遥操作决策者之间的共享。共享遥操作技术的发展,能够有效提升遥操作可靠性效用,有以下几个原因。

(1) 共享遥操作提供遥操作端的冗余和备份,提高大系统运行的可靠性。

(2) 共享遥操作提供不同地域的远程在线策划能力,提高在线任务决策可靠性。

(3) 共享遥操作提供遥操作人员间的集同决策和协同操作能力,提升复杂系统复杂任务和多操作对象的协同操作可靠性。

共享遥操作的遥操作机器人系统结合了遥操作和多机器人协调两种技术,处于不同地区的操作者共同协作遥控远处的多个机器人来共同完成一项任务。在多机多员共享遥操作系统中,所有操作者以及从操作手(或从机器人)都连接到同一个通信系统中,每个操作者在预测显示器的辅助下利用主手控制远端的从手。所有遥操作者在遥操作决策者的指挥下,共同完成远端遥操作任务。

时延环境是遥操作区别于现场操作的主要特点之一。在单机单员遥操作中,时延使得操作员对现场情况的掌握以及操作意图在现场的实施滞后,从而影响操作稳定性。而对于共享遥操作,特别是多机多员共享遥操作,时延环境将带来若干新问题[92-95]。其一,复杂操作。多机多员共享遥操作中,任一操作端进行操作时,对本操作端的操作对象是改变其状态,而对其他操作端是改变其操作对象所在的操作环境;而且,在没有主动交互的条件下,本操作端几乎无法预报被非本操作端操控的对象行为，同时时延影响将延迟操作员对这一类环境变化的感知。其二，复杂时延。各操作端处于异地时，时延存在于现场与各个操作端间（即遥操作回路时延，为上行时延和下行时延之和），同时也存在于操作端与操作端间（即共享交互时延），在不确定时延环境下，操作端数量、各操作端的共享交互时延与遥操作回路时延的不同比值等复杂情况，给共享遥操作中的操作、协调和交互策略的制定与选择带来了挑战。其三，复杂系统。不同机器人对象的操作端设计差异性问题，会加剧共享协调操作策略的制定难度。

许多学者研究了基于互联网来构建远端遥操作机器人的方法。按系统结构的不同，可以将基于互联网的多机多员遥操作机器人分成两大类，即基于互联网的双向力反馈遥操作机器人系统，以及基于 Web 浏览器的遥操作机器人系统[96]。前者将互联网作为遥操作系统的通信手段，延长了传统遥操作系统的操作距离，降低了建设与维护成本，但由于互联网的引入，网络通信存在的变化传输时延，会使系统的控制效果降低甚至失去稳定性。因此，目前基于互联网的双向力反馈遥操作机器人系统的核心内容是解决变化不确定时延的影响。而后者则将网络作为系统主体，主操作手被网络取代。这种系统具有面向公众的特点，在分布式作业、设备共享等方面具有广泛的应用前景。该技术的核心内容是提高操作效率，保证系统长期安全运行。

自 20 世纪 90 年代，研究者们逐步完成了从传统的单机单员到共享遥操作系统的研究。Goldberg 等[97]于 1993 年研制了世界上第一个基于 Web 浏览器的遥操作系统，该系统允许多个在线用户同时查看状态图片信息，但单次仅允许一名用户操作机器人。Sheridan[98]及 Hirzinger 等[99]于 1993 年通过不同的实验对预测显示技术进行了研究，以解决遥操作中存在的不确定时延问题。Taylor 等[100]于 1994年以类似的方法建立基于 Web 浏览器的遥操作系统，第一次实现 6 自由度工业机器人的远程操作，抓取和搬动工作台上的物品。上述 Goldberg 等和 Taylor 等建立的二个系统均受到时延和分时吞吐量的困扰。Kheddar 等[101]于 1996 年首次完成了单个操作者通过一个虚拟环境，同时操作四个具有不同动力学性质、分布于四个位置(包括美国、法国和日本)的机械臂，执行相同的拼图任务，但未考虑时延问题。Xi 等[102]于 1996 年提出了一种新型的基于事件智能控制方法和互联网多机协调遥操作建模方法，以解决多机多员遥操作系统中的不确定时延问题。Ohbal 等[103]于 1999 年给出了影响多机多员共享遥操作系统应用性能的几个关键约束，实验中通信时延造成的从操作手运动的不确定性，他们通过改变从机器人在主操作手端显示时的厚度来弥补，但是牺牲了从操作手可进入的有效区域，使其运动空间受限，操作精度降低。Goldberg 等[104]于 2000 年首次建立了基于互联网的单机多员共享控制系统，研究了多操作员之间的协调和协作等控制问题。Chong[105-107]等于 2000 年研究了基于互联网的多机多员协作技术，考虑了多机器人运动干涉的协调与合作控制问题；同年，他们首次研究了多机多员共享遥操作系统中时延处理问题，通过建立的分布于两个实验室——日本通产省工业技术院机械工程实验室(Mechanical Engineering Laboratory，MEL)和东芝机械系统实验室(Toshiba Mechanical System Laboratory，TMSL)——间的双机双员实验平台，研究多机器人协作控制技术，提出了多种避免多机器人运动冲突的协调控制方法，并通过仿真实验验证了其有效性。在 Xi 等[102]的工作基础上，Lo 等[108]于 2004 年提出一种基于事件的分布式控制方法，用于基于互联网的实时力反馈异地多机多员遥操作系统，以解决由时延造成的系统不稳定性等问题，提高实时效率，最终通过位于三地的双机双员遥操作系统的多次实验，验证了提出方法的有效性及其性能。Sirouspour[109]于 2005 年提出一种多机多员遥操作多边控制系统框架，该架构包括了所有操作端和操作对象的力和位置信息流，同时引入了一种μ综合控制方法，用于保证多机之间和多操作员与环境动力学间的动力学交互鲁棒稳定性，最终通过实验验证了其有效性。Khademian 等[110]于 2007 年针对双员遥操作系统，提出了一种四通道多边共享控制结构，引入一个优势因子，使该控制结构可保证两个操作员和从端及其环境间的交互，调节操作员的控制权重，并给出/验证了多种性能指标，用于分析双员遥操作系统的透明性；于 2012 年[111]针对双员遥操作系统，提出了一种六通道多边共享控制结构，通过一个单机双员触觉模拟实验平台实现并测试了控制器；于 2013 年[112]提出了一种鲁棒稳定性分析框架，用于多机多员遥操作系统的无条件稳定性分析，并在基于多边共享控制结构的双员遥操作系统上验证了该框架。Passenberg 等[113]于 2010 年提出一种基于远端环境先验的模型介导多机多员遥操作，在操作端渲染出远端环境的估计模型，替代传统的力/速度信息流的传输，同时理论分析了其鲁棒性和准确性，实验验证了实际效率。Panzirsch 等[114]于 2015 年给出一个单机多员多边触觉遥操作系统，通过虚拟抓取点的笛卡儿坐标系下的任务分配，简化其执行任务，引入时域无源性方法，保证时延下系统的稳定性。2017 年，Panzirsch 等[115]提出一种触觉意图增强的控制方法，每个操作者的力反馈会由于其他操作者的操作意图信息而增强，通过国际空间站与地面两个地点的异地多机多员遥操作，验证了提出的协作机制对通信信道具有较强的鲁棒性，但是操作意图增强方法对不同任务的通用性和适应性有待进一步分析研究。

西北工业大学的黄攀峰团队[92,93,116]于 2015 年提出了一种面向空间遥操作的非对称双人共享控制方法，建立了时延影响下的非对称单机双员共享控制系统模型，仿真和实验表明非对称双人共享控制具有较好的透明性和抗时延影响特性；于 2017 年提出了一种无力-力矩和加速度传感器双臂遥操作系统的预测控制方法，在控制结构中建立了位置预测器和力预测器，用于估计随机时延下的远端位置状态、接触力和动力学不确定项，并提出了一种自适应模糊控制策略，估计和抑制不确定项以保证系统位置的同步误差收敛到零，估计力接近实际值，最终借助半物理平台进行了实验验证；于 2018 年提出了一种双臂协同遥操作共享控制方法，方法结合四通道控制结构和共享控制，通过主从端控制器中优势因子的引入与调节，改变主端的控制权重，主端可感受协作端的操作意图，提高了操作精度和效率。哈尔滨工业大学的刘宏团队[86,117,118]于 2008 年建立了卫星在轨自维护系统的地面遥操作平台，远端为一个四自由度机器人和灵巧手的臂/手系统，采用 3D 图形预测仿真技术和虚拟夹具法，在大时延及变时延(约 7s)条件下，实现了武汉遥操作哈尔滨的自维护机器人臂/手系统，成功地完成了打开太阳能帆板的典型卫星在轨维护任务；于 2018 年建立了由双臂、双手、头部等构成的机器人航天员系统，可实现机器人航天员的自主柔顺操作、航天员在轨或地面遥操作等控制，进行了验证性演示和模拟维修实验，并在天宫二号空间实验室部署了单臂手系统，完成了多种人机协同在轨遥操作实验。哈尔滨工业大学的赵杰团队等[119,120]于 2005 年提出了"虚拟向导"概念，解决了多机多员遥操作任务执行过程中操作员操作意图不可预测的问题；于 2011 年建立了基于虚拟环境的多机多员协作遥操作系统，研究了分布式虚拟环境的一致性控制问题，解决了遥操作系统一致性控制中的时钟同步、滞后时间、状态修复等问题。

从现有的国内外研究情况来看，复杂大时延下的共享遥操作的理论和实验研究尚属于初步开展阶段，研究成果还未形成系统性结论。考虑到空间复杂任务和复杂系统的应用，未来遥操作必然由单对单向群体性发展。不同地、不同时、不同对象以及可扩展的群体操作特点，要求随地(意味着不同时延)随时(意味着操作端不同数量)条件下的协同共享操作，对复杂群体操作的协调、调度、动态构造规则提出了强烈需求。随着研究的深入，在多机多员共享遥操作技术中，分布式的操作端如何准确获知其他操作端的操作意图是难以逾越的问题，给共享操作端的控制和操作规则制定带来了难度。多回路中不确定时延的复杂情况，会使操作端间的共享数据交互准则更难设计，为克服时延，一个协调和判定分布式的各操作端操作有效性的中间服务节点必不可少。不确定大时延影响消减、主从端的跟踪性和透明性等均是(共享)遥操作系统设计时必须考虑的问题，解决有限带宽与地面操作员对空间复杂动态环境认知需求之间的矛盾等仍是(共享)遥操作的研究热点。目前的共享遥操作方法研究，尚未有效利用遥操作端的特有优势(相比于现场操作端，遥操作端为克服时延会具备特有的超前预报技术)，而该特征有可能成为解决共享遥操作问题的钥匙。此外，目前多数研究还是基于两个左右操作对象的共享遥操作，或者多个遥操作节点操作同一个对象，更大规模的操作对象集群、更多操作端的接入情况还有待进一步研究和突破。

5.2　不确定大时延下多机多员共享遥操作适用条件分析

影响共享遥操作方法适用性的主要条件有以下五个方面。

(1) 共享操作的对象数量。遥操作系统通过共享对单个对象进行操作(冗余操作)，或者通过共享实现多个对象的协同操作。单对象操作时，遥操作端与操作对象的交互接口相同，功能相同，主要解决的是多遥操作端的同时刻同态的预报问题，因此遥操作端之间更易实现共享交互。多对象共享操作时，各遥操作端的操作和预报对象不同，交互接口不同，共享遥操作交互则复杂很多。通过多遥操作端对单个对象进行操作如图 5.1 所示。

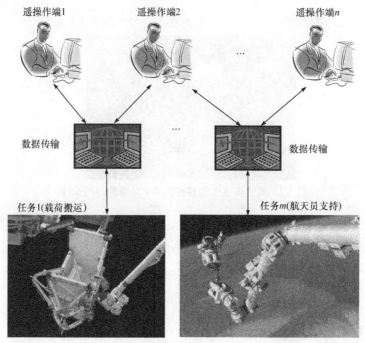

图 5.1　通过多遥操作端对单个对象进行操作

通过多遥操作端实现多个对象的协同操作如图 5.2 所示。

(2) 共享的遥操作端的地点分布。同地点的遥操作端共享交互不存在时延，同时接收到远端的遥测数据，发出的指令也同时被远端对象接收。不同地点的遥操作共享交互存在时延，接收远端遥测状态的时刻存在基准时差，不同遥操作端发出的操作指令到达远端对象的时刻也存在时差。同地/异地共享遥操作示意图如图 5.3 所示。

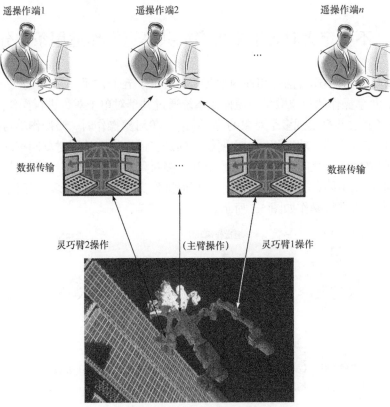

图 5.2　通过多遥操作端实现多个对象的协同操作

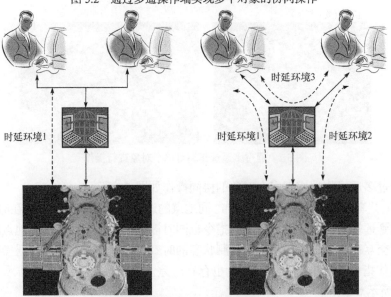

图 5.3　同地/异地共享遥操作示意图

（3）共享的遥操作端同构性。同构的遥操作端软硬件配置、运行流程、交互数据格式、采取的预报和模拟算法/方法相同。同构的遥操作端可以跳过某些运行节点，进行数据底层交互。非同构性的遥操作端只能使用指令、预报数据和实测数据的交互。同构遥操作端与异构遥操作端的共享遥操作示意图如图 5.4 所示。

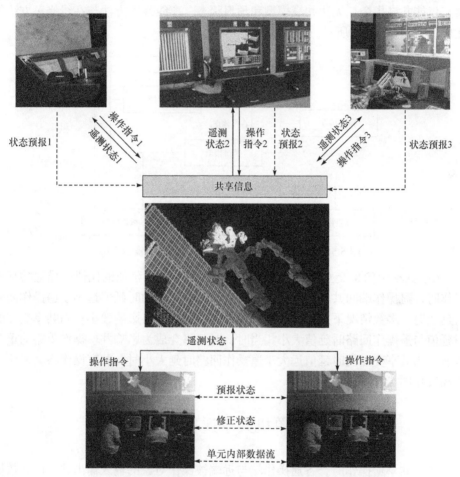

图 5.4　同构遥操作端与异构遥操作端的共享遥操作示意图

（4）是否具备在线修正能力。遥操作端模型修正分为离线修正和在线修正。离线修正是通过分析以往的实测和预报数据，使用模型参数辨识、拟合的方法，对遥操作端内使用的预报模型进行修正。对于慢变参数如燃料减少量、摩擦系数等参数进行离线重载后完成修正。在线修正通过实时接收的数据和实时的预报数据进行修正，并将在线修正结果用于前向预报。在离线修正方式下，由于预报模型在重载后是确定的，因此在一组初始状态和对应的输入指令下，其前向预报的结果是确定的，不会随着时间的变化而变化。在线修正方式下，由于在不断地收集预报与实测信息的差别并在线修正预报模型，因此随着时间的变化，在同组初始状态和对应的输入指令下，前向预报的结果在修正中不断变化。离线/在线修正的特点使得离线修正方法可以做到离线预报模型、指令和预报状态的共享，而在线修正仅能共享指令，无法共享模型和预报状态。离线修正方法与在线修正方法的比较示意图如图 5.5 所示。

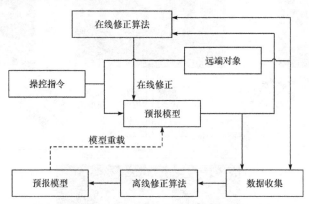

图 5.5　离线修正方法与在线修正方法的比较示意图

(5) 共享中信息交互的时延值与在遥操作回路的时延值的比值。异地共享遥操作时，遥操作端间共享交互存在时延。当共享交互的时延值远小于遥操作回路时延值时，多数情况下共享信息交互的时延对共享策略影响较小；当共享交互的时延值与遥操作回路时延值大小相当时，时延将会成为影响共享操作策略的重要因素；当共享交互的时延值远大于遥操作回路时延大小时，共享操作将会退化为半离线化的操作-等待-操作。

5.3　单机共享遥操作方法

单机共享遥操作时，各遥操作端与远端被操作对象的输入输出软、硬和数据接口相同，对目标对象操作的各种功能覆盖性要求相同，各种操作模式和操作指令的格式也相同。且在一个时段下，仅有一个遥操作端进行操作，其他遥操作端监视。单机共享遥操作主要在以下三方面产生作用。

(1) 操作备份。操作中出现地面设备故障时可以由备份操作系统替代。

(2) 操作指导。处理复杂情况允许操作专家指导或直接介入操作。

(3) 操作设计和操作训练。

本节针对单机共享遥操作问题，对同地/异地、同构/非同构、离线/在线修正以及不同交互时延环境下对应的方法展开讨论。

5.3.1　单机同地共享遥操作方法

同地共享遥操作不存在共享交互时延，且接收现场实测数据没有时间差。以单机双员共享操作为例，根据"三段四回路"的遥操作端基本模型(在第 7 章详细说明)，遥操作端的工作流程是：遥操作员进行操作，发出操作指令，同时将发出的操作指令载入遥操作端的对象预报模型进行预报，在现场响应的实测状态没有被遥操作端接收前，使用预报模型的预报状态进行反馈，并引导操作员的连续操作，在接收到现场响应的实测状态后，结合实测状态和预测状态对预报模型进行离线或者在线的修正处理，用于后续操作的预报。当不存在时延且接收实测数据没有时间差时，遥操作端操作的同时，只需将操作指令在发出给远端操作对象的同时也发给其他共享遥操作端。而共享遥操作端在接收到其他遥操作端的操作指令后，由于操作交互数据接口相同，因此可以将接收到的遥操作指令当成本端的遥操作指令处理，载入至本端的预报模型，与正在操作的遥操作端同步进行预报，同时接收到实测状态后，同步进行模型修正。单机双员同地共享遥操作示意图如图 5.6 所示。

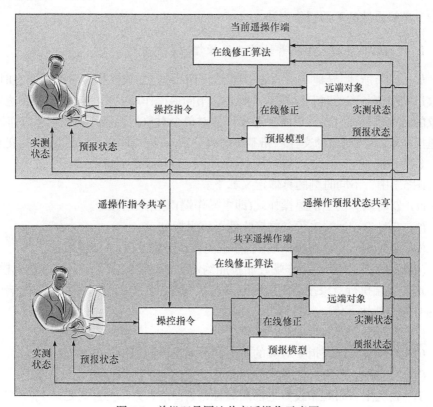

图 5.6　单机双员同地共享遥操作示意图

将单机双员同地共享遥操作推广至单机 N ($N > 1$ ，且 N 为整数)员同地共享遥操作，在所有遥操作端均具有时间同步能力的前提下，共享遥操作方法归纳为以下几个步骤[121, 122]。

(1) 通常使用操作对象的时钟作为基准时间，对各遥操作端与操作对象间进行时间同步，并持续地保持时间同步。

(2) 当本遥操作端接替操作后，在进行操作时，将本遥操作端的发出给远端对象的操作指令同步发送至其他的共享遥操作端。

(3) 在本遥操作端接替操作前，当接收来自其他遥操作端的操作指令时，将其解码后按照本遥操作端的内部格式转换为本遥操作端的操作指令，随后按本遥操作端的处理流程处理。

对于单机同地同构共享遥操作，除了可以使用操作指令共享模式以外，还可以使用遥操作预报状态共享模式。它是指共享遥操作端(即辅/观测操作端)跳过从当前遥操作端(即主操作端)共享遥操作指令再进行模拟预报，直接使用当前遥操作端的预报状态的方式。

5.3.2 单机异地共享遥操作方法

1. 不同时延环境对单机异地共享遥操作的影响分析

如上一节所述,异地与同地的不同在于不同地点的遥操作共享交互存在时延，接收远端遥测状态的时刻存在基准时差，不同遥操作端发出的操作指令到达远端对象的时刻也存在时差。以两个遥操作端对单个对象的遥操作为例，遥操作端 S_1 和遥操作端 S_2 与对象的交互回路基准时延分别为 T_{d1} 和 T_{d2}，S_1 与 S_2 间的交互单项时延为 T_{d3}。单机双员异地共享遥操作指令执行流程图如图 5.7 所示。

图 5.7 中，不同时刻的具体定义如下。

(1) T_0 时刻。由当前遥操作端(即主操作端)发出某组指令。

(2) T_1 时刻。远端执行对象接收到了该组指令。

(3) T_2 时刻。共享遥操作端(即辅/观测操作端)接收到了该组指令。

(4) T_3 时刻。当前遥操作端开始按照约定时刻对该组指令进行响应仿真模拟，同步地，远端执行对象按照约定时刻开始执行该组操作指令，并将对应的响应状态随时间不断地下传。

(5) T_4 时刻。该组指令执行完毕。

(6) T_5 时刻。该组指令对应的首个状态到达当前遥操作端。

(7) T_6 时刻。该组指令对应的首个状态到达共享遥操作端。

$T_3 - T_0$ 为上行时延中设置的滞后时标；$T_2 - T_0$ 为共享交互时延即 T_{d3}；$T_1 - T_0$ 为当前遥操作端与远端执行对象的遥操作回路中的上行时延。当 $T_2 < T_3$ 时，无须

加速即可同步预报；当 $T_4 > T_2 > T_3$ 时；通过加速模拟可以追赶上执行进度，趋近同步预报；当 $T_2 > T_4$ 时，加速模拟也不能实现同步预报。单机双员异地共享遥操作时延环境示意图如图 5.8 所示。

情况 1：当共享交互时延明显小于遥操作回路时延，即 $T_{d1} \approx T_{d2} \gg T_{d3}$ 或 $T_{d1} \gg T_{d2} \gg T_{d3}$ 或 $T_{d2} \gg T_{d1} \gg T_{d3}$。该情况下，任何非操作中的遥操作端在远端遥测状态到达前，均能够提前接收到由在操作的遥操作端所发出的即将执行的操作指令。因此共享遥操作端可以根据即将执行的操作指令，预报或者加速前向预报即可消减共享交互时延的影响。

情况 2：共享交互时延与遥操作回路时延时值相当，即 $T_{d1} \approx T_{d2} \approx T_{d3}$ 或 $T_{d1} > T_{d2} \approx T_{d3}$ 或 $T_{d2} > T_{d1} \approx T_{d3}$ 或 $T_{d3} > T_{d1} \approx T_{d2}$。该情况不能保证遥测状态到达前，收到当前操作端发来的操作指令，但由于遥操作指令能够提前预知，加速模拟的方法仍然有效，有两个因素可降低影响。

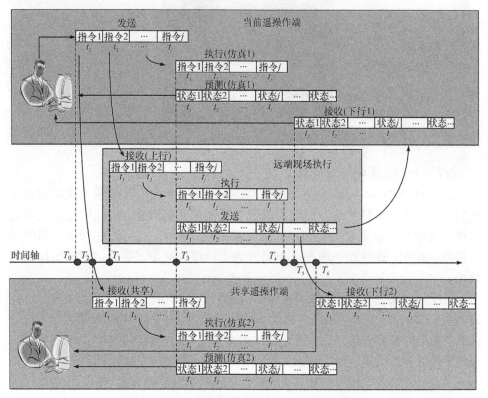

图 5.7　单机双员异地共享遥操作指令执行流程图

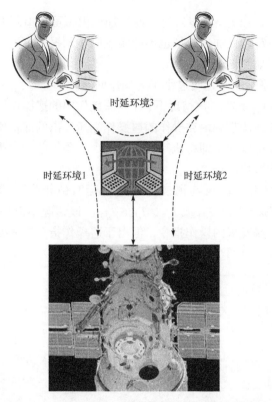

图 5.8　单机双员异地共享遥操作时延环境示意图

(1) 上行时延影响应对机制。

(2) 以空间机器人/机械臂为例，大部分操作指令均需要分解为连续的指令序列，指令序列执行的过程时间一般大于遥操作回路时延。因此即使接收到遥测状态时没有获取来自当前遥操作端发来的操作指令，也可以在指令序列的指令接收过程中，通过加速模拟赶上遥测状态的接收时刻，最后达到同步预报的效果。

情况 3：共享交互的时延明显大于或远大于遥操作回路时延，即 $T_1 \approx T_2 \ll T_3$ 或 $T_1(T_2) < T_2(T_1) \ll T_3$ 或 $T_1(T_2) \ll T_2(T_1) \approx T_3$。该情况下，虽然仍能继续利用上行时延的"滞后时标"方法，但是需以操作连续性代价为交换，可权衡共享遥操作与连续操作的利弊，确定使用方法。比如，对于关键性操作或难度大的操作，宁可降低一定的连续性，以保证更需要维持的具备操作专家参与能力的共享遥操作；对于时效性要求高，或者常规的运行演练等情况，当共享交互时延过大的情况下，可以考虑将遥操作端从端由共享遥操作模式切换为监督操作模式。

对于单机异地同构共享遥操作，同构遥操作端间可以不通过指令加载动力学模型仿真的途径获取预报结果，而从遥操作端发出预报数据后重载获取。发出的预报状态数据与操作指令数据不同，操作指令数据一般按照序列打包发送，因此接收指令数据时可以预知后续若干时间长度下的指令。而对于遥操作端而言，预报数据一般是预报到当前时刻的状态，并随着时间的推移不断更新。当未知后续的操作指令时，无法预报更远期的运行状态。由此可知，使用预报状态而不使用指令数据的前提条件为：最远的预报状态时刻到当前时刻的时间差值要大于与遥操作端的共享交互时延值。在同构共享遥操作条件下，T_2 不大于 T_4 也是使用预报状态重载的前提。

2. 单机异地共享遥操作的前提条件

单机异地共享遥操作的前提条件包含以下四个方面。

(1) 时间同步。共享遥操作端间必须有相同的时标基准，才能以此为基础建立时标轴，使用上行时延应对方法和加速追赶等策略。

(2) 时延估计。需要测定各遥操作端与远端对象的回路时延值，各遥操作端与其他遥操作端间的共享交互时延值。

(3) 操作下的加速仿真和模拟能力。加速模拟和仿真能力是实现共享遥操作的重要前提。通常，各遥操作端都具备在同一模式下操作的加速模拟功能，但为了达到共享遥操作的能力，还需具备在时标驱动下，不同模式切换中的加速模拟能力。

(4) 时标信息的充分性。时间同步或基准时标可通过在上行指令和下行数据中填充时标来实现，具体包括：上行指令的期望执行时标、上行指令发送时标、上行指令对应的接收时标、对应序号上行指令的执行时标、下行数据中对象状态的采样时标、下行数据中现场图像的采样时标、下行数据的接收时标。

3. 单机异地共享遥操作方法

将单机双员异地共享遥操作推广至单机 $N(N>1$，且 N 为整数)员异地共享遥操作，在所有遥操作端均具有时间同步能力的前提下，共享遥操作方法归纳为以下几个步骤[121,122]。

(1) 通常使用操作对象的时钟作为基准时间，对位于异地的各遥操作端间及各遥操作端与操作对象间进行时间同步，并持续地保持时间同步。

(2) 标定各遥操作端与操作对象的回路基准时延值，例如标号为 m 的遥操作端与被控对象的回路基准时延值为 t_m^T (即回路时延的波动均值/期望)。同时标定各遥操作端间的共享交互时延，例如标号为 m 的遥操作端，与标号为 i 的遥操作端间的共享交互时延为 t_m^i。单机异地共享遥操作时延环境示意表如表 5.1 所示。

表 5.1 单机异地共享遥操作时延环境示意表

	遥操作端 1	遥操作端 2	…	遥操作端 i	…	遥操作端 N	操作对象
遥操作端 1	0	t_1^2	…	t_1^i	…	t_1^n	t_1^T
遥操作端 2	t_2^1	0	…	t_2^i	…	t_2^n	t_2^T
⋮	⋮	⋮		⋮		⋮	⋮
遥操作端 i	t_i^1	t_i^2	…	0	…	t_i^n	t_i^T
⋮	⋮	⋮				⋮	⋮
遥操作端 N	t_n^1	t_n^2	…	t_n^i	…	0	t_n^T
操作对象	t_1^T	t_2^T	…	t_i^T	…	t_n^T	0

将各时延值存储到对应遥操作端本地，根据最新操作任务，维护更新各时延值为之前历次时延值中的最大时延值。

(3) 指定所有遥操作端中的主操作端，根据各遥操作端本地存储的与主操作端间的时延值，划分其余遥操作端为辅操作端或观测操作端，即当某遥操作端与主操作端间的时延值小于预先设置的时延阈值时，将该遥操作端设置为辅操作端；反之，设为观测操作端。

(4) 各遥操作端根据本端(例如遥操作端 i)所对应的时延情况向量 $\left[t_i^1, t_i^2, \cdots, t_i^{i-1}, 0, t_i^{i+1}, \cdots, t_i^n, t_i^T \right]$ 判断其时延环境，并以 t_i^T 基础值与其他遥操作端的共享交互时延值比较。当 $t_i^T \gg t_i^m$ 或者 $t_i^T \approx t_i^m$ 时，可判断对于来自遥操作端 m 的操作指令将早于遥测状态的到达。因此，当遥操作端 m 进行操作时，通过上行时延设置和加速模拟方法实现共享遥操作，依次确定在不同的遥操作端操作情况下，本操作端的共享数据策略。

(5) 各遥操作端根据本端(例如遥操作端 i)的时延环境，包括遥操作回路时延 t_i^T 中的上行时延值 $t_i^{T_u}$，以及本遥操作端与其他遥操作端的共享交互时延与 t_i^T 的比较情况，确定本遥操作端操作时的起始期望执行时刻滞后值。

(6) 在操作过程中，若作为辅操作端或观测操作端，则在接收到来自主操作端的遥操作指令数据后，立即按时标加速仿真模拟至当前时刻。若作为主操作端，则在对模拟发出操作指令时，对其他操作端同时发出相同的操作指令，并在操作指令数据中打上包括指令发出时刻、期望执行时刻等时标戳信息。

5.4 多机共享遥操作方法

多机共享遥操作分析有如下几个假设前提。

(1) 各遥操作端仅有对应操作对象的预报模型和其他对象的状态监测模型。

(2) 各遥操作端仅能对对应操作对象进行操作，不能干预其他对象的操作。

(3) 不同的操作对象与各共享遥操作端使用相同的时标基准并保持时间同步。

(4) 各共享遥操作端均具备时延测定、加速模拟能力。

(5) 时标信息充分。

5.4.1　多机同地共享遥操作方法

同地共享遥操作不存在共享交互时延，且接收的遥测数据没有时间差。同地点的遥操作端操作不同对象，可能分时操作，也可能同时操作。在共享操作模式下，一个遥操作端对其对应的对象操作，相对于其他操作对象而言即改变了工作环境。因此，在多机共享遥操作的情况下，当某遥操作端进行操作时，需要从其他遥操作端获取其他对象的预报状态，由此确定当前及其未来一段时间内被操作对象的环境情况。与单机共享遥操作不同，环境随着其他对象的动作而随时变化，而在操作本对象时，所使用的任务规划、路径规划和避障规划等均需要预先获取环境状态，因此其他遥操作端的预报信息必须超前于现场状态。同时，由于预报误差的存在，除了给出预报状态，还需要给出预报误差带。

当处于分时操作情况下(即某遥操作端指令发出到对应的远端对象执行完成并稳定)，实测状态被所有遥操作端完全获取之后，才有另外的遥操作端介入其他对象进行操作。通过环境的离线重载，可以简化为固定环境条件下的操作，需重点注意的是环境模型重载后指令规划方法的通用性问题。同地双操作端分时操作双对象示意图如图 5.9 所示。

当处于同时操作情况下，即某遥操作端指令发出到对应的远端对象执行完成并稳定，而且实测状态被所有遥操作端完全获取之前，有另外的遥操作端介入对其他对象进行操作。以双机双员共享遥操作为例，当前遥操作端先于共享遥操作端开始操作，指令发出时间为 T_0，预期的指令序列执行时刻为 T_2，完成并稳定的时刻为 T_4。在 T_1 时刻，共享遥操作端希望发出指令的时刻为 T_1，预期执行开始的时刻为 T_3，完成并稳定的时刻为 T_5。共享遥操作端发出指令前，需要获取 T_2 时刻到 T_4 时刻的执行端 1 的运行状态。而由于时延的存在，获取实测状态必然在 T_1 时刻以后，因此只能由当前遥操作端提供预报状态。同地双操作端同时操作双对象指令执行流程图如图 5.10 所示。

将双机同地共享遥操作推广至 $N(N>1$，且 N 为整数)机同地共享遥操作。为协调各共享遥操作端，需要建立一个被动式的中间服务节点，该节点需要维护以下数据信息。

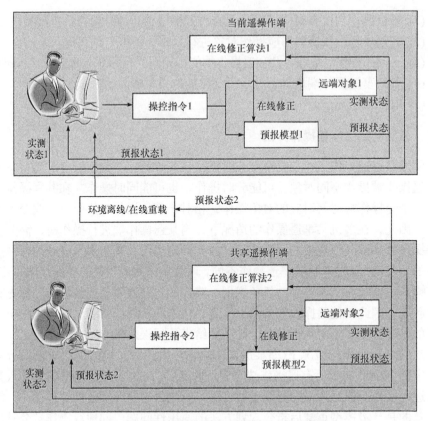

图 5.9　同地双操作端分时操作双对象示意图

(1) 各操作对象的实测状态数据。

(2) 各操作对象的预测状态数据。

(3) 各共享遥操作端的操作状态数据。

在所有遥操作端均具有时间同步能力的前提下，$N(N>1$，且 N 为整数)机 N 员同地共享遥操作的各共享遥操作端的策略流程有以下几个步骤[122,123]。

(1) 通常使用操作对象的时钟作为基准时间，对各遥操作端间及各遥操作端与操作对象间进行时间同步，并持续地保持时间同步。

(2) 介入本操作端所对应对象操作前，检查其他遥操作端的操作情况，如果有未完成的遥操作端(即该遥操作端指令发出到对应的远端对象执行完成并稳定，且实测状态被完全接收前)则标注该遥操作端所对应的操作对象为"操作中"，其他操作对象则标注为"未操作"。

(3) 对于"未操作"标注下的对象，载入其对应的最新实测状态数据，构建静止障碍模型区；对于"操作中"的对象，以当前时刻为起始，查询并载入后续的预报数据，构筑动态障碍模型区。遍历所有的操作对象，完成在线环境模型重载。

(4) 根据重载的环境模型和预期的操作任务,生成相应的操作指令序列,并发送至本遥操作端所对应的操作对象。将中间服务节点中本操作对象的状态置为"操作中"。

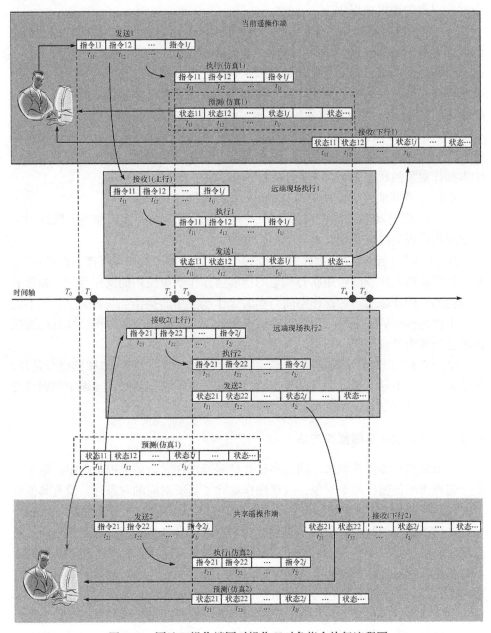

图 5.10　同地双操作端同时操作双对象指令执行流程图

(5) 发出指令的同时,启动预报模型,对本指令序列下的操作对象运行状态进行加速预报。预报的序列状态从指令发出的时刻开始,到预期指令完成并稳定的时刻为结束,并将预报的序列状态结果连同对应的时刻数据保存在中间服务节点中对应对象的预报数据中。

(6) 当接收到被操作对象的遥测状态时,将其在预报状态中相同时标下对应的数据替换为实测数据。如果本遥操作端具备在线修正功能,则在修正模型的同时,以新模型从修正时刻开始加速预报至指令完成并稳定的预期时刻。用修正模型的预报序列替换先前的预报序列,并在不断的在线模型修正的过程中重复该步骤(离线模型修正不会在线改变预报结果,因此不需要做状态替换)。

(7) 当本序列指令执行完成并稳定,且遥测数据接收完后,如果还需继续操作,则回到步骤(2),重新开始一个新的循环。如果结束操作,则将中间服务节点中本操作对象的状态置为"未操作"。

N 机 N 员同地共享操作架构及流程示意图如图 5.11 所示。

步骤(3)中对动态障碍模型的分析——当前对象运动的区域和误差限范围内的空间均应视为障碍空间,有以下两个原因。

(1) 当前遥操作端介入操作时,无法获知后续其他遥操作端可能的操作空间,只是以之前的操作空间占用状态确定的当前遥操作端可使用的操作空间。如果后续其他的遥操作端所需的操作空间与本遥操作端使用的操作空间有交集,则不能保证本次遥操作的安全性。因此,本遥操作端需要的操作空间对于后续其他遥操作端应当视为障碍区间。

(2) 在操作空间有交集的情况下,在理论上通过时序分析可以找到可行路径,但是算法复杂不易实现,而且由于实时性要求,在不断刷新的状态流中间完成可行路径的实时规划难度非常大。

5.4.2　多机异地共享遥操作方法

与单机共享遥操作要求不同,多机共享遥操作在讨论的前提条件中,限定了单个遥操作端仅操作单个对象,故遥操作端除了其所对应的对象外,没有其他对象的预测模型,即从系统架构上就不具备实现多对象的同时同态预报能力。因此,多机共享遥操作对其他对象的状态只有监测功能没有预报功能,遥操作端的共享交互时延的存在和不一致的遥操作回路时延,对共享遥操作策略上的影响反而没有对单机共享遥操作策略影响明显。特别地,分时操作与多机同地共享遥操作方法一样,都是先加载环境模型,然后操作。

对于同时的多机异地共享遥操作问题,仍以双机双员异地共享遥操作为例。当前遥操作端先于共享遥操作端开始操作,当前遥操作端的指令发出时间为 T_0,预期的指令序列执行时刻为 T_2,完成并稳定的时刻为 T_4。在 T_1 时刻,共享遥操作

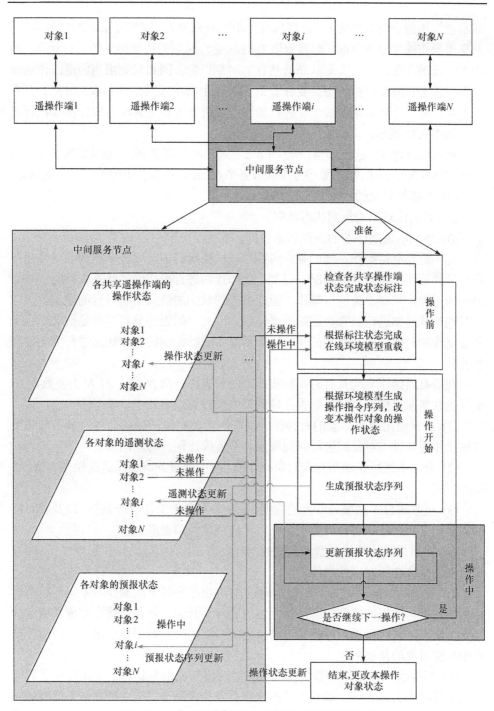

图 5.11　N 机 N 员同地共享操作架构及流程示意图

端希望发出指令的时刻为 T_1，预期执行开始的时刻为 T_3，完成并稳定的时刻为 T_5。共享遥操作端发出指令前，需要获取 T_2 时刻到 T_4 时刻的执行端 1 的运行状态，而由于时延的存在，获取实测状态必然在 T_1 时刻以后，因此只能由当前遥操作端提供预报状态，而此预报状态需要在 T_6 时刻才能由共享遥操作端获取。显然，只有当 $T_6 < T_1$ 时，共享遥操作端才能进行操作。双机双员异地共享遥操作指令执行流程图如图 5.12 所示。

将双机异地共享遥操作推广至 $N(N>1$，且 N 为整数)机异地共享遥操作。与同地共享遥操作一样，也需要建立中间服务节点，并且在节点中维护以下数据信息。

(1) 各操作对象的实测状态数据。

(2) 各操作对象的预测状态数据。

(3) 各共享遥操作端的操作状态数据。

与同地共享遥操作不同的是，各共享遥操作端到中间服务节点的数据传递存在时延，可能存在这样的情况：当某个遥操作端进行操作前的状态查询时，某个另外的遥操作端正准备进行操作，但改变操作状态的信息由于时延的耽误而未能及时到达并通知进行状态查询的遥操作端。因此中间服务节点不再是被动地接受各遥操作端对数据的修改和读写，还需要对各遥操作端的操作状态进行主动管理和仲裁。

在所有遥操作端均具有时间同步能力的前提下，$N(N>1$，且 N 为整数)机 N 员异地共享遥操作的各共享遥操作端的策略流程有以下几个步骤[122,123]。

(1) 通常使用操作对象的时钟作为基准时间，对位于异地的各遥操作端间及各遥操作端与操作对象间进行时间同步，并持续地保持时间同步。

(2) 介入本遥操作端所对应对象操作前，向中间服务节点发送遥操作申请，并等待回应。

(3) 接收来自中间服务节点的数据，包括各对象的操作状态数据，以及其对应的实测状态和预报状态序列数据，完成在线环境模型重载。

(4) 根据重载的环境模型和预期的操作任务，生成相应的操作指令序列，并发送至本遥操作端所对应的操作对象。

(5) 发出指令的同时，启动预报模型，对本指令序列下的操作对象运行状态进行加速预报。预报的序列状态从指令发出的时刻开始，到预期指令完成并稳定的时刻为结束，并将预报的序列状态结果连同对应的时刻数据发送至在中间服务节点中对应对象的预报数据中。

(6) 当接收到被操作对象的遥测状态时，将其在预报状态中相同时标下对应的数据替换为实测数据，如果本遥操作端具备在线修正功能，则在修正模型的同时，以新模型从修正时刻开始加速预报至预期指令完成并稳定的时刻，用修正模

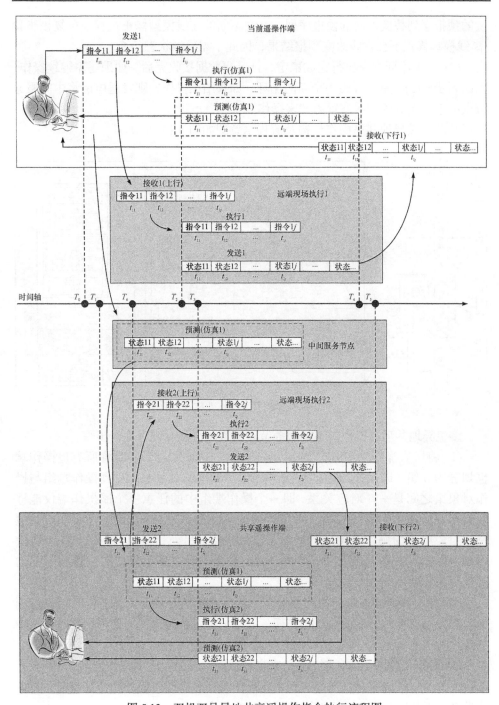

图 5.12　双机双员异地共享遥操作指令执行流程图

型的预报序列替换先前的预报序列，并在不断的在线模型修正过程中重复该步骤
(离线模型修正不会在线改变预报结果，因此不需要做状态替换)。

(7) 当本序列指令执行完成稳定，且遥测数据接收完后，如果还需继续操作，
则回到步骤(2)，重新开始一个新的循环。如果结束操作，则发送申请将中间服务
节点中本操作对象的状态置为"未操作"。

N 机 N 员异地共享操作架构及流程示意图如图 5.13 所示。

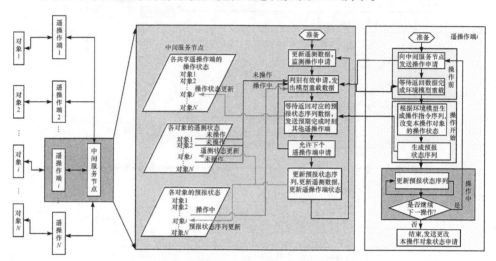

图 5.13　N 机 N 员异地共享操作架构及流程示意图

多机异地共享遥操作的中间服务节点的策略流程有以下几个步骤。

(1) 将所有操作对象划分为 $n(n>1$，且 n 为整数)组，同时将所有遥操作端
也划分为 n 组，即操作端组的数量与操作对象组的数量相同。且操作端组与操
作对象组之间是一一对应关系，即一个操作端组中的任意一个遥操作端仅能够
对其所在操作端组对应的操作对象组中的各操作对象进行操作，而不能对其他
操作对象组中的操作对象进行操作，反之亦然。另外，在划分组时，一个遥操
作端可能出现在不同的操作端组中，而一个操作对象不可以同时出现在不同的
操作对象组中。

(2) 标定各遥操作端与中间服务节点的回路基准时延值，将各时延值存储到
中间服务节点本地。根据最新操作任务，维护更新各时延值为之前历次时延值中
的最大时延值。

(3) 各遥操作端均空闲时，等待来自各遥操作端的发起遥操作请求，不断更新
各对象的遥测状态数据。当接收到来自操作端针对操作对象的操作请求时，将该
请求设置于其所在操作端组对应的操作请求集合中。

(4) 针对任意操作端组，以接收申请的本地时刻为准，从对应的操作请求集合

中，将最先接收申请所对应遥操作端的操作状态置为"操作中"，并回复允许该遥操作端进行遥操作。同时将其他遥操作端的遥测状态发送至该遥操作端，为其在线重载环境模型时使用。

(5) 在接收完成来自最近一个被允许开始遥操作的遥操作端所返回的预报状态序列数据之前，不允许其他遥操作端的操作申请，直到完成预报状态序列数据接收，并根据与该遥操作端的预期回路时延告知其他遥操作端预计等待的时间长度。

(6) 根据申请时刻排序表，允许下一个遥操作端开始操作，此时将状态为"操作中"对象的预报状态序列与状态为"未操作"对象的最新实测数据发送至最近批准的遥操作端，为其在线重载环境模型时使用。

(7) 接收到来自正在操作的遥操作端的预报更新数据时，更新对应的预报数据，并且按照时间标签顺序，使用已接收的实测数据查找并替换预报状态序列中对应的状态。

(8) 接收到来自正在操作的遥操作端发出的停止遥操作申请时，将对应的遥操作端的操作状态置为"未操作"。

5.4.3 多机复合共享遥操作方法

多机的共享遥操作时，除了 $N(N>1$，且 N 为整数)对象对 N 操作端的共享操作情况，还有 N 对象对 $M(M>1$，$M \neq N$，且 M 为整数)操作端的情况，在该情况下有以下几种可能性[115]。

(1) 单遥操作端可以操作多个对象或者统一设计的多遥操作端，各遥操作端将多对象视为一个集成系统，每个遥操作端均可以对各个对象进行操作，通过切换选择需要操作的对象，遥操作端与远端的多对象系统间采用相同的数据接口、信息交互策略和功能覆盖性。

(2) 若干遥操作端控制其中的某个对象，另外若干遥操作端操作另一个对象，对相同对象操作的遥操作端具有相同的数据接口、信息交互策略和功能覆盖性。不同对象的遥操作端则不同。

(3) 各遥操作端操作不同的对象，遥操作端间的数据接口、信息交互策略和功能覆盖性均不相同。

此时应根据对象的被操作情况，确定共享策略。对于可操作同一对象的遥操作端，其间的共享策略以单对象的共享策略为准；对于操作不同对象间的遥操作端或者遥操作端组，其间的共享策略以多操作端的共享策略为准。多机复合共享遥操作策略示意图如图 5.14 所示。

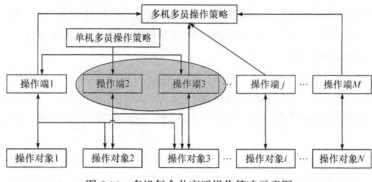

图 5.14　多机复合共享遥操作策略示意图

5.5　不确定大时延环境下共享遥操作实验

在已有的单机单员遥操作系统的基础上，扩展为单机多员的共享遥操作系统群(详见第 7 章 7.3 节)。使用扩展后的共享遥操作系统群体，以某大型空间 6 关节机械臂为操作对象(详见第 7 章 7.3 节)，在各种不确定大时延环境下，测试本章所设计的不确定大时延共享遥操作方法的有效性。本节重点针对不确定大时延环境对共享遥操作的影响和相应解算方法、实现算法的有效性，设计第一类实验，包含 5 个仿真实验条件，由于时延波动的随机性，各仿真实验的分析结果是在 10 次相同操作下的平均值。

仿真实验条件 1 对应于单机多员同地共享遥操作状态，回路时延接近 10s，时延波动范围为 2s，交互时延波动范围为 0.2s。主要测试使用单机多员同地同构共享遥操作策略的有效性。仿真实验条件 2 仍然是单机多员同地共享遥操作，回路时延达到 18s。仿真实验条件 3 中，遥操作端 1 和遥操作端 3 为同地共享遥操作，与遥操作端 2 为异地共享遥操作，遥操作端间的交互时延与遥操作回路时延比为 1:6。仿真实验条件 4 中，遥操作端 1、遥操作端 2 和遥操作端 3 互为异地共享遥操作状态，且与操作对象的回路时延不同，分别为 10s、20s 和 25s，遥操作端间的交互时延与遥操作回路时延比为分别为 1:6、1:3 和 5:9。仿真实验条件 5 中，遥操作端 1、遥操作端 2 和遥操作端 3 互为异地共享遥操作状态，遥操作端间的交互时延与遥操作回路时延比为分别为 5:9、5:6 和 10:9。上述 5 个仿真实验条件基本涵盖了共享遥操作在不确定大时延环境下单机多员共享遥操作时可能出现的典型情况，遥操作回路时延范围 10~20s，遥操作端间的交互时延与遥操作回路时延比为 0~1.11。

限于篇幅限制，这里仅给出部分结果。上行 11s 下行 15.5s 且含有 2s 不确定波动的时延模拟图如图 5.15 所示。

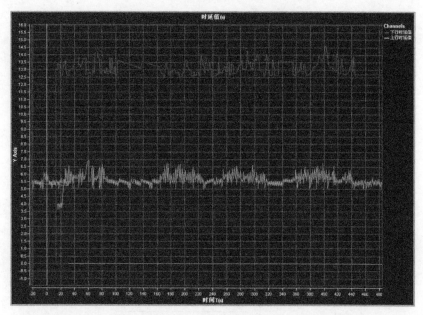

图 5.15 上行 11s 下行 15.5s 且含有 2s 不确定波动的时延模拟图

　　仿真实验条件 2 是单机多员同地共享遥操作，回路时延为 18s，主要测试大时延环境下使用单机多员同地同构共享遥操作策略的有效性。不确定大时延环境下的共享遥操作实验条件 2 状态表如表 5.2 所示。

表 5.2 　不确定大时延环境下的共享遥操作实验条件 2 状态表

时延环境	遥操作上行时延/s	遥操作下行时延/s	与遥操作端 1 的交互时延/s	与遥操作端 2 的交互时延/s	与遥操作端 3 的交互时延/s	使用共享遥操作策略状态
遥操作端 1	6	11	——	0	0	单机多员同地同构策略
遥操作端 2	6	11	0	——	0	单机多员同地同构策略
遥操作端 3	6	11	0	0	——	单机多员同地同构策略
时延波动	2	2	0.2	0.2	0.2	——

　　实验条件 2 单机多员共享遥操作的遥操作端 1 操作结果如图 5.16 所示。

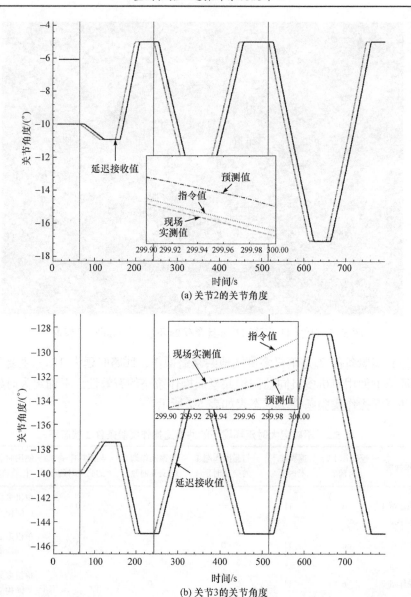

(a) 关节2的关节角度

(b) 关节3的关节角度

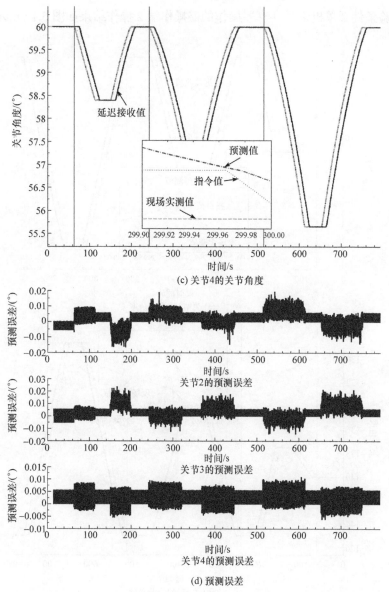

(c) 关节4的关节角度

关节2的预测误差

关节3的预测误差

关节4的预测误差

(d) 预测误差

图 5.16　实验条件 2 单机多员共享遥操作的遥操作端 1 操作结果

实验条件 2 单机多员共享遥操作的遥操作端 2 操作结果如图 5.17 所示。

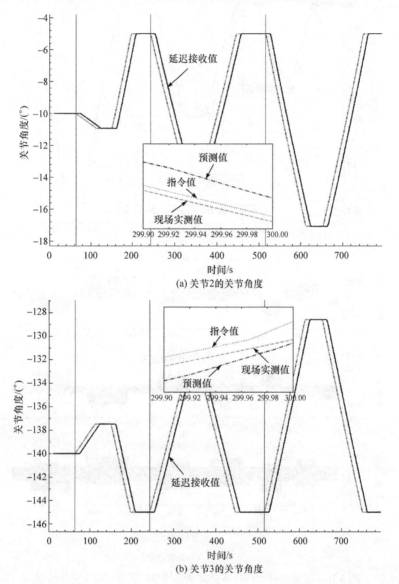

(a) 关节2的关节角度

(b) 关节3的关节角度

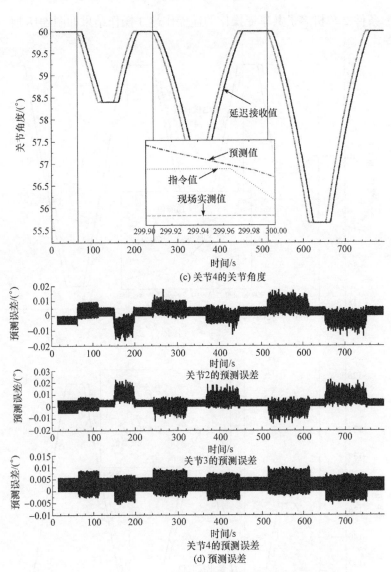

(c) 关节4的关节角度

(d) 预测误差

图 5.17　实验条件 2 单机多员共享遥操作的遥操作端 2 操作结果

实验条件 2 单机多员共享遥操作的遥操作端 3 操作结果如图 5.18 所示。

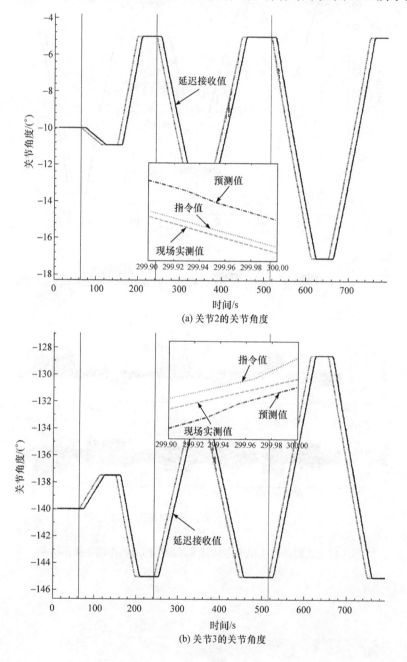

(a) 关节2的关节角度

(b) 关节3的关节角度

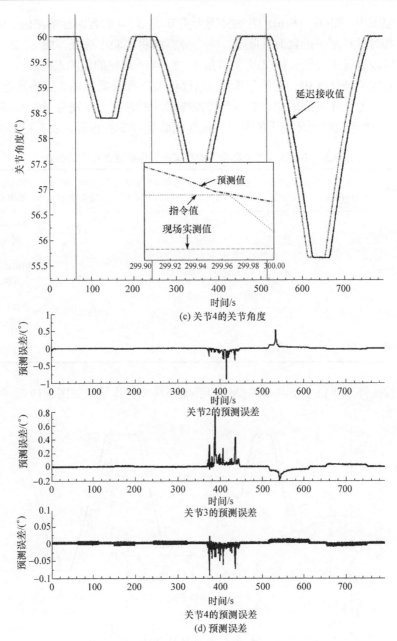

(c) 关节4的关节角度

关节2的预测误差

关节3的预测误差

关节4的预测误差

(d) 预测误差

图 5.18　实验条件 2 单机多员共享遥操作的遥操作端 3 操作结果

每幅图中，图(a)、图(b)、图(c)分别为关节 2、3、4 的含时标实测值、预测值、指令值和时延环境下的延时接收值，三个分割线将实验中遥操作端 1、2、3 分别的操作时段进行了分割，图(d)为关节角 2、3、4 所对应的预测误差。

仿真实验条件 5 中，遥操作端 1、遥操作端 2 和遥操作端 3 互为异地共享遥操作状态，遥操作端间的交互时延与遥操作回路时延比为分别为 5 : 9、5 : 6 和 10 : 9。不确定大时延环境下的共享遥操作实验条件 5 状态表如表 5.3 所示。

表 5.3　不确定大时延环境下的共享遥操作实验条件 5 状态表

时延环境	遥操作上行时延/s	遥操作下行时延/s	与遥操作端 1 的交互时延/s	与遥操作端 2 的交互时延/s	与遥操作端 3 的交互时延/s	使用共享遥操作策略状态
遥操作端 1	6	11	—	10	15	单机多员异地同构策略
遥操作端 2	6	11	10	—	20	单机多员异地同构策略
遥操作端 3	6	11	15	20	—	单机多员异地同构策略
时延波动	2	2	0.5	0.5	0.5	—

实验条件 5 单机多员共享遥操作的遥操作端 1 操作结果如图 5.19 所示。

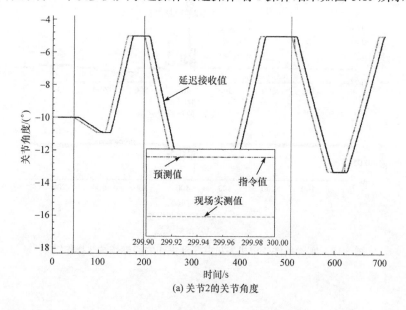

(a) 关节2的关节角度

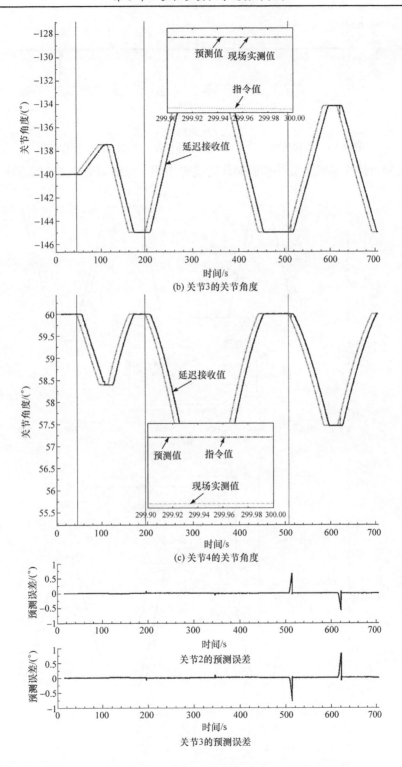

(b) 关节3的关节角度

(c) 关节4的关节角度

关节2的预测误差

关节3的预测误差

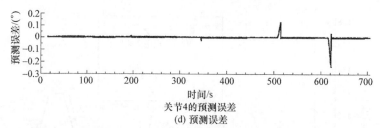

关节4的预测误差

(d) 预测误差

图 5.19　实验条件 5 单机多员共享遥操作的遥操作端 1 操作结果

实验条件 5 单机多员共享遥操作的遥操作端 2 操作结果如图 5.20 所示。

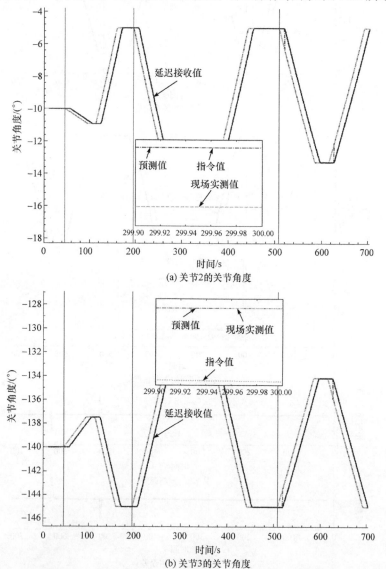

(a) 关节2的关节角度

(b) 关节3的关节角度

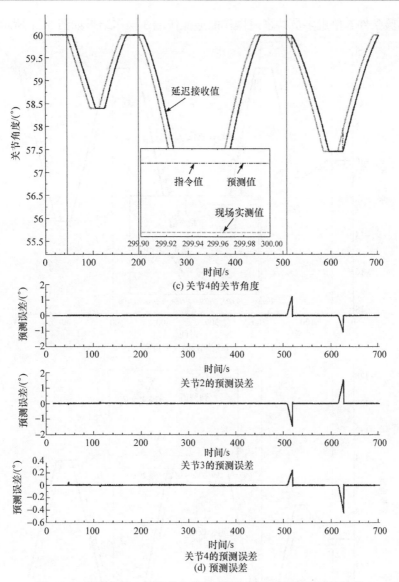

图 5.20 实验条件 5 单机多员共享遥操作的遥操作端 2 操作结果

实验条件 5 单机多员共享遥操作的遥操作端 3 操作结果如图 5.21 所示。

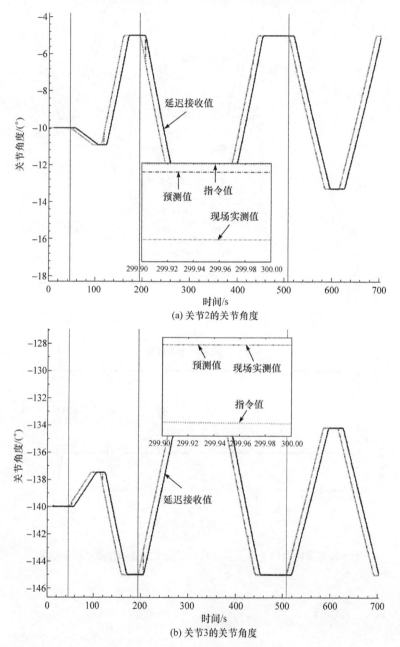

(a) 关节2的关节角度

(b) 关节3的关节角度

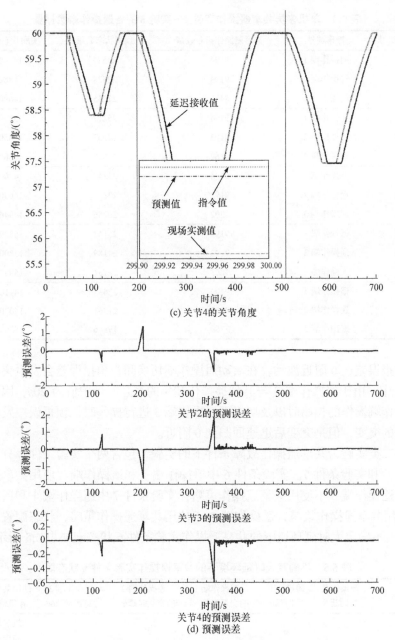

(c) 关节4的关节角度

关节2的预测误差

关节3的预测误差

时间/s
关节4的预测误差
(d) 预测误差

图 5.21　实验条件 5 单机多员共享遥操作的遥操作端 3 操作结果

　　从实验 1 到实验 5 的实验结果表明，在 20 s 级不确定大时延环境下，遥操作回路时延与遥操作端的交互时延比从 0～1 均可实施连续稳定的遥操作。单机多员共享遥操作实验 1～实验 5 的各遥操作端数据量如表 5.4 所示。

表 5.4　单机多员共享遥操作实验 1～实验 5 的各遥操作端数据量

实验编号	操作端号	共享遥操作指令数量	预测状态数量	实测状态数量
1	遥操作端 1	9194	23527	14900
	遥操作端 2	9193	22528	14880
	遥操作端 3	8418	21255	14690
2	遥操作端 1	9194	25212	15870
	遥操作端 2	9193	24067	15850
	遥操作端 3	8167	22827	15689
3	遥操作端 1	9194	23342	14700
	遥操作端 2	9193	22354	14690
	遥操作端 3	8202	20756	14946
4	遥操作端 1	9194	25142	15820
	遥操作端 2	9193	24189	15800
	遥操作端 3	7861	22751	15939
5	遥操作端 1	9194	22435	14110
	遥操作端 2	9193	21361	14070
	遥操作端 3	7859	19886	14203

　　预报误差在 0 附近波动，在活动遥操作端切换间，预报误差会发生突变。在实验 5 中，由于遥操作端 3 与其他遥操作端年的交互时延中值为 20s，因此在其他遥操作端操作的初始时以及切换至遥操作端 3 进行操作时，预报误差发生了较大幅度的突变，但是突变后迅速回归到 0 附近。

　　第二类实验为共享遥操作故障条件下的实验，包含两个实验条件，分别为实验条件 6 和实验条件 7。实验条件 6 中遥操作端 1 和遥操作端 2 使用共享遥操作策略，遥操作端 3 不使用共享遥操作策略；实验条件 7 中遥操作端 1 和遥操作端 3 均使用共享遥操作策略，遥操作端 2 不使用共享遥操作策略，状态配置与实验 6 一致。不确定大时延环境下的共享遥操作实验条件 6 状态表如表 5.5 所示。

表 5.5　不确定大时延环境下的共享遥操作实验条件 6 状态表

时延环境	遥操作上行时延/s	遥操作下行时延/s	与遥操作端 1 的交互时延/s	与遥操作端 2 的交互时延/s	与遥操作端 3 的交互时延/s	使用共享遥操作策略状态
遥操作端 1	2.75	6	—	3	6	单机多员异地同构策略
遥操作端 2	6	11	3	—	10	单机多员异地同构策略
遥操作端 3	11	15.5	6	10	—	无
时延波动	2	2	0.5	0.5	0.5	—

实验条件 6 单机多员共享遥操作的遥操作端 1 操作结果如图 5.22 所示。

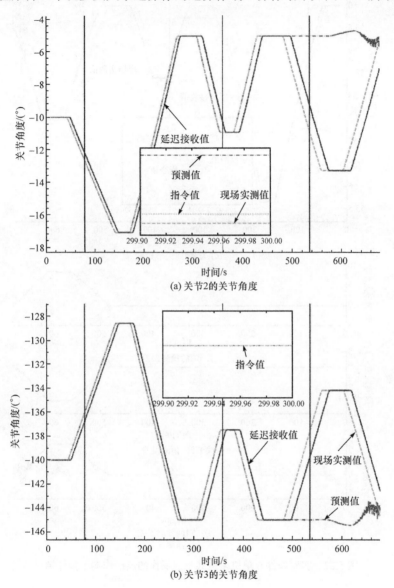

(a) 关节2的关节角度

(b) 关节3的关节角度

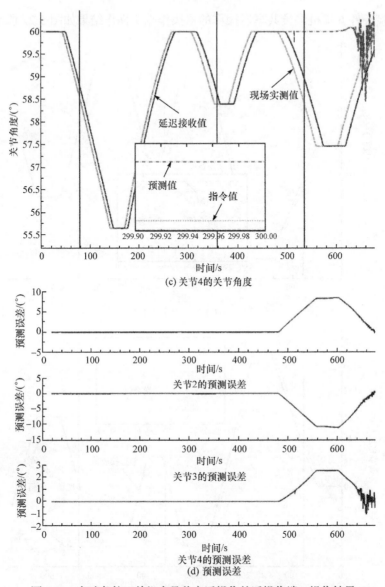

(c) 关节4的关节角度

关节2的预测误差

关节3的预测误差

关节4的预测误差

(d) 预测误差

图 5.22　实验条件 6 单机多员共享遥操作的遥操作端 1 操作结果

实验条件 6 单机多员共享遥操作的遥操作端 2 操作结果如图 5.23 所示。

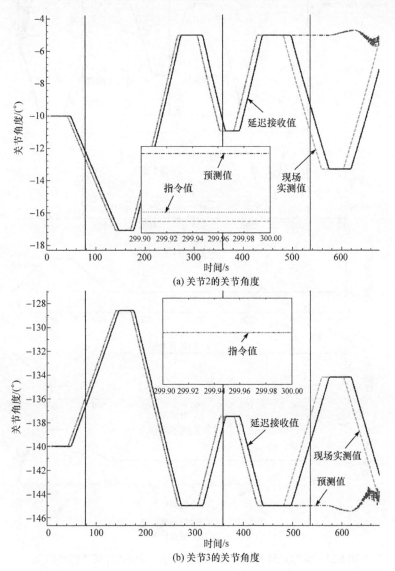

(a) 关节2的关节角度

(b) 关节3的关节角度

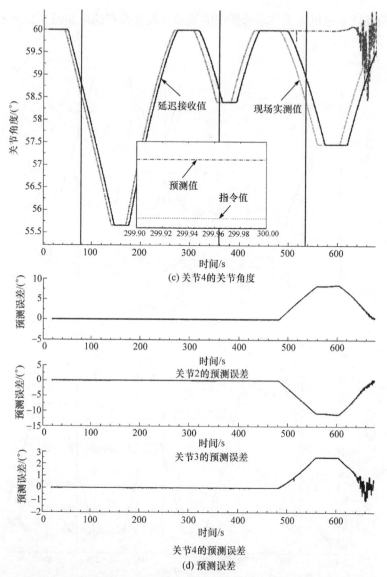

(c) 关节4的关节角度

关节2的预测误差

关节3的预测误差

关节4的预测误差

(d) 预测误差

图 5.23 实验条件 6 单机多员共享遥操作的遥操作端 2 操作结果

实验条件 6 单机多员共享遥操作的遥操作端 3 操作结果如图 5.24 所示。

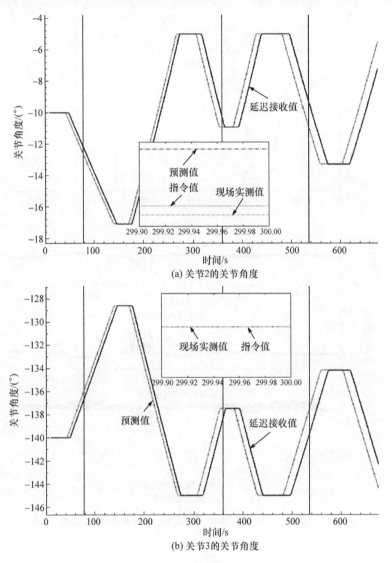

(a) 关节2的关节角度

(b) 关节3的关节角度

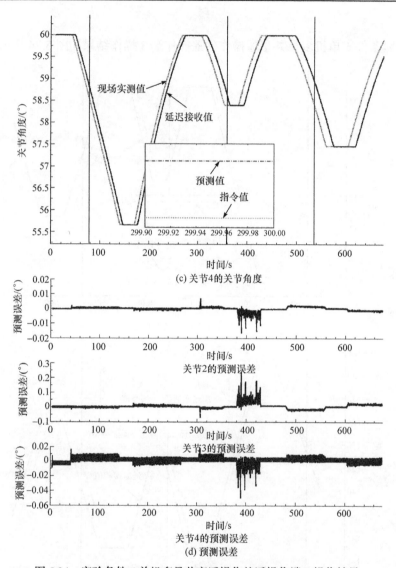

(c) 关节4的关节角度

关节2的预测误差

关节3的预测误差

关节4的预测误差

(d) 预测误差

图 5.24　实验条件 6 单机多员共享遥操作的遥操作端 3 操作结果

实验条件 7 单机多员共享遥操作的遥操作端 1 操作结果如图 5.25 所示。

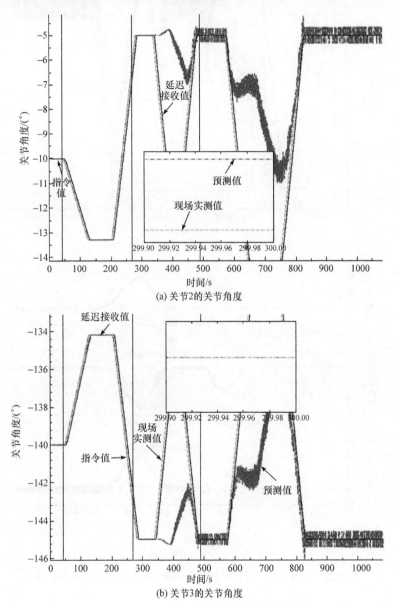

(a) 关节2的关节角度

(b) 关节3的关节角度

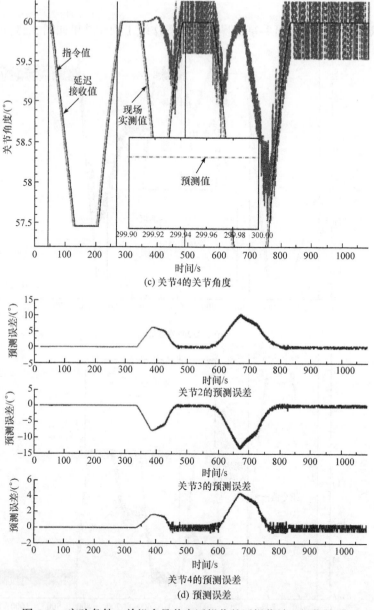

(c) 关节4的关节角度

关节2的预测误差

关节3的预测误差

关节4的预测误差

(d) 预测误差

图 5.25　实验条件 7 单机多员共享遥操作的遥操作端 1 操作结果

实验条件 7 单机多员共享遥操作的遥操作端 2 操作结果如图 5.26 所示。

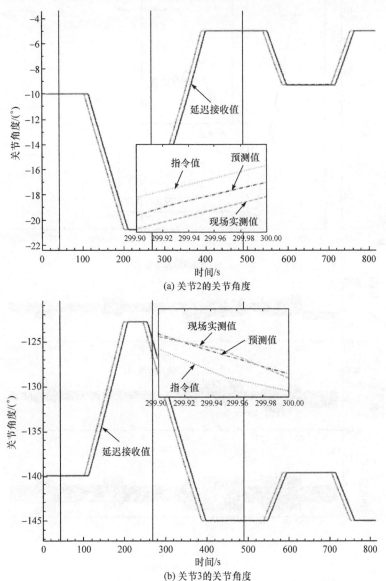

(a) 关节2的关节角度

(b) 关节3的关节角度

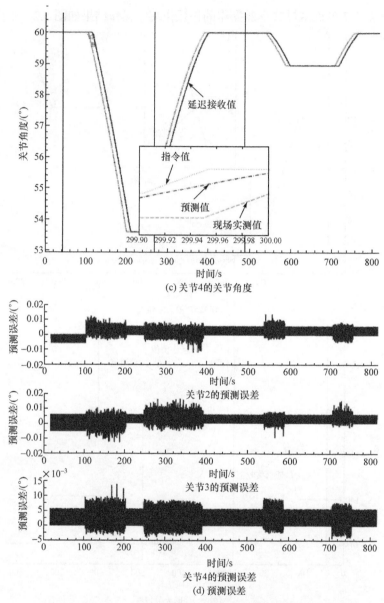

(c) 关节4的关节角度

关节2的预测误差

关节3的预测误差

关节4的预测误差

(d) 预测误差

图 5.26　实验条件 7 单机多员共享遥操作的遥操作端 2 操作结果

实验条件 7 单机多员共享遥操作的遥操作端 3 操作结果如图 5.27 所示。

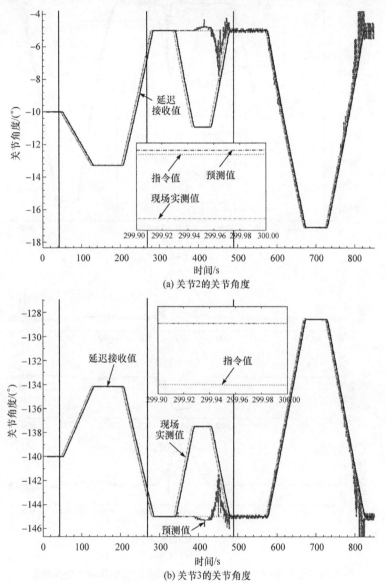

(a) 关节2的关节角度

(b) 关节3的关节角度

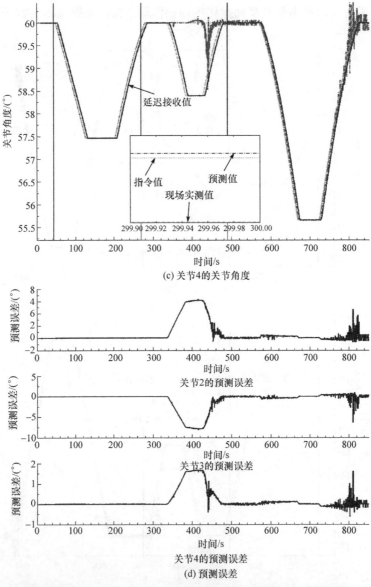

(c) 关节4的关节角度

关节2的预测误差

关节3的预测误差

关节4的预测误差

(d) 预测误差

图 5.27 实验条件 7 单机多员共享遥操作的遥操作端 3 操作结果

从实验 6 和实验 7 的结果可知，在共享遥操作群内不使用共享遥操作策略的遥操作端对整个共享遥操作效能的影响是明显的。若某个遥操作端不将本操作端的操作意图和操作数据与其他遥操作端共享，对于其他遥操作端的稳定预报会产生显著影响。实验条件 7 的结果进一步说明(图 5.25~图 5.27)，当共享操作环节中有不使用共享遥操作策略的遥操作端时，即使后续回到本遥操作端(如遥操作端3)进行主动操作，对于本操作端(如遥操作端 3)的预报影响依然延续。

5.6　小　　结

本章针对空间机器人不确定操作问题，提出了多机多员共享遥操作技术。具体地，给出了共享遥操作中遥操作端的基本模型，重点阐述了不确定大时延下多机多员共享遥操作条件、共享交互策略和流程、共享操作的不确定时延影响消减方法，并给出了不确定大时延下的单机多员共享遥操作系统设计实例。

第6章　多机多员共享遥操作评估技术

本章针对多机多员共享遥操作，分析多机多员共享遥操作系统能力需求，总结完备性遥操作系统应当具备的特征和普适性能力，介绍多机多员共享遥操作评估技术，用于提高多机多员操作效能。

6.1　多机多员共享遥操作系统能力需求

目前的遥操作系统主要针对特定任务进行研制，根据任务的不同，其应具备的能力及对系统进行评估的内容也不尽一致，但就其操作远程化及任务多样化的特点，一个可进行多机多员共享协同遥操作的完备性遥操作系统主要包括以下四个特征[65]。

(1) 遥操作特征。从任务要求而言，遥操作系统的主要任务是使得现场设备按预期工作。为达到该目的，遥操作系统当具备遥操作特征，即可操作性，主要包括操作完备性、操作实时性、操作安全性、操作自主性、操作备份/复现、操作功效等。其主要体现指标有遥操作系统的操作模式对遥操作任务的覆盖能力、遥操作系统对现场信息和操作指令的处理时间消耗、遥操作系统对异常情况下的安全处理和涵盖能力、遥现场反馈和遥指令处理过程中操作员的参与方式、遥操作的操作方便性、遥现场信息的反映直观性等。

(2) 遥现场特征。从物理环境而言，遥操作系统是一种远程化操作系统。为使遥操作任务正确而顺利地进行，遥操作系统必然要将现场状态在遥操作系统中以可观的形式反馈于操作员。因此，遥操作系统应当具备遥现场特征，主要包括现场状态、现场设备响应反馈的充分性、真实性和实时性，现场信息表现的连续性和直观性，以及信息反馈时延性等。其主要体现指标有反馈信息对现场状态关键表征信息的涵盖程度，反馈信息的误码率、刷新速度、直观体现的精细程度，遥操作系统对现场状态处理的时延影响消减能力和消时延后的预测精度等。

(3) 遥系统特征。作为遥操作任务的远程操作结点，遥操作系统应当具备遥系统特征，主要包括遥操作系统外观、设备集成、机电性能、环境适应能力、软/硬件运行稳定性、配套设施完备性等。其主要体现指标包括遥操作系统集成性，可工作的电、气、温环境范围，过电保护、停电保护以及电磁保护能力，软/硬件持续稳定工作时间，配套设备、配套软件等。

(4) 遥共享特征。当遥操作系统接入操作网络，并与其他遥操作系统协同对远端对象进行操作时，遥操作系统成为遥操作网络中的一个操作端。从遥操作的操作端与操作对象的数量分类，有多机单员(一个操作端同时/分时操作多个对象)、单机多员(多个操作端同时/分时操作单个对象)、多机多员(多个操作端同时/分时操作多个对象)以及以上三种方式的混合操作类型。遥操作端与遥操作端之间、遥操作端与操作对象间、操作对象与操作对象间，都存在信息交互。遥共享特性主要体现在对遥操作端的容忍性、共享操作的同步性，以及在共享操作中数据处理的自主、安全保护等能力方面。

根据上述完备遥操作系统的主要特征，可以总结出完备遥操作系统应当具备的普适性能力，具体包括以下十项普适性能力[116]。

(1) 遥操作模式对遥操作任务的覆盖能力。

(2) 现场设备、遥操作任务和遥操作系统的安全保护能力。

(3) 遥操作系统自主能力、智能性。

(4) 遥操作系统实时处理能力。

(5) 遥操作系统时延影响消减能力。

(6) 操作过程备份、分析、复现、时间同步能力。

(7) 遥操作系统交互与通信能力。

(8) 遥操作系统人机功效、机电、电气性能。

(9) 共享操作的同步性。

(10) 共享操作的差异容忍性。

6.1.1　操作模式对遥操作任务的覆盖能力

操作模式对遥操作任务的覆盖能力包括两类，一类是遥操作系统与某操作对象的操作模式对操作任务的覆盖能力，另一类是遥操作系统作为共享遥操作端与其他遥操作端对操作对象和对象组的任务覆盖能力。

(1) 遥操作模式对某操作对象的任务覆盖能力。综合来看，遥操作系统的操作模式主要包含四种，即自主/监视模式、宏指令模式、预编程模式、主从(交互)模式。自主/监视模式下，遥操作系统将交出对现场设备的操作决定权，由现场设备智能自主决定操作，遥操作系统仅对过程进行监视，但能中断操作，重新取得操作决定权。宏指令模式下，遥操作系统仅向现场设备发出预存固定操作的宏指令，现场设备接收宏指令后，按其自身装载的对应操作程序执行，执行过程中，遥操作系统进行监视，具备紧急状态处理权限。预编程模式下，遥操作系统可对现场设备的下一步或几步操作进行预编程，并将生成的指令序列发送至现场设备，现场设备则按顺序执行。主从(交互)模式下，现场设备的每一步操作均根据操作员的操作进行，主从(交互)模式包括数值主从(交互)模式和操作器主从(交互)模式：

数值主从(交互)模式下，操作员输入现场设备的运行特征点数值，如角度、位姿等；操作器主从(交互)模式下，操作员通过操作设备进行实时操作，常用的操作器包括六自由度鼠标、操作杆、数据手套、外骨骼等。由于每种模式的适用性不尽相同，对于某一特定的遥操作任务，遥操作系统将用到上述模式中的一种或几种，任务越复杂、环境条件越多变，所要用到的模式越多，模式切换越频繁，因此，完备遥操作系统的操作模式必须能覆盖遥操作任务需求，并且各种操作模式之间能够及时、顺利、平滑地相互切换或者终止。

(2) 操作模式对共享操作任务的覆盖能力。根据共享操作的不同形式，共享操作可基本分为多机单员共享操作、单机多员共享操作、多机多员共享操作以及上述三种的混合共享操作。对于共享操作的实效性，又进一步分为同时共享操作和分时共享操作。操作模式对共享操作任务的覆盖能力，即对上述不同形式的共享操作和分时/同时共享操作的覆盖性。

6.1.2　现场设备、遥操作任务和遥操作系统的安全保护能力

遥操作任务经常用于深海、深空等极端环境下的工作，现场设备在线修理困难，操作任务多为不可逆任务，而且目标和环境的变化使得任务执行需具有时效性。在此情况下，现场设备、遥操作任务和遥操作系统的安全保护能力尤其重要，因为无论是现场设备损坏，或者是不可逆转的错误操作，又或是遥操作系统突然故障而错过操作时机，对整个遥操作任务而言都是灾难性的影响。引起安全问题的原因有很多，如误操作、指令误码、通信断路、电气损坏、电磁冲击、处理死机等。因此，遥操作系统应具有对应的安全保护措施，如异常监测/检测、误码校验、操作提醒、误操作阻止、紧急干预、备用信道、电磁屏蔽、稳压、蓄电、快速重启、断续复接能力、预防模拟能力等。对于共享操作而言，共享操作的安全保护能力除了上述所描述的特征外，还包括对于共享操作中的操作权限的保护。由于多机单员模式下没有权限更迭问题，因此主要包括单机多员共享操作下的权限保护和多机多员共享操作下的权限保护，然后再进一步分解为分时和同时共享操作下的权限保护。

6.1.3　遥操作系统自主能力、智能性

当操作员通过遥操作系统执行遥操作任务时，需根据遥现场反馈信息，结合当前任务需要，发出指令序列，以操作现场设备。为使操作员可集中精力于遥操作任务而非中间繁复的数据处理，遥操作系统必须具备相当的智能性和自主性。遥操作系统的自主性主要体现在遥测数据处理自主、操作指令处理自主、路径规划自主等方面。除此之外，在共享操作方面，自主能力和智能性还体现于共享操作的调度自主，其中又进一步包括共享操作环境感知、共享操作空间分配和共享

操作顺序分配、操作权限分配等自主能力。

6.1.4　遥操作系统实时处理能力

由于遥操作任务环境和任务目标具有动态性，遥操作系统应当具备足够的实时处理能力，以保证遥操作任务执行的平滑性、连续性和快速性。遥操作系统的实时处理能力主要体现在遥操作系统处理的时间消耗，该时间消耗可进一步表征为遥测数据刷新率、指令规划平均时间消耗、遥现场虚拟环境刷新率、遥测和指令数据备份采样比例、饱和指令发送平均时间消耗等。遥操作系统接入共享操作网络时，其共享操作的实时性主要体现于共享操作的环境感知实时、操作空间分配实时、操作权限分配实时等方面。该时间消耗可进一步表征为共享交互环境变化到完成感知的时间消耗、共享遥操作端申请并得到回复/获取权限的时间消耗、共享操作时，其他共享操作端获取新的可操作空间的时间差等。

6.1.5　遥操作系统时延影响消减能力

遥操作系统具有远程操作的特点，无论是空间跨度还是多次转发、调度、处理，都决定了操作中存在大时延问题。时延的客观存在，一方面使得操作员的操作意图不能立即在现场设备中反映，另一方面使得现场状态不能立即反馈给操作员，这势必会给操作员带来心理压力和焦虑。因此，时延影响消减是遥操作系统所必须具备的重要能力，主要体现是消时延处理后的预测状态与真实状态的相对误差值，误差值可进一步分为不同恒定时延情况下的相对误差、变时延条件下的波动相对误差、预测模型失配条件下的误差收敛速度等。时延影响消减在时延辨识精度、时延消减范围和时延波动影响等方面，还可进一步分为遥操作回路的时延影响消减和共享操作间的时延影响消减能力。

6.1.6　操作过程备份、分析、复现和时间同步能力

遥操作系统在完成遥操作任务的同时，还应当具备过程记录、过程再现以及配套的数据分析能力，以便任务完成后对遥操作任务和流程的分析、处理、优化，并且积累相关的操作经验。遥操作系统一般由多个节点构成，再加上消减时延影响的重要性，因此遥操作系统内部和遥操作系统与外部系统间需要有统一的时标，这要求遥操作系统具备时间同步的能力。在共享遥操作端，除了备份和记录本操作端的操作过程外，还需要备份与其他遥操作端的共享操作交互内容和共享操作过程，以便任务完成后分析。共享遥操作端之间、共享遥操作端与共享操作对象、共享遥操作端与中间服务节点之间，也应当具备时间同步能力。

6.1.7 遥操作系统交互与通信能力

遥操作系统需要通过与现场设备的信息交互才能执行遥操作任务，因此作为现场设备的远程操作结点，遥操作系统的通信能力是保证遥操作任务成功运行的基本纽带。遥操作系统通信能力的强弱，直接影响系统的实时性，包括遥操作系统与外部系统的通信和遥操作系统内部单元的通信。其能力的直接体现有内/外部通信信道带宽、内/外部通信极限码速率、误码率、丢包率等。

6.1.8 遥操作系统人机功效、机电、电气性能

作为远距离现场设备和操作员的操作媒介，遥操作系统当具备较好的人机功效。操作输入设备的选取和位置摆放、界面布局、遥操作系统的单元组成设计等，都应当围绕方便操作员迅速获取信息、快速顺手操作的原则，尽可能地减少操作环节中因操作不便而引起的差错和处理延迟。同时，遥操作系统应当具备一定的机电和电气性能，遥操作系统一般安置在室内，环境较为舒适。但遥操作系统集成和封装后，应当具备一定的防尘、防静电、防电磁、防震、防冲击的机电性能，同时其电气接口应当标准化、易拆卸、易组装、易运输等。

6.1.9 共享操作的同步性

共享操作，首先需要基准时间，只有在基准时间上，共享操作才有同时/分时操作，才有共享操作权限的分配，才有在时间标尺下的可操作空间的分配，因此共享遥操作端、共享遥操作端与共享操作对象、共享遥操作端与中间服务节点之间均应当有同步的时标。此外，多遥操作端对于操作空间的预计、对于对象运动的预报需要同步。最后，多操作端对单对象的同步操作，以及多对象之间的配合操作，均要求共享操作时需要具备操作同步性。共享操作的时标同步、预报同步和操作同步等具体的表征就是同步的时标差或者第三方观察的时间差。

6.1.10 对共享操作端差异的容忍性

共享操作接入的遥操作端可能由不同的设计者完成，操作端的操作对象可能也各种各样，操作手段、操作策略和操作流程等与不同的对象、设计喜好、认知程度甚至操作者的习惯等都息息相关。作为共享遥操作系统，对于不同的遥操作端和遥操作者的容忍能力是必要的。对共享操作端差异的容忍性主要包括两个方面，首先是对共享遥操作端差异的容忍性，进一步包括遥操作端的组成、功能、操作器、工作流程等；其次是共享操作任务、共享操作端和共享操作对象的配置能力，是否具备操作端对不同操作对象、操作端对不同操作任务的共用性，进一步包括操作端、对象和任务的离线配置能力和在线配置能力。

6.2　多机多员共享遥操作评估策略

开展遥操作的最终目的是能够充分、有效地利用宝贵而有限的天地信道资源，使遥现场信息得以增强，系统环路时延影响得以消减，遥操作指令得以平滑且及时准确地响应。因此，在充分理解遥操作系统的技术目标、技术特点和技术要求的基础上，结合上述分析结果，空间机器人遥操作系统应该满足如下要求。

(1) 自主功能充分发挥。

(2) 天地链路充分通畅。

(3) 星上信息充分提供。

(4) 时延影响充分消减。

(5) 操作指令充分可靠。

根据 6.1 节所述的完备遥操作系统的主要体现特征，依照遥操作系统能力需求分析的结果，可将空间机器人遥操作系统评估在所述十项普适性能力的基础上展开，遥操作系统特征、十项主要能力及能力展开如图 6.1 所示。

6.2.1　操作模式对遥操作任务的覆盖能力评估

遥操作系统能否良好地完成遥操作任务，是遥操作系统最根本的要求。而要想良好地完成遥操作任务，操作模式对遥操作任务的覆盖是前提要求，因此该项能力的评估是遥操作系统评估中的基础环节。操作模式对遥操作任务的覆盖能力主要评估指标为遥操作系统具备的操作模式是否涵盖了遥操作任务所需要的操作模式。在面对未确定的遥操作任务时，该项能力的主要体现是遥操作系统具备了哪几种操作模式，操作模式可否按遥操作任务要求进行启动、停止以及相互切换，更进一步体现在对操作模式进行启动、停止和切换时所需要花费的时间。遥操作系统操作模式对遥操作任务的覆盖能力评估项目图如图 6.2 所示。图中，"×"符号包括的内容是可量化项目。

1. 遥操作系统具备的共享遥操作能力评估

多个遥操作系统协同操作能力越强，对于提高遥操作系统工作效率、保障任务安全、提升操作灵活性、增加系统功能越重要，评估遥操作系统共享操作能力主要评估的是遥操作系统是否具备与单个或多个其他遥操作系统协同工作的能力。具体地，在具备多个遥操作系统、多个对象条件下，分次选用遥操作系统的各种共享操作模式，每次仅采用一种模式，观察该模式下遥操作系统能否正常工作，工作状态是否符合该模式的操作特征，如果符合，则遥操作系统涵盖了对应的共享操作模式。

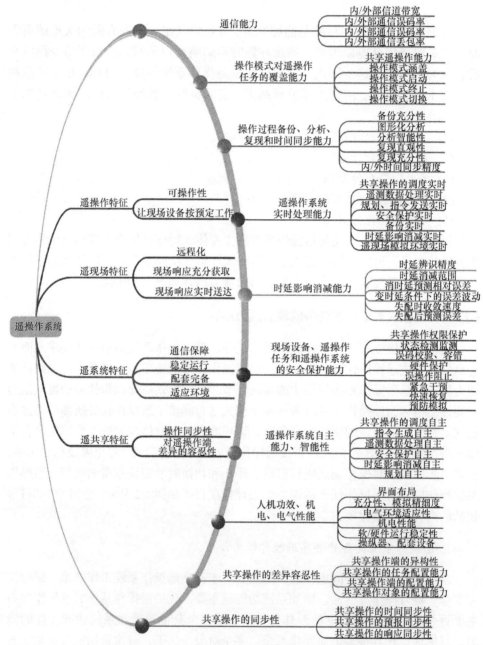

图 6.1　遥操作系统特征、十项主要能力及能力展开

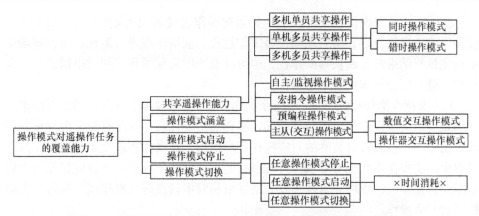

图 6.2　遥操作系统操作模式对遥操作任务的覆盖能力评估项目图

(1) 多机单员共享操作特征。多机单员共享操作模式下，单个遥操作节点对应多个操作对象，并且操作对象可以分布在不同的远端、具备不同的构型。操作系统可以涵盖两种共享操作方式，包括在一次任务中对单个对象完成操作任务后，快速切换到其他同构或异构的操作对象并执行操作任务(错时操作模式)，以及在一次任务中对同构、同地的多个对象进行同时操作(同时操作模式)。

(2) 单机多员共享操作特征。单机多员共享操作模式下，多个遥操作节点对应单个操作对象，并且多个遥操作节点存在的时延环境不同。各遥操作系统无论如何设计，都要与远端操作对象的输入输出软、硬和数据接口相同，对目标操作的各种功能覆盖性要求相同，各种操作模式和操作指令的格式相同。在单机多员共享操作模式下，操作系统可以涵盖两种共享操作方式，包括多个遥操作系统同时操作单个目标对象，以及多个操作系统轮流操作目标对象，此时，共享操作节点执行监视任务。

(3) 多机多员共享操作特征。多机多员共享操作模式下，多个遥操作节点对应多个操作对象，且涵盖多机单员及单机多员的操作模式，但是在同一时刻各操作节点仅有当前对应操作对象的预报模型，其他对象仅能进行状态监测。操作系统可以涵盖同时操作模式以及错时操作模式。

2. 遥操作系统具备的操作模式涵盖能力评估

遥操作系统具备的操作模式种类越多，可覆盖的遥操作任务范围则越大，因此遥操作系统具备的操作模式种类是覆盖能力主要体现，评估项目中主要评估的是遥操作系统所具备的操作模式是否具备的该种操作模式的特征。具体地，分次选用遥操作系统的各种操作模式，每次仅采用一种模式，观察该模式下遥操作系统能否正常工作，工作状态是否符合该模式的操作特征，如果符合，则遥操作系统涵盖了对应操作模式。

(1) 自主/监视操作模式特征。自主/监视操作模式下，遥操作系统不参与现场设备工作的操作决定，但对现场设备工作过程、现场环境进行监视，可在现场设备自主执行结束时重新获得操作权，也可在监视中发现潜在威胁时申请或夺回操作权，进行停止操作或者紧急操作。

(2) 宏指令操作模式特征。宏指令操作模式下，遥操作系统发出的遥操作指令并不是一组关节角指令，而是某项固定操作的指令代表——宏指令，现场设备接收宏指令后，按其自身装载的对应操作程序执行，遥操作系统交出操作权。执行过程中，遥操作系统能够对执行过程进行监视，可在该项宏指令对应操作结束后重新获得操作权，也可在监视中发现潜在威胁时申请或夺回操作权，进行停止操作或者紧急操作。

(3) 预编程操作模式特征。预编程模式下，遥操作系统采用离线方式设计现场设备的操作指令序列，通过预存-读入-发送的方式让现场设备顺序执行，达到操作目的。一项预编程任务执行中，遥操作系统不能对现场设备进行除紧急操作和紧急停止外的其他操作，与自主/监视和宏指令操作模式不同，在预编程任务执行过程中，遥操作系统除了要对现场环境和现场工作状态进行监视外，还应当对遥测数据进行消时延处理、预测和虚拟显示。

(4) 主从(交互)操作模式特征。主从(交互)模式包括数值主从(交互)模式和操作器主从(交互)模式，数值主从(交互)模式下，操作员输入现场设备的运行特征点数值，如角度、位姿等，遥操作系统通过指令解释、操作安全判断、路径规划、生成指令序列、打包校验、发送等流程，操作现场设备进行工作；操作器主从(交互)模式下，操作员控制操作器，遥操作系统通过对操作器状态进行采集，主从(交互)操作执行过程中，遥操作系统在对现场情况进行监视时，同时对遥测数据进行消时延处理、预测和虚拟显示。

3. 遥操作系统的操作模式启动、停止和切换能力评估

遥操作系统的操作模式启动、停止和切换的时间消耗大小，体现了该遥操作系统对操作模式处理的灵活性。如果消耗时间过长，在面对遥操作任务时，特别是较为复杂又有较强时效性任务时，遥操作系统即便具备了所需要的操作模式，也会因为模式切换不够灵活而错过操作时机。客观来说，在该情况下，遥操作系统的操作模式并未有效覆盖遥操作任务，因此，遥操作系统的操作模式启动、停止和切换的时间消耗是操作模式对遥操作任务覆盖能力的重要体现，也是可量化指标。具体地，从指挥员发出操作模式启动、停止或者切换某操作模式的命令开始，经过操作员进行启动、停止或者切换操作，遥操作系统根据操作启动、停止或者切换至对应操作模式并将成功提示上屏显示，到操作员看到提示并报告操作模式的启动、停止或者切换任务完成为止，记录该过程所消耗的时间，由于操作

模式的不同、人的参与状态不同，消耗的时间会有长短不同，经过多次测算后取平均值。

6.2.2　遥操作系统安全保护能力评估

由于空间机器人具有在轨特性，无论是空间机器人故障，还是误操作引起碰撞事故，又或者是遥操作系统死机错过操作窗口，对遥操作任务而言都是灾难性的失败。因此，空间机器人遥操作系统的安全保护能力是遥操作系统不可或缺的重要指标。安全保护能力的体现既包括操作中的误操作阻止、误指令校验等安全保护功能，又包括发现威胁隐患或已经发生错误时的补救能力，还包括在进行操作前的安全问题预防的能力。综合而言，遥操作系统的安全保护能力主要体现在状态检测/监测能力、误操作阻止能力、误码校验和容错能力、预防模拟能力、快速恢复能力、紧急干预能力、硬件保护能力等。遥操作系统安全保护能力评估项目图如图 6.3 所示。

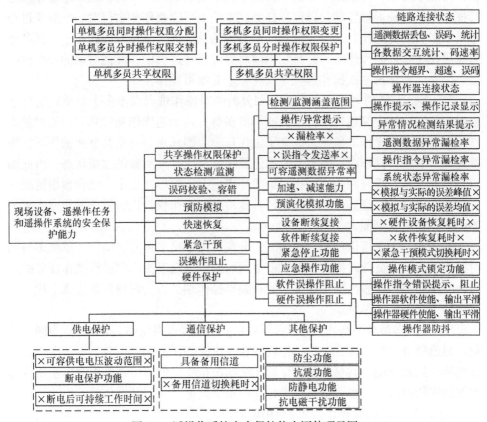

图 6.3　遥操作系统安全保护能力评估项目图

1. 共享操作权限保护评估

当多员参与遥操作时，根据共享遥操作单机/多机、同地/异地、同时/分时的不同情况，存在多种组合操作方式。为了保证遥操作任务安全以及遥操作系统安全，需要对不同共享模式下的操作权限进行设置。其中同地/异地操作主要体现在时延策略上，因此将需要权限保护的共享遥操作组合方式分为以下四种。

(1) 单机多员分时操作。多个遥操作系统对目标对象的操作交替进行，操作指令不存在重合，操作端执行任务时，共享端没有操作权限，只能进行监视任务，此时仅存在时间权限分配问题。

(2) 单机多员同时操作。多个遥操作系统对目标对象可以进行同时操作，当操作任务目的存在一致性时，各操作端的指令间可以存在共享机制，修正得到最终的指操作令。此时，需要对各操作端的输出进行权重分配。

(3) 多机多员分时操作。在多对象共享遥操作时，按对象划分的分时操作可以看作对多个对象，分别处于单机单员或单机多员的遥操作状态。当某遥操作端进行操作时，其他遥操作端只做监视任务，本质上可以视作一次仅对一个对象进行单员或多员的遥操作，分阶段完成多个对象的总任务。其权限问题在于保证各个对象受控于允许的操作端，并且在当前对象的操作过程中，其他对象的操作权限受到限制，即保护一次操作过程中仅有一个对象可操作。

(4) 多机多员同时操作。按对象划分的同时操作难点在于多个对象同时处于遥操作状态，其中又包括单机单员或单机多员。一个遥操作端对其对应的对象操作，相对于其他操作对象而言改变了工作环境，因此在多对象共享遥操作下，当某遥操作端进行操作时，需要从其他遥操作端获取其他对象的预报状态，由此确定当前及未来一段时间内被操作对象的环境情况。操作过程中，结合预报情况，发现潜在威胁时任意操作端可以申请其他对象的操作权，进行停止操作或者紧急操作，即权限变更能力。

具体地，在进行该项能力评估时，分别启用单机多员分时操作、单机多员同时操作、多机多员分时操作、多机多员同时操作，在遥操作端进行操作任务的同时，共享遥操作端做出操作动作，检查共享操作端是否会对操作端造成干扰，以及评估干扰带来的影响。

(1) 单机多员分时操作。同时启用两套以上遥操作系统时，操作目标为同一对象。当选择分时操作模式时，操作权限在一次操作任务未结束前，不会由当前操作端移交到共享端，共享端的操作器无法给出指令，但可以在监视窗口获得目标的图像和数据信息，也可以获得操作端的指令数据、预报数据信息。

(2) 单机多员同时操作。同时启用两套以上遥操作系统时，操作目标为同一对象。当选择同时操作模式时，对相同的操作任务，多个操作端的指令在中间服务结点中作为共享指令进行权重分析，并输出生成新的操作指令。此时，各共享端除了获得目标的状态、指令数据信息也将获得更新，并用更新后的数据进行模型预报。

(3) 多机多员分时操作。同时启用两套以上的遥操作系统对两个以上的目标进行遥操作。当选择多机多员分时操作模式时，同一时间有且仅有一个目标对象处于单机或多机的被操作状态，遥操作端与共享遥操作端都没有其他对象的操作权限，但是可以监视所有目标的状态信息和指令信息。

(4) 多机多员同时操作。同时启用两套以上的遥操作系统对两个以上的目标进行遥操作。当选择多机多员同时操作模式时，同一时间有两个及两个以上的目标处于单机或多机的被操作状态，所有遥作端与共享遥操作端可以获得所有目标的状态信息及指令信息，并对所有对象的状态进行预报。所有遥操作端可以向中间服务节点提出接管任意对象的要求，进行操作权限变更与接管，以及必要的紧急操作。

2. 状态检测/监测能力评估

无论是避免安全问题还是处理安全问题，首先要能够发现安全问题，只有及时有效地发觉和定位安全威胁，才能迅速地进行针对性处理。因此，遥操作系统的状态检测/监测能力是其他遥操作安全保护能力的前提保障，也是遥操作安全保护能力重要组成部分。状态检测/监测能力主要从三个方面评估，包括检测/监测涵盖范围、操作/异常提示、漏检率等。具体地，检测/监测涵盖范围是遥操作系统检测/监测能力的直接表征，范围越广，监测的状态越多，对异常情况越不易遗漏。其评估策略是，运行遥操作系统，观察遥操作系统是否能对以下情况进行检测。

(1) 链路连接状态。包括遥操作系统与外部的连接状态和系统内部单元的连接状态。

(2) 遥测数据状态。包括遥测数据的接收、图像数量的统计，遥测数据误码的发现、丢包情况的异常统计、即时时延值、平均时延值等。

(3) 内部单元交互状态。包括内部单元交互的各种数据统计，码速率等。

(4) 操作指令状态。包括操作指令超界、超速、误码等情况。

(5) 操作器连接状态。

操作/异常提示的评估策略是，运行遥操作系统，并进行操作，观察遥操作系统是否具备以下能力，并做相关记录。

(1) 操作提示、操作记录显示。对即将进行的操作予以提示，防止操作员因随意性或失误引起的误操作，记录已经执行的操作，方便操作员查看并做出决策。

(2) 异常情况及检测结果提示。对于检测到的异常情况，需要操作员处理的，应当予以提示。提示内容最好包括异常分类、发生时间、可能原因和推荐处理方式等，以方便处理。

(3) 提示快速性。操作/异常提示从操作输入或异常发生时刻至出现提示显示的时间。

漏检率是评判遥操作系统检测/监测能力的重要指标，漏检率可分为遥测数据异常漏检率、遥操作指令异常漏检率和遥操作系统状态异常漏检率，评估策略描述如下。

(1) 模拟遥测数据异常状态。比如误码包传输、隔包传输、错序包传输、间断传输、饱和传输等，记录遥操作系统接收到异常遥测数据包的时刻和数量，同时也记录遥操作系统对此类异常的检测数量。

(2) 制造操作指令异常状态。比如进行关节角超限、超速操作、碰撞操作等误操作，在生成指令序列中增加错误指令、打乱序列，从序列中抽出若干指令、误编码等，记录操作指令异常的数量，同时也记录遥操作系统对此类异常的检测数量。

(3) 制造系统工作异常状态。如切断交互数据线路，切断某单元的电源，切断操作装置电源或操作连接线路等，记录系统工作异常的数量，同时也记录遥操作系统对此类异常的检测数量。

则漏检率计算公式如下：

$$遥测数据异常漏检率 = \left(1 - \frac{检测到的遥测数据异常数量}{遥测数据异常发生数量}\right) \times 100\% \tag{6.1}$$

$$操作指令异常漏检率 = \left(1 - \frac{检测到的操作指令异常数量}{操作指令异常发生数量}\right) \times 100\% \tag{6.2}$$

$$系统工作异常漏检率 = \left(1 - \frac{检测到的系统工作异常数量}{系统工作异常发生数量}\right) \times 100\% \tag{6.3}$$

$$综合异常漏检率 = \left(1 - \frac{检测到的综合异常数量}{综合异常发生数量}\right) \times 100\% \tag{6.4}$$

(4) 重复上述步骤(1)～(3)，得出各种异常模式下的异常状态检测结果参量的平均值，考虑到不同异常条件下的异常状态检测能力的差异，采用保守型评估方式，则遥操作系统的异常状态检测能力评估结果如下：

$$系统漏检率 = \max \left[\begin{array}{l} \overline{遥测数据异常漏检率}, \overline{操作指令异常漏检率}, \\ \overline{系统工作异常漏检率}, \overline{综合异常漏检率} \end{array} \right] \tag{6.5}$$

式中，max[*]是取*的最大值；$\overline{*}$是对*取平均值。

3. 误码校验、容错能力评估

误码校验和容错能力是遥操作系统安全性能中重要的安全保护，具有主动保护的特征，是遥操作系统鲁棒性的重要体现。误码校验和容错能力越强，异常处理中需要人为进行干预的概率越小，遥操作任务进行越顺利。误码校验和容错主要针对遥测异常数据和异常指令数据，如遥测数据丢包、误码、错配、中断、拥堵时的自主补偿、平滑、预测、批处理等应对措施，误操作时的指令锁定、丢弃措施，指令自主处理错误时的指令补全、序列整理、异常指令剔除措施，编码错误时的纠正、再编码机制等。因此，误码校验、容错能力的外在表征为遥操作系统的误指令发送率，以及在保证正常工作的前提下可容忍的遥测数据异常率。具体地，误指令发送率是指在因操作员误操作或者误编码情况引起的操作指令错误的情况下，遥操作系统仍将其发送的频度。其评估策略是制造操作指令异常状态，比如进行关节角超限、超速操作、碰撞操作等误操作，在生成指令序列中增加错误指令，打乱序列，从序列中抽出若干指令、误编码等，记录操作指令异常的数量，同时也记录遥操作系统在该情况下发送误指令的数量，重复多次(次数为 N)，则误指令发送率计算公式如下：

$$误指令发射率 = \frac{\sum\left(\dfrac{发送误指令数量}{操作指令异常数量} \times 100\%\right)}{N} \tag{6.6}$$

可容忍的遥测数据异常率评估策略是模拟遥测数据异常状态，比如误码包传输、隔包传输、错序包传输、间断传输、饱和传输等，将异常遥测数据和正常遥测数据混合后发送至遥操作系统，观察遥操作系统运行状态，在满足遥操作系统正常运行的情况下，增加异常遥测数据与正常遥测数据的比值，直到遥操作系统出现混乱情况(如预测混乱、虚拟仿真跳变等)，重复多次(次数为 N)，则可容忍的遥测数据异常率指令发送率计算公式如下：

$$可容遥测数据异常率 = \frac{\sum\left(\dfrac{异常遥测数据量}{遥测数据总量} \times 100\%\right)}{N} \tag{6.7}$$

4. 误操作阻止能力评估

误操作是指因操作员或指挥员无意、失误、控制不当、口误、手误等不可预料的人为因素引起的错误操作，其危害影响往往远高于其他威胁。因此，误操作阻止能力是遥操作系统安全保护能力的一个重要体现。由于人为因素参与，遥操作系统很难自动识别并进行阻止，因此误操作阻止往往通过锁死、提醒、报警、超限阻止、操作器防抖、操作器平滑、操作器使能等方法。从评估的外在体现角度，误操作阻止能力可分为软件误操作阻止和硬件误操作阻止。具体地，软件误操作阻止评估策略是主要评估是否具备以下软件功能。

(1) 操作模式锁定功能。主要指在选定操作模式后，其他操作模式的输入方式将不可用。

(2) 操作指令错误时的提示和自动阻止。主要针对超限、超速、碰撞等。

(3) 操作器软件使能,操作器输出软件平滑功能。软件防止操作器因无意碰触引起的误操作,软件防止操作员对操作器的突然用力操作引起的指令跳变。

硬件误操作阻止评估策略是主要评估是否具备以下硬件功能。

(1) 操作器硬件使能、输出平滑功能。和软件的使能、输出平滑功能一样,只是采取的手段不同,在平滑时可采取的硬件措施包括增加操作阻尼,加入力反馈手感等。

(2) 操作器防抖功能。防止操作员因操作时手的抖动引起的误操作指令,如采用操作轨线约束等方法。

5. 预防模拟能力评估

安全保护能力不单包括出现安全性问题后的解决能力,还应当包括预防安全性问题发生的能力,体现在遥操作系统应当具备"预演化"的操作功能。操作员在不确定下一步操作的结果之前,先对将要操作的任务进行"预演化",了解随后操作对目标对象的影响,则可以有效预防因操作员预期出错而导致的误操作和因误操作引起的安全问题。"预演化"功能越完备,过程推演越符合真实情况,对威胁和误操作的预防效果越好。因此,遥操作系统的预防模拟能力是其安全保护能力的重要体现。具体地,预防模拟能力的评估包括功能和性能两个方面。从功能上而言,主要看遥操作系统是否具备以下两个功能。

(1) 预演化功能。其重要特征在于,该功能模式下,操作员的操作输入模式与真实操作情况下一致,遥操作系统进行演化模拟仿真。

(2) 预演化是否具备减速、加速演化功能。对于较长任务的预演化,具备加速、减速功能将大大缩减预演化耗时,提高操作效率。

从性能而言,预防模拟能力主要体现在预防模拟情况与实际情况的误差。误差包括误差峰值和误差均值,由于模拟任务的复杂度不同,其所需时间消耗不同,对应模拟误差峰值和均值也不同。因此,对不同复杂度的任务应当按实际消耗时间长短分类进行误差峰值和均值的统计。

6. 快速恢复能力评估

快速恢复同样是遥操作系统安全性能中重要的安全保护措施。和误码校验、容错的主动性质不同,快速恢复需要依靠操作员的干预才能进行,属于安全保护措施中被动性的手段,主要用于超出系统自主修复能力的紧急状态,如物理上的通信信道、电气连接、操作装置的断路时的续接、复连措施,或者超出数据纠错和容忍能力的数据混乱时的清空、重建、追赶计算流程,又或者是系统内部某单元处理超载的隔离、重启、热嵌入机制。快速恢复遥操作系统的安全性至关重要，是遥操作系统安全性最后的保护手段。因此，遥操作系统应当具备快速恢复能力和完整的处理流程，以便在系统自主性修复能力不足时及时通过人员干预避免安全问题的发生。快速恢复能力主要体现于功能性的涵盖和快速恢复所需要的时间消耗上，时间消耗进一步可分为软件快速恢复时间消耗和硬件快速恢复时间消耗。具体地，快速恢复能力的功能评估策略是测试遥操作系统是否具备在下列情况下的快速恢复功能和对应的快速处理流程准备。

(1) 通信信道断路(包括外部信道和内部交互信道)。

(2) 断电(包括整体断电或者局部单元断电)。

(3) 操作器离线(包括其他操作设备)。

(4) 数据混乱，无法匹配。

(5) 整体或局部单元超载，死机。

快速恢复能力的性能评估策略是在上述五种情况下，分别测算对应的软件恢复时间消耗、硬件恢复时间消耗以及总时间消耗，重复多次，取平均值。

7. 紧急干预能力评估

当遥操作系统的安全性保障较严格时，可有效减小误操作影响，并有效防范因遥操作系统内部自主性处理不当而引起的非人为性错误指令发送，但同时过于严格的安全保障会限制操作的灵活性，在一些因不可抗外力引起的威胁条件下造成操作死锁。在此情况下，为安全完成遥操作任务，遥操作系统应当具备紧急干预能力，相当于现场设备完全依照操作员手动进行工作，遥操作系统的误操作阻止功能仅提示而不阻止，该能力的主要表征即遥操作系统是否具备该功能。

8. 硬件保护能力评估

遥操作系统保护能力不光体现在遥操作系统软件上，遥操作系统硬件是遥操作系统软件的承载体和遥操作系统集成中不可缺少的部分，其防护能力也是遥操作系统安全保护能力的重要体现。硬件如果不能正常工作，遥操作系统也无法正常工作。硬件保护能力最主要体现在遥操作系统的供电保护能力和通信保护能力。供电保护之所以重要，是因为如果供电保护能力不够，遥操作系统在出现供电问题时，影响迅速恶劣而且不可逆转。轻微的供电问题导致遥操作系统整体或部分断电，致使任务执行受挫；严重的供电问题直接造成遥操作系统损坏。通信保护能力的重要性取决于遥操作系统的交互性，由于遥操作系统必须与现场设备进行交互才能进行操作，遥操作系统内部同样存在大量交互，当通信出现问题时，遥操作任务将不能进行。除此之外，硬件保护能力还体现在其他多个方面，如防尘、防震、防静电、抗电磁干扰等。因此，遥操作系统的系统保护能力评估将主要从其供电保护能力、通信保护能力和其他配套保护能力等方面进行评估。

具体地，遥操作系统可能出现供电问题的原因主要有两种，一种是电源电压不稳、波动导致的工作不稳定，另一种是直接断电导致的工作突然停止。因此，供电保护能力主要从两个方面来评判，即可容忍的供电电源波动范围、是否具备断电保护及断电后继续工作的能力，或者是断电后可持续工作的时间长短。通信能力的硬件保护主要通过两个方面进行评价，一方面是遥操作系统是否具备备用信道，即在原通信信道出现硬件问题时，能否有可以迅速替代的通信信道；另一方面是由原通信信道切换至备用通信信道所需要的时间，切换所需的时间越短，由信道断路造成的影响越小，通信保护能力越好。其他配套保护能力所需要评估的包括如下几个内容。

(1) 遥操作系统的防尘能力。灰尘的积累往往容易引起遥操作系统硬件断路、短路等问题，如果不注意防尘，遥操作系统可能在多次应用后运行不畅。

(2) 防震动能力。虽然遥操作系统一般置于室内，但难免需要移动、搬运问题，由于遥操作系统涉及多项多种硬件和配套设备的集成、协调工作，震动往往会引起接口松、断或者设备损坏，因此遥操作系统的防震能力应当引起重视。

(3) 防静电、防短路能力。天气过于干燥或者过于湿润时，遥操作系统内部电器元件容易出现静电干扰问题，因此遥操作系统应当具备一定的静电和短路防护能力。

(4) 电磁干扰防护能力。电磁干扰容易引起数据特别是传输中的数据跳变，从而影响遥操作系统的正常工作，由于遥操作系统需要处理和交互的数据较多，遥操作系统的电磁防护能力应当注意。

6.2.3　遥操作系统自主能力、智能性评估

遥操作技术把实验和操作员从危险、恶劣的操作环境中解脱出来，通过信息的交互克服了远距离的限制，把实验现场的数据、图像传输到安全、舒适的易于操作员操作的环境中，使操作员具有身临其境的沉浸感，并依靠高智能体(人)进行任务规划和决策，最终由机器来完成繁杂的低智能任务，从而提高了操作系统的智能水平。虽然人在回路是遥操作系统提升智能性的重要方法，但这并不代表遥操作系统的处理都需要依靠人参与才进行工作。实际上，遥操作系统应当具备相当的自主性和智能性，以有效减轻操作员的处理负担，使其从巨量而繁复的数据处理中解脱出来，集中精力用于遥操作任务决策和操作。同时，使用机器自主处理可极大提高操作的快速反应能力，减少出错。因此，遥操作系统的自主性和智能性能力是遥操作系统的重要特征，也是遥操作系统评估体系的重要部分。遥操作系统的自主性和智能性主要体现于六项自主，即共享操作的调度自主、指令生成自主、规划自主、遥测数据处理自主、安全保护自主、时延影响消减自主，

这六项自主又各有自己的体现方式，遥操作系统的自主性和智能性能力评估主要从以上六项自主的表现来进行。遥操作系统自主性、智能性能力评估图如图 6.4 所示。

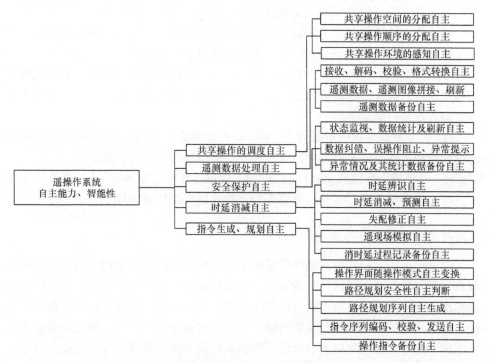

图 6.4　遥操作系统自主性、智能性能力评估图

1. 共享操作的调度自主评估

对于复杂的多机多员共享遥操作任务，需要通过中间服务节点对各遥操作端的操作状态进行主动管理和仲裁。这就要求每个操作节点都需要有一定的自主性，以提高任务完成的可行性、时效性，降低任务难度，减少操作员主动参与判断带来的误操作。自主性的评价主要包含三个方面，即操作空间、操作顺序以及操作环境。

(1) 操作空间指被操作对象的可运动空间。在任意运动状态对所有对象可运动空间进行自主分配的意义在于可以给出多机多员操作条件下各目标对象的安全运动空间包络，为路径规划提供可行域，减少或避免操作中出现碰撞。

(2) 操作顺序指完成一个总任务时多个目标对象的被操作顺序。总任务的运动分解自主性增强，使得优化操作流程、多机同时操作的可能性增加，有效降低在复杂操作空间中执行任务的操作难度。

(3) 操作环境主要指操作端所处的时延环境。多机多员存在同地/异地的不同情况，变时延、有限带宽、双向时延同时存在于多个操作端，给多机多员遥操作中的协调、操作和交互策略的制定与选择带来不少挑战。环境的自主感知，是变时延环境下连续可靠操作的重要先决条件。

具体地，从功能上对中间服务节点的调度自主性进行评价，即运行多机多员遥操作系统，并执行某一具体任务，考察系统是否具备以下几个功能。

(1) 共享操作空间的分配自主。当某个对象运动状态出现变化时，考虑其他对象遥操作端的操作空间是否随之更新。多个对象的操作空间互为约束，表现为其他对象的障碍空间。

(2) 共享操作顺序的分配自主。考虑是否能够给出不同的对象操作顺序，即多个操作流程，使得需要由多个对象共同实现的遥操作任务可实现。

(3) 共享操作环境的感知自主。设计不同遥操作端时延环境不同，并在该环境下进行多机多员遥操作实验，考察多个遥操作端预测模型的同步性。

2. 指令生成、规划自主能力评估

遥操作员进行操作时，遥操作系统需要将操作员的操作意图或指定目标进行解释，判断操作意图或路径是否安全，并进行路径规划和避障规划，将操作员意图和路径转换为现场设备可执行的指令序列，经过编码、校验、打包发送至现场设备，中间的处理过程涉及数据转换、计算、插值等多个环节。遥操作系统的指令生成、规划自主性将极大地降低遥操作员的指令操作难度，减小误操作概率。具体地，指令生成、规划自主能力主要从功能上进行评价，即运行遥操作系统，考察遥操作系统是否具备以下几个功能。

(1) 操作界面随操作模式的变化自主切换。不同操作模式下操作员所关心的数据和需要操作的选项不同，因此当操作员选定某种操作模式时，遥操作系统的操作界面应当自主变换为对应该操作模式下的操作界面，以方便操作员操作，同时也有利于界面锁定操作模式，防止误操作。

(2) 路径规划安全性自主判断。操作员输入目标或者移动方向时，遥操作系统应当能自主进行路径规划安全性判断，并给出提示。

(3) 路径规划序列自主生成。一般从当前状态运动至目标状态需要现场设备进行多步操作，因此遥操作员输入操作意图或指定目标后，遥操作系统应当将其分解为按时间顺序执行的指令序列。

(4) 指令序列编码、校验、发送自主。序列生成后，遥操作系统应当自主将其按通信格式进行编码，经过误码校验后按顺序发送至现场设备。

(5) 操作指令备份自主。为方便操作后的过程分析，操作指令应当自主备份。

3. 遥测数据处理自主能力评估

遥操作员进行操作时，遥操作系统除了将操作员的操作意图转化为现场设备可执行的控制指令，还要将现场状态和运行过程及时反馈给操作员，以方便操作员对以往操作效果进行确定，同时也方便对下一步操作进行决策。遥测数据处理包括接收、解码、校验、格式转换、分发、显示等流程，其高度自主性处理将大大减轻操作员对现场反馈信息的再处理，提高遥操作系统的处理速度。具体地，遥测数据处理自主能力主要从功能上进行评价，即运行遥操作系统，考察遥操作系统是否具备以下几个功能。

(1) 接收、解码、校验、格式转换、分发自主。遥操作系统接收遥测数据，经界面并校验后，按遥操作系统内部的数据格式进行解释和格式转换，按遥操作系统内不同单元的数据需求进行分发。

(2) 遥测图像拼接、遥测数据刷新。遥测数据经分发后，各单元将其转换为操作员所关心的遥测数据反馈，如关节角度、时延值、抓取状态等数据，并将其在屏上进行显示和刷新。目前常用的遥操作方案中，遥测数据不仅包括数值性数据，还包括现场状态的图像数据。由于整幅图像的数据量较大，传输时常将图像数据分为多包进行发送，遥操作系统接收图像数据后，应当按标识将其拼接成完整图像后上屏显示和刷新。

(3) 遥测数据备份自主。为方便操作后的过程分析，遥测数据应当自主备份。

4. 安全保护处理自主能力评估

安全保护处理是遥操作系统的必要能力之一，其自主处理能力更是遥操作系统自主性和智能性的重要体现。安全保护处理自主将极有力地消除遥操作员的操作负担和操作压力。具体地，遥操作安全保护处理的自主性主要体现在其检测/监测自主、提醒/报警自主、误操作/误码处理自主和安全性异常数据备份自主等方面。因此，其评估主要为功能性判定，即运行遥操作系统，考察遥操作系统是否具备以下几个功能。

(1) 状态监测、数据统计及刷新自主。即自主将包括遥测数据状态、内部单元交互状态、操作指令状态、操作器连接状态和链路连接状态等多个状态的实时监测结果和统计数据进行上屏刷新显示，以方便操作员掌握当前遥操作系统的工作状态。

(2) 数据纠错、误操作阻止、异常提示处理自主。检测到异常后，根据异常原因和异常特点，自主进行对应处理，如可自主处理范围内的数据纠错、误操作阻止，不可自主处理的异常状态则及时以提示方式告知操作员。

(3) 异常情况及其统计数据备份自主。为方便操作后的过程分析，异常情况及统计数据应当自主备份。

5. 时延影响消减处理自主能力评估

时延影响消减是进行遥操作任务时遥操作系统处理的核心特征，通过时延影响消减，使操作员在因大时延环境而未获取当前现场工作状态时就能预测当前情况，帮助操作员连续性地进行操作。因此，遥操作系统时延影响消减自主处理是遥操作系统自主性和智能性的重要体现方面，主要包括时延辨识自主、时延影响消减、预测自主、失配时的修正自主、遥现场模拟自主和时延影响消减的过程数据备份自主。具体地，时延影响消减处理自主能力主要从功能上进行评估，即运行遥操作系统，考察遥操作系统是否具备以下几个功能。

(1) 时延辨识自主。即自主辨识当前时延值。

(2) 时延影响消减、预测自主。即自主预测当前现场设备和现场环境状态，以达到消减大时延环境影响的目的。

(3) 失配时的修正自主。现场工作设备或现场环境会由于多种因素发生变化，可能导致遥操作系统之前的预测和消时延方法在应对变化后的情况的处理效果下降或者不适用。此时，应当自主进行适应性修正，以保证时延影响消减性能。

(4) 遥现场模拟自主。经时延影响消减和预测的现场状态数据应当形象化的展现反馈给操作员，即遥现场模拟。

(5) 时延影响消减的过程数据备份自主。为方便操作后的过程分析，时延影响消减的过程数据指令应当自主备份。

6.2.4　遥操作系统实时处理能力评估

出于对在轨空间机器人的实时操作功能的要求，实时性是空间机器人遥操作系统的重要指标，也是确保遥操作任务平滑完成的重要保障。要保证遥操作系统的实时性，主要是要减少数据处理的时间消耗。从遥操作系统工作流程的特点上可知，遥操作系统时间消耗主要集中在路径规划，虚拟场景处理，数据接收、解码、分析，图像接收、拼装、显示，操作器反应，还有预测和指令解释等环节。因此，遥操作实时性评估的主要对象也集中于上述环节，与系统主线的其他能力评估不同的是，不论是操作性、自主性、安全性和集成性，其性能特点的体现都比较丰富，而实时性评估体现比较单一，集中体现在单位时间内的处理频率。遥操作系统的实时处理能力主要体现于七项实时，即共享操作的调度实时，遥测数据处理实时，规划、指令发送实时，安全保护实时，备份实时，时延影响消减实时，遥现场模拟环境实时。以上七项实时又各自有体现方式，遥操作系统的实时处理能力评估主要从上述七项实时的表现进行。遥操作系统实时处理能力评估图如图6.5所示。

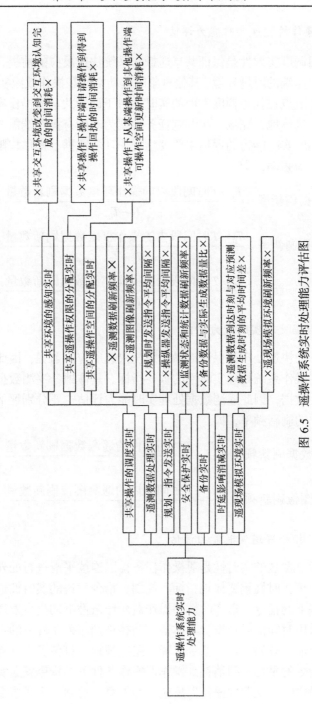

图 6.5 遥操作系统实时处理能力评估图

1. 共享操作的调度实时能力评估

多机之间调度实效性是保证共享遥操作系统快速反应的前提，任意遥操作端需要对其他操作端的时延环境、其他对象的运动空间和操作权限实时认知。因此，评价中间服务节点在任务调度方面的实时性对于评价共享遥操作实时性具有重要的代表意义。具体地，完成一次调度任务表现为对所有操作端需要的相关信息的刷新，因此调度实时能力的评估主要评估操作环境数据、操作权限数据以及操作空间数据的刷新频率，即

$$操作环境数据刷新率 = \frac{T_0 \sim T_1 时间段内的操作环境数据刷新数量}{T_1 - T_0} \times 100\% \quad (6.8)$$

$$操作权限数据刷新率 = \frac{T_0 \sim T_1 时间段内的操作权限数据刷新数量}{T_1 - T_0} \times 100\% \quad (6.9)$$

$$操作空间数据刷新率 = \frac{T_0 \sim T_1 时间段内的操作空间数据刷新数量}{T_1 - T_0} \times 100\% \quad (6.10)$$

2. 遥测数据处理实时能力评估

遥测状态的快速处理是保证遥操作系统快速反应的前提，因此遥测数据的处理实时性是遥操作系统处理实时性的重要指标。具体地，遥测数据又包括数值性数据和图像性数据，因此遥测数据处理实时能力评估主要分别评估遥测数值性数据和遥测图像的刷新频率，即

$$遥测数据刷新频率 = \frac{T_0 \sim T_1 时间段内的遥测数据刷新数量}{T_1 - T_0} \times 100\% \quad (6.11)$$

$$遥测图像刷新频率 = \frac{T_0 \sim T_1 时间段内的遥测图像刷新数量}{T_1 - T_0} \times 100\% \quad (6.12)$$

3. 规划、指令发送实时能力评估

规划、指令发送的实时性是遥操作任务得以连续平滑进行的外在要求，也是遥操作系统处理实时性重要体现指标。规划、指令发送的实时性进一步包括路径规划序列条件下的指令发送实时性和操作器操作条件下的指令发送实时性，其评价指标主要采用时间消耗长短。具体地，路径规划序列条件下的指令发送实时性评估是从指令输入开始，经过指令解释、路径规划、打包发送，直到上屏刷新显示，每百条指令的平均时间消耗。操作器操作条件下的指令发送实时性评估是在操作器持续操作时，从获取操作器反应，经解释、规划、生成指令、打包发送至上屏显示，每百条指令的平均时间消耗。

4. 安全保护实时能力评估

虽然安全保护非常重要，但如果安全保护所消耗的时间过多，会严重影响遥操作系统的实时处理。因此，安全保护实时性是遥操作系统实时性的重要体现。安全保护的内部处理时间消耗不易获得，但其监视状态的刷新频率可说明其处理速度，因此安全保护实时性能力主要从监测状态和统计数据的刷新率进行评估，即

$$监测状态和统计数据刷新频率$$
$$= \frac{T_0 \sim T_1 时间段内的监测状态和统计数据刷新数量}{T_1 - T_0} \times 100\% \tag{6.13}$$

5. 备份实时能力评估

遥操作系统进行备份处理时势必要占用系统资源，由于遥操作系统内外交互、处理数据多，数据备份如果没有足够的实时性则将影响遥操作系统的正常工作。因此，遥操作系统的备份实时性是遥操作系统实时性的组成部分。一般备份的数据越多，占用的系统处理资源越大。因此，遥操作系统实时性可用备份数据与实际生成数据的量比来衡量，即实际生成的数据有多少被备份下来：

$$备份数据与实际生成数据的量比 = \frac{一次完整操作备份数据量}{对应完整操作的实际生成数据量} \tag{6.14}$$

6. 时延影响消减实时能力评估

遥操作系统通过时延影响消减帮助遥操作员预测当前状态。如果遥操作系统的时延影响消减处理实时性不够，则预测的结果将因遥操作系统本身的时延处理的延迟而滞后，此时时延影响消减将不准确而且效果降低。因此，遥操作系统的时延影响消减实时性是整体实时性的重要体现。具体地，主要用时延影响消减的时间消耗来评估，即遥测数据接收时刻与对应预测数据上屏显示的时间差，外在体现是预测数据的刷新频率。

7. 遥现场模拟环境实时能力评估

遥现场模拟环境是帮助遥操作员直观认知现场环境和现场设备工作状态的有效方法。因此，该环境应当具备相当的流畅程度，即具备相当的实时性。具体地，主要评估遥现场模拟环境的刷新频率。

6.2.5　遥操作系统通信能力评估

遥操作系统需要通过与现场设备的信息交互才能执行遥操作任务。因此，作为现场设备的远程操作节点，遥操作系统的通信能力是保证遥操作任务成功运行

的基本纽带。通信能力的强弱，直接影响遥操作系统的实时性，包括遥操作系统与外部系统的通信和遥操作系统内部单元的通信。其能力的直接表征有内/外部通信信道带宽、内/外部通信极限码速率、误码率、丢包率等。遥操作系统通信能力评估图如图 6.6 所示。

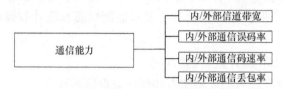

图 6.6　遥操作系统通信能力评估图

具体地，对以下数据进行统计。

(1) 内部通信信道带宽。即内部通信信道的搭建硬件综合理论带宽。

(2) 外部通信信道带宽。即外部通信信道的搭建硬件综合理论带宽。

(3) 内部通信最大码速率。即内部通信信道传输的实际速度，一般采用大文件传输的方法，记录对应个大文件传输所需的时间，重复多次(次数为 N)，取平均值，即

$$内部通信最大码速率 = \frac{\sum \dfrac{内部传输的大文件数据量}{该文件的传输时间消耗}}{N} \times 100\% \quad (6.15)$$

(4) 外部通信最大码速率。即外部通信信道传输的实际速度，一般采用大文件传输的方法，记录对应个大文件传输所需的时间，重复多次(次数为 N)，取平均值，即

$$外部通信最大码速率 = \frac{\sum \dfrac{外部传输的大文件数据量}{该文件的传输时间消耗}}{N} \times 100\% \quad (6.16)$$

(5) 内部传输误码率。在遥操作系统正常工作时的平均内部传输码速率条件下，出现误码包的数量与内部传输的数据包数量之比。一般需要长时间地运行遥操作系统，记录误码包的数量和内部传输的数据包总量，重复多次(次数为 N)，取平均值，即

$$内部传输误码率 = \frac{\left(\sum \dfrac{内部传输的误码包数量}{内部传输的数据包总量} \right) \times 100\%}{N} \quad (6.17)$$

(6) 外部传输误码率。在遥操作系统正常工作时的平均外部传输码速率条件下，出现误码包的数量与外部传输的数据包数量之比，一般需要长时间的运行遥操作系统，记录误码包的数量和外部传输的数据包总量，重复多次(次数为 N)，取

平均值，即

$$外部传输误码率 = \dfrac{\left(\sum \dfrac{外部传输的误码包数量}{外部传输的数据包总量}\right) \times 100\%}{N} \qquad (6.18)$$

(7) 内部传输丢包率。在遥操作系统正常工作时的平均内部传输码速率条件下，丢包的数量与内部传输的数据包数量之比，一般需要长时间的运行遥操作系统，记录丢包数和内部传输的数据包总量，重复多次(次数为 N)，取平均值，即

$$内部传输丢包率 = \dfrac{\left(\sum \dfrac{内部传输丢包数量}{内部传输的数据包总量}\right) \times 100\%}{N} \qquad (6.19)$$

(8) 外部传输丢包率。在遥操作系统正常工作时的平均外部传输码速率条件下，丢包的数量与外部传输的数据包数量之比。一般需要长时间地运行遥操作系统，记录丢包数和外部传输的数据包总量，重复多次(次数为 N)，取平均值，即

$$外部传输丢包率 = \dfrac{\left(\sum \dfrac{外部传输丢包数量}{外部传输的数据包总量}\right) \times 100\%}{N} \qquad (6.20)$$

6.2.6　遥操作系统人机功效、机电、电气性能评估

作为远距离现场设备和操作员的操作媒介，遥操作系统应当具备较好的人机功效。操作输入设备的选取和位置摆放、界面布局、遥操作系统的单元组成设计等，都应当围绕方便操作员迅速获取信息、快速顺手操作的原则，尽可能减少操作环节中因操作不便而引起的差错和处理延迟。同时，遥操作系统应当具备一定的机电和电气性能，一般将遥操作系统摆放在室内，需要适应的环境较为舒适。但遥操作系统集成和封装后，应当具备一定的防尘、防静电、防电磁、防震、防冲击的机电性能，同时其电气接口应当标准化，易拆卸、易组装、易运输等。遥操作系统人机功效、机电、电气性能评估主要从人机工程性能、电气环境适应及配备、机电性能、软/硬件运行稳定性、操纵器和配套设备等方面进行。遥操作系统人机功效、机电、电气性能评估图如图 6.7 所示。

1. 人机工程性能评估

人机工程性能是指遥操作系统与操作员的契合程度。通过合理的搭配和设计，使得遥操作系统与操作员完美结合，以充分发挥人的智能决策能力和机器的综合快速处理能力，顺利完成遥操作任务。人机工程性能主要体现在虚拟场景的逼真度和可观测度，界面布局、交互信息的简约性和充分性。具体从功能性来进行评价，即考察遥操作系统是否具备以下功能和特点。

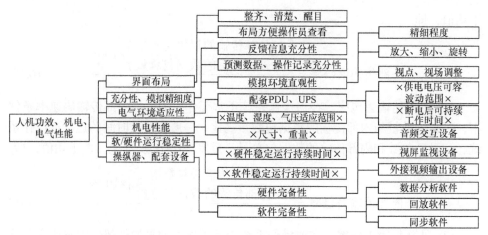

图 6.7　遥操作系统人机功效、机电、电气性能评估图

(1) 界面布局是否整齐、清楚，重点信息是否醒目。

(2) 界面布局是否方便操作员观看、查询。

(3) 操作员所需的关键反馈信息是否都有展示。

(4) 操作员所需的关键预测数据是否都有展示。

(5) 操作员所进行过的操作是否都有记录和展示。

(6) 遥现场模拟环境是否精细。

(7) 遥现场模拟环境是否具备视点、视场调整功能，是否可进行全部或局部放大等功能。

2. 电气、机电环境适应能力评估

电气环境适应能力主要是指遥操作系统对工作中的电源、气压、温度、湿度、磁场等环境的适应能力。适应能力越高，则遥操作系统工作时环境变化对其影响越小，对降低故障概率和故障排查难度意义越重要。电气环境适应能力与遥操作系统所使用的硬件设备相关，为确保遥操作系统在电流波动、意外断电的情况下能够保持工作稳定并维持短时间供电，需要配备较稳定的电源管理设备，如电源分配器(power distribution unit，PDU)和不间断电源(uninterruptible power supplies，UPS)。为使遥操作系统具备一定的电磁屏蔽和保护的功能，遥操作系统封装应当内置于带电磁屏蔽功能的工作台内。遥操作系统的工作场地一般在温度、湿度、气压相对适宜的室内，因此主要的电气环境适应能力体现在其对电气和磁场环境变化的适应性。具体地，主要靠考察硬件设备的工作环境适应范围，是否配备电源稳定管理设备和紧急供电设备，以及遥操作系统的电磁屏蔽能力。

(1) 工作温度范围：$T_{\min} \sim T_{\max}$ ℃。

(2) 工作湿度范围：$\rho w_{\min} \sim \rho w_{\max}$ g/m^3。

(3) 工作气压范围：$P_{min} \sim P_{max}$ Pa。

(4) 尺寸、重量。

(5) PDU 电源管理设备是否配备，UPS 不断电电源系统是否配备。

(6) 遥操作系统封装内外电磁强度比值。

3. 软/硬件运行稳定性评估

软/硬件运行稳定性是遥操作系统可靠性的重要保障。当遥操作系统完成软件开发和硬件集成后，需要大量的时间测试软件以修正漏洞，同时需细致地检查硬件和连接的牢固性，一旦遥操作系统软/硬件运行出现问题，对任务执行将带来灾难性的后果。软/硬件运行稳定性与遥操作系统硬件配置、集成情况、遥操作系统软件集成情况相关，其主要的评估标准就是遥操作系统软件稳定运行的持续时间和硬件运行的持续时间。具体地，测定遥操作系统软件/硬件持续稳定运行时间，即通过多次持续性地运行遥操作系统，测定其软件和硬件稳定运行时间。在运行过程中，应当抽查式地进行操作，充分检查软件运行漏洞。

4. 操纵器、配套设备完备性评估

操纵器是遥操作员进行主从式交互遥操作任务时的操作媒介。因此，该操作器是否有用、合用、有效对遥操作任务的顺利进行有重大影响。除遥操作系统任务需求必备的主体部分外，围绕遥操作系统服务而配套的软件、硬件对遥操作系统有支撑作用。就软件而言，除遥操作系统程序外，配套主要软件可能有数据分析软件、工作回放软件、时间同步软件、工作状态分析软件、商用绘图软件。就硬件而言，可能有高稳定性的 PDU、大容量大功率的 UPS、工作台、麦克风、音响或耳机、视屏监视设备、外部投影设备等。因此，评估主要从操纵器、软件、硬件配套设施是否合理、完备来进行，即考察遥操作系统的操纵器和遥操作系统的配套软件、硬件。

(1) 操纵器控制能力是否能完全涵盖遥操作主从操作需求。

(2) 操纵器控制是否符合人体习惯，操作手感是否舒适。

(3) 是否具备音频交互设备，以方便指挥员与遥操作员之间的沟通。

(4) 是否具备视屏监视设备和外接视屏输出设备，以方便指挥员关注性地了解进程。

(5) 是否配备有数据分析软件或遥操作系统软件具备该功能。

(6) 是否配备回放软件或遥操作系统软件具备该功能。

(7) 是否配备时间同步软件或遥操作系统软件具备该功能。

6.2.7　遥操作系统时延影响消减能力评估

遥操作系统的远程操作特点，无论是空间跨度或者是多次转发、调度、处理，

都决定了操作中存在大时延问题。这一方面使得操作员的操作意图不能立即在现场设备中反映，另一方面使得现场状态不能立即反馈给操作员，这势必会给操作员带来心理压力。因此，时延影响消减是遥操作系统所必须具备的重要能力。时延影响消减能力的主要体现是时延辨识精度和消时延处理后的预测状态与真实状态的相对误差值。时延辨识精度越高，消时延后预测误差越小，说明时延影响消减和预测能力越高。误差值可进一步分为不同恒定时延情况下的相对误差、变时延条件下的波动相对误差、预测模型失配条件下的误差及其收敛速度等。不同恒定时延情况下的相对误差评估的是遥操作系统在不同时延大小环境下的时延影响消减能力；变时延条件下的波动相对误差评估的是遥操作系统在面对时延环境变化情况下的时延影响消减稳定性；预测模型失配条件下的误差及其收敛速度评估的是消时延方法对模型误差的鲁棒性。遥操作系统时延影响消减能力评估图如图 6.8 所示。

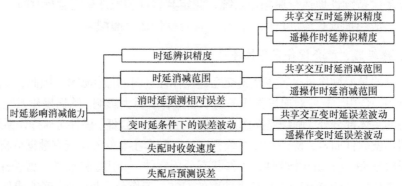

图 6.8　遥操作系统时延影响消减能力评估图

1. 时延辨识能力评估

时延辨识是时延影响消减的第一步，只有精确辨识时延值的大小，才能准确进行时延影响的消减和预测。遥操作过程中，时延环境可能由于多种因素发生变动，因此时延辨识是保障时延影响消减能力的重要体现。多机多员共享遥操作中，多个遥操作端之间可能存在共享交互时延，对共享交互时延的精确辨识是多个遥操作端协同完成操作任务的重要前提条件。具体地，记录每个遥操作端每包遥测数据的发送时刻和该数据的接收时刻。对于交互时延，对比遥操作系统辨识的交互时延值与实际不同操作端发送数据时刻的时间差值。对于其中单个遥操作回路，对比遥操作系统辨识的对应该包数据的时延值，进行持续记录、对比，取平均值。以双员异地共享遥操作为例，即

共享交互时延辨识精度

$$= \text{mean}\left(\frac{\text{交互时延辨识结果}}{\text{操作端1数据包发出时刻} - \text{操作端2数据包发出时刻}}\right) \times 100\% \quad (6.21)$$

$$\text{时延辨识精度} = \text{mean}\left(\frac{\text{时延辨识结果}}{\text{数据包接收时刻} - \text{数据包发出时刻}}\right) \times 100\% \quad (6.22)$$

式中，mean(*) 是对*求平均值。

2. 时延影响消减范围和时延影响消减后的预测误差评估

时延影响消减范围是指遥操作系统在满足消时延后预测精度的前提下，可以克服的时延环境范围。范围越大，遥操作系统的时延影响消减能力显然越强。时延消减后的预测误差即预测精度，误差越小，时延影响消减能力越强。在时延值固定的大时延环境下，针对不同的时延当量，测算其对应的预测相对误差，一般采用的固定时延值有 2s、5s、7s、10s、15s、20s 等，以此作为单回路时延消减范围允许值。对于共享遥操作系统，多个遥操作端的固定时延值之间的差值作为交互时延消减范围允许值。由于遥操作系统要对现场对象、环境、设备状态等多个状态进行预测，因此各时延值对应的预测相对误差并不仅是一个值，而是对应于各关键预测状态的表格，如多个关节角的角度预测相对误差、空间机器人本体姿态预测相对误差、操作对象姿态的预测相对误差、空间机器人与操作对象间的相对位姿的预测相对误差等。误差记录时需记录某段操作过程的均值，还需要进行不同操作内容多次(次数为 N)，再进行平均化处理，即

某状态的预测相对误差

$$= \frac{\sum \text{mean}(\text{某时刻该状态的状态值} - \text{该时刻该状态的对应预测状态值})}{N} \times 100\%$$

$$(6.23)$$

式中，mean(*) 是对*求平均值。

3. 变时延条件下的误差波动范围评估

变时延条件对遥操作系统的时延预测精度不可避免地会有影响。变时延条件下的误差波动范围实际上体现了遥操作系统的时延影响消减方法在时延环境变化情况下的应对能力和稳定性。在不同时延变化的条件下(阶跃变化、慢速变化、快速变化，变化幅度一般取原时延当量的 15%以上)，遥操作系统预测相对误差与该时延当量恒定的时延环境下的预测相对误差的波动范围，包括多个共享端的交互时延误差波动以及单个遥操作回路的误差波动。其中，共享交互时延和单回路时延误差波动的评估分别如下：

交互时延误差波动范围

$$= \frac{交互时延变化的预测相对误差 - 对应时延当量且恒定时延的预测相对误差}{对应时延当量且恒定时延的预测相对误差}$$

$$\times 100\%$$

$$(6.24)$$

误差波动范围

$$= \frac{时延变化的预测相对误差 - 对应时延当量且恒定时延的预测相对误差}{对应时延当量且恒定时延的预测相对误差} \times 100\%$$

$$(6.25)$$

4. 预测模型失配条件下的误差及其收敛速度评估

遥操作系统所建立的预测模型与工程上的实际模型一般存在误差,模型误差的大小将直接决定遥操作系统能否精确地预测现场状态。当模型误差相对较小时,遥操作系统的预测精度可满足遥操作任务要求,但是如果由于失配造成预测模型与实际情况相差甚远时,预测精度将不能保障,此时遥操作系统当对预测模型或时延影响消减及预测方法作适应性修正。模型失配后,预测误差会有所变化,直到适应性修正完成后,才会逐步收敛。因此,预测模型失配条件下的误差及其收敛速度反映了消时延方法对模型误差的鲁棒性。具体地,在模型失配(失配幅度一般取15%~30%)条件下,测出遥操作系统预测相对误差波动值和误差收敛时间消耗。

6.2.8 遥操作系统备份、分析、复现、时间同步能力评估

遥操作系统在完成遥操作任务的同时,还应当具备过程记录、过程再现、配套的数据分析能力,以方便事后对遥操作任务和流程的分析、处理、优化,并积累相关的操作经验。遥操作系统一般由多个节点构成,再加之时延影响消减的重要性,因此遥操作系统内部和遥操作系统与外部系统间需要有统一的时标,这要求遥操作系统应当具备相当精度的时间同步能力。遥操作备份、分析、复现、时间同步能力评估图如图 6.9 所示。

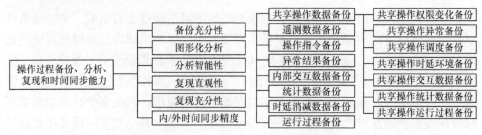

图 6.9 遥操作备份、分析、复现、时间同步能力评估图

1. 备份充分性评估

遥操作系统若要对遥操作过程进行分析或回放，首先要对操作过程的各种数据进行备份，备份数据越充分，可处理性越强，越有利于了解遥操作任务和遥操作系统的工作能力。备份内容包括遥测数据和图像、操作指令、异常检测及处理结果、内部交互数据、统计数据、预测数据、运行过程的遥操作系统随时间推移的反应等。因此，遥操作系统备份充分性主要从上述几点进行评估。具体地，主要从功能性进行评估，即考察遥操作系统备份数据中是否包含以下数据。

(1) 共享操作数据。包括共享操作权限变化备份、共享操作异常备份、共享操作调度备份、共享操作时延环境备份、共享操作交互数据备份、共享操作统计数据备份、共享操作运行过程备份。

(2) 遥测数据。包括数值性数据和图像性数据。

(3) 操作指令。包括遥操作系统在各操作模式下发出的操作指令序列和设定指令。

(4) 异常检测及处理结果。如异常数量、发生时刻、原因、处理结果等。

(5) 内部交互数据。即遥操作系统内部单元之间交互的数据。

(6) 统计数据。即遥操作系统运行的数据统计，如接收数据包数、数据量、发送指令条数、实时码速率、平均码速率等。

(7) 时延影响消减相关数据、预测数据。如即时时延值、平均时延值、预测数据、相关时延影响消减的中间量变化等。

(8) 遥操作系统运行过程。复现用的遥操作系统运行过程的全记录。

2. 图形化、智能化分析能力评估

由于遥操作系统处理的数据量大、数据种类多、分析内容广，因此遥操作系统数据的分析应当具备一定的选择性和智能性，分析人员可根据自己感兴趣的分析内容对备份的数据进行再处理和选择。同时，为了将分析结果直观地展现和反馈，分析应当具备图形化的功能。总之，分析的图形化和智能化将对遥操作系统事后分析工作起重要的支持作用。具体地，主要从功能性进行评估，即考察遥操作系统事后分析是否具备以下功能。

(1) 大文件读取和分析功能。由于遥操作数据量大，运行时间较长，备份的数据文件容易占用较大的存储空间，因此应当具备大文件读取和分析能力。

(2) 可选择性的分析功能。

(3) 对比式、图形化的数据分析结果展示功能。

3. 复现直观性、充分性、可控性评估

复现主要目的是让分析人员直观地了解到遥操作系统在进行遥操作任务过程

中的各项反应,同时也方便分析人员查看遥操作员对所进行的动作,定位原因等。因此,遥操作系统复现应当具备直观性、充分性和可控性要素。具体地,主要从功能性进行评估,即考察遥操作系统的复现是否具有以下功能。

(1) 直观展现功能。遥操作系统复现时应当以图形化复现方式再现遥操作过程。

(2) 复现过程中的信息充分性。再现过程中,遥操作的遥测数据、遥测图像、发送指令、操作设定、状态变化、虚拟场景演化等信息均应当能够体现。

(3) 复现过程可控性。指在进行回放时,分析人员可以根据所要分析的重点,对再现过程进行加速、减速、跳过、跳至等操作,以节省分析时间,提高分析效率。

4. 内/外时间同步能力评估

由于遥操作系统一般由多个节点构成,再加之消减时延影响的评判需要,遥操作系统内部和遥操作系统与外部系统间应当具有统一的时标。时间同步的主要体现是同步精度,包括遥操作系统与外部系统的时间同步精度和遥操作系统内部单元的时间同步精度,评估也主要依此进行。具体地,即考察遥操作系统与外部系统的时间同步精度和遥操作系统内部的时间同步精度。

6.2.9　共享操作的同步性评估

共享操作具有多操作端、多操作对象的特点:第一,参与决策、操作、监视的不同节点之间必须具备同步性,否则信息的滞后会提供错误的对象状态信息,使得依此进行的运动规划发生错误,共享遥操作面临失败的风险;第二,不同操作端中基于对象模型的预报也需要具备同步性,以避免多操作端之间的指令基准时间发生冲突;第三,对象对操作指令的响应也需具备同步性,特别是多对象同时操作时,同步性是决定协同任务是否顺利完成的关键性因素。共享操作同步性的评估图如图 6.10 所示。

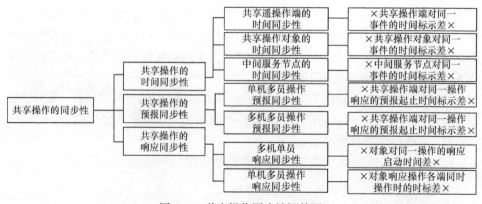

图 6.10　共享操作同步性评估图

1. 共享操作的时间同步性评估

共享操作的时间同步性在于处于遥操作回路的各操作端、被操作的各个目标对象以及处理信息交换处理环节的公共服务节点之间时间必须同步。所有节点满足基准时间同步的条件后，才能对操作端操作过程中的事件响应进行正确的时间标示，并在此基础上进行精确的回路时延、共享时延等的判断与消减。具体地，设计固定可知的回路时延、共享交互时延，以一个操作端时间为同步基准，设计测试实验事件(数据包接收)，记录该事件分别经过各操作端节点、中间服务节点、操作对象节点的时刻，与节点间可测时延进行对比。

(1) 共享端时间同步性，即

共享端时间同步差

$$=\left(\text{操作端}i\text{收到数据时刻}-\text{操作端1发出数据时刻}\right)-\text{对应时延}, \quad i=2,3,\cdots \tag{6.26}$$

(2) 对象端时间同步性，即

对象端时间同步差

$$=\left(\text{对象}i\text{收到数据时刻}-\text{操作端1发出数据时刻}\right)-\text{对应时延}, \quad i=2,3,\cdots \tag{6.27}$$

(3) 中间服务节点时间同步性，即

中间服务节点时间同步差

$$=\left(\text{中间服务节点收到数据时刻}-\text{操作端1 发出数据时刻}\right)-\text{对应时延} \tag{6.28}$$

2. 共享操作的预报同步性评估

多个遥操作节点同时存在时，由于时延的存在，各个遥操作节点对于对象的操作响应是不可提前获知的，只能通过预报的方式进行超前预报，对象对于操作响应具备一对一的唯一性。因此，客观上要求共享遥操作各个节点对于对象的预报也应从时间和行为上同步。时间上的同步与否可以量化评估，行为上的同步由预测模型是否相同决定。具体地，设计测试实验，以遥操作端 1 的时间为基准比较时间，记录各个共享操作端对于同一个操作进行预报仿真的起止时间，与可测的时延进行对比。

(1) 单机多员操作预报同步性。分别考虑开始时间差与结束时间差，即

$$\begin{cases} \text{预报时间差} \\ =\left(\text{操作端}i\text{预仿真开始时刻}-\text{操作端1预仿真开始时刻}\right)-\text{对应时延}, \quad i=2,3,\cdots \\ \text{预报时间差} \\ =\left(\text{操作端}i\text{预仿真结束时刻}-\text{操作端1预仿真结束时刻}\right)-\text{对应时延}, \quad i=2,3,\cdots \end{cases}$$

$$\tag{6.29}$$

(2) 多机多员操作预报同步性。同样分别考虑开始时间差与结束时间差，即

$$
\begin{cases}
\text{预报时间差} \\
=(\text{操作端}i\text{预仿真开始时刻}-\text{操作端}1\text{预仿真开始时刻})-\text{对应时延}, \quad i=2,3,\cdots \\
\text{预报时间差} \\
=(\text{操作端}i\text{预仿真结束时刻}-\text{操作端}1\text{预仿真结束时刻})-\text{对应时延}, \quad i=2,3,\cdots
\end{cases}
$$

$$(6.30)$$

3. 共享操作的响应同步性评估

仅当多对象存在时，操作响应的同步性评估才有意义。对于同构型的多对象，不管处于同地还是异地，可能出现的共享操作方式为多机单员，此时需要判断多对象对相同的操作指令是否可以做出同步的响应。对于不同构型的多对象协同完成任务，对其响应同步性的评估仅存在于同时操作模式，较高的同步性使得协同工作的多个对象能够完成预期的配合任务。具体地，设计测试实验，记录目标对象对操作的响应时刻，多机单员操作模式下，多对象同步性由不同对象对同一操作的响应时间差评估；多机多员同时操作模式下，多对象同步性由不同对象对不同操作端的同时操作响应的时间差评估。

(1) 多机单员操作响应同步性，即

$$
\begin{aligned}
&\text{多机单员操作响应时间差} \\
&= \text{对象}i\text{响应时刻} - \text{对象}1\text{响应时刻}, \quad i=2,3,\cdots
\end{aligned}
$$

$$(6.31)$$

(2) 多机多员操作响应同步性，即

$$
\begin{aligned}
&\text{多机多员操作响应时间差} \\
&= \text{对象}i\text{响应时刻} - \text{对象}1\text{响应时刻}, \quad i=2,3,\cdots
\end{aligned}
$$

$$(6.32)$$

6.2.10　共享操作的差异容忍性评估

共享遥操作的优势在于可以利用多个操作端来提升遥操作可靠性效用，但各操作端在设计之初天然存在差异性，并且随着使用过程中不断适应新的目标对象、执行更多的操作任务，这种差异将愈加明显。在共享操作过程中，任务目标一致要求不同的遥操作端具备相同的功能与接口，在此基础上才能实现有效的信息共享与融合。因此，对共享操作的差异容忍性提出了评估需求，主要包括结构差异容忍与功能差异容忍两方面。共享遥操作的差异容忍性评估如图 6.11 所示。

1. 共享操作端的异构性评估

操作端虽然在结构设计上可以有所不同，但必须保证遥操作功能的基本结构

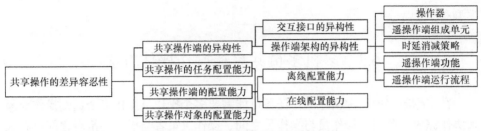

图 6.11 共享遥操作的差异容忍性评估

设计。通过评估其结构设计的存在性，可以给出操作端功能是否具备的基本评价结果。不管操作端如何设计，其与远端被操作对象的输入输出软、硬和数据接口是否相同，决定了共享操作交互过程的难易程度。具体地，分析操作系统结构设计，评估基本功能结构单元/模块是否存在。

(1) 交互接口的异构性。对比各操作端与操作对象的输入输出软、硬和数据接口，各种操作模式和操作指令的格式。

(2) 操作端架构的异构性。对比各操作端功能单元架构设计，包括操作器、遥操作端组成单元、时延消减策略、遥操作端功能、遥操作端运行流程。

2. 共享操作的任务配置能力评估

通过共享任务配置能力评估分析，可以对操作端是否可用于共享操作，以及可选的共享操作任务配置范围进行明确认知，以便提出共享需要时，对不同的操作端进行合理的操作权限分配。具体地，主要从功能上进行评估，即考察操作端是否具备离线或在线的共享操作任务配置能力，以及可以配置的任务种类(单员/多员，单机/多机)。

3. 共享操作端的配置能力评估

通过任务配置能力评估分析，可以对操作端的任务配置范围进行明确认知，以便提出共享需要时，对不同的操作端进行合理的操作权限分配。具体地，主要从功能上进行评估，考察操作端是否具备离线或在线的方式进行任务配置的能力，以及可以配置的任务模式种类(自主/监视操作模式、宏指令操作模式、预编程操作模式、主从操作模式)。

4. 共享操作端的操作对象配量能力评估

通过操作对象的配置能力评估分析，对操作端可以参与操作的目标对象进行明确认知，以便提出共享需求时，对不同的操作端进行合理的操作权限分配。具体地，主要从功能上进行评价，即考察操作端是否具备离线或在线的方式进行对异性配置的能力，以及可以配置的目标对象的种类，即操作端具备的对象模型种类。

6.3　多机多员共享遥操作评估方法

在实际应用中，一项遥操作任务可能需要多个操作员操作多个远端操作对象来协作完成。此时，操作员与操作员之间、操作决策者与操作决策者之间存在共享遥操作技术问题，所有操作员需在操作决策者的指挥下，协同完成遥操作任务。各操作端之间的协同运行可靠性、各操作员之间的集同决策和协同操作能力及不同地域的操控决策能力等都是影响操作对象的操控效用、操控灵活性及遥操作任务安全性等的关键因素。因此，建立一套多操作端操作多操作对象的通用性评估方法，对复杂系统和多操作对象实现协同操作具有极其重要指导意义。具体地，针对多机多员共享遥操作，即 $N(N>1$，且 N 为整数)对象对 $M(M \neq N$，且 M 为整数)操作端的情况，其评估流程有以下几个步骤[64,65]。

(1) 从已有计划任务列表中，载入一项遥操作任务。针对该次任务，按照操作端及操作对象的数量将任务完成方式分为四种，即方式 1(单机单员操作模式)、方式 2(多机单员操作模式)、方式 3(单机多员操作模式)、方式 4(多机多员操作模式)。

(2) 分组，即划分操作端组和操作对象组。具体地，根据步骤(1)中载入的第 $i(i = 1,2,\cdots,R$，R 是获得的遥操作任务有效数据的总个数)个遥操作任务的操作流程，同时结合所有操作端和操作对象的实际情况，将所有操作端和所有操作对象分别划分为 $v_i(v_i \geqslant 1)$ 组，且每个操作端组都有与其对应的一个操作对象组。其中将划分在一个组的所有操作端称为一个操作端组，将划分在一个组的所有操作对象称为一个操作对象组。进一步将这些存在对应关系的 v_i 组操作端组和 v_i 组操作对象组归类为 $w_i(w_i \geqslant 0)$ 组方式 1(即操作端组包含 1 个操作端，操作对象组包含 1 个操作对象)、$x_i(x_i \geqslant 0)$ 组方式 2(即操作端组包含 1 个操作端，操作对象组包含 $n_1(n_1 > 1)$ 个操作对象)，$y_i(y_i \geqslant 0)$ 组方式 3(即操作端组包含 $m_1(m_1 > 1)$ 个操作端，操作对象组包含 1 个操作对象)，$z_i(z \geqslant 0)$ 组方式 4(即操作端组包含 $m_1(m_1 > 1)$ 个操作端，操作对象组包含 $n_1(n_1 > 1)$ 个操作对象)，且 $v_i = w_i+x_i+y_i+z_i$。其中，分组时，根据 5.4 节的共享遥操作方法，将 M 个操作端中的操作同一个操作对象的各操作端划分在一个方式组中，将由同一个操作端操作的各操作对象划分在一个方式组中，即 M 个操作端中的某个操作端可能会被划分到多个方式组中，而 N 个操作对象中的任何操作对象只能被划分到一个方式组中。

(3) 获取各组相应的任务完整数据。在未成功或部分完成步骤(1)中载入的遥操作任务时，获取各组不完整的任务数据，仍认为获取的数据是有效任务数据，可用作后续步骤中的评估数据。

(4) 分组评估。具体地，对于单机单员操作模式，从操作模式对遥操作任务的覆盖能力，安全保护能力，自主能力和智能性，实时处理能力，通信能力，人机功效，机电和电气性能，时延影响消减能力以及备份、分析、复现和时间同步能力八项能力进行评估。按照 6.2 节中讲述的能力评估策略，可以得出单机单员操作模式的普适性评估内容和评估项目。共享遥操作评估综合项目表如表 6.1 所示。

表 6.1 共享遥操作评估综合项目表

评估能力	评估内容	评估项目及其表征
操作模式对遥操作任务的覆盖能力 [1,2,3,4]	遥操作系统具备的共享操作能力评估 [2,3,4]	○是否具备多机单员共享操作模式 [2,4] ○是否具备单机多员共享操作模式 [3,4] ○是否具备多机多员共享操作模式 [4]
	操作模式涵盖能力(可按对应模式正常运行的条件下) [1,2,3,4]	○是否具备自主/监视操作模式 [1,2,3,4] ○是否具备宏指令操作模式 [1,2,3,4] ○是否具备预编程操作模式 [1,2,3,4] ○是否具备主从(交互)操作模式(数值、操纵器) [1,2,3,4]
	操作模式启动、停止、切换能力 [1,2,3,4]	○在任意操作模式下，是否可以立即终止 [1,2,3,4] ○无操作时，是否可以启用任一种操作模式 [1,2,3,4] ○在任意操作模式下，是否可以切换至其他任一种操作模式 [1,2,3,4] **操作模式启动、终止、切换消耗时间 [1,2,3,4]
现场设备、遥操作任务和遥操作系统的安全保护能力 [1,2,3,4]	共享操作权限保护能力 [2,3,4]	1. 多机单员共享权限 ○分时操作多个操作对象时，操作权限可以在不同操作对象进行交替 [2,4] **可分时操作的操作对象上限数 [2,4] ○同时操作多个操作对象时，多个操作对象可以响应同一操作 [2,4] **可同时操作的操作对象上限数 [2,4] 2. 单机多员共享权限 ○分时操作时，操作权限可以在不同操作端进行交替 [3,4] **可分时参与操作的操作端上限数 [3,4] ○同时操作时，多操作端都具有权限，但权重分配可以不同 [3,4] **可分时参与操作的操作端上限数 [3,4] 3. 多机多员共享权限 ○分时操作时，同一时刻有且仅有一个目标对象处于被操作状态，其对应的操作端具有操作权限，其他操作端只有监视权限 [4] **可分时参与操作的操作端上限数 [4] ○同时操作时，同一时刻可以有多个目标处于被操作状态，但操作端可以对不属于本身操作目标的对象提出紧急操作申请并获得急停权限 [4] **可同时参与操作的操作端上限数 [4]
	状态检测能力 [1,2,3,4]	1. 监测涵盖范围 ○链路连接状态 [1,2,3,4] ○遥测数据包丢包、误码统计 [1,2,3,4] ○各种数据的交互量、码速率、时间 [1,2,3,4] ○操作指令超界、超速、误码 [1,2,3,4] ○操作器连接状态 [1,2,3,4] 2. 操作提示 ○每步操作提示、操作记录显示 [1,2,3,4] ○检测异常提示 [1,2,3,4] 3. **漏检率 [1,2,3,4]

续表

评估能力	评估内容	评估项目及其表征
现场设备、遥操作任务和遥操作系统的安全保护能力 [1,2,3,4]	硬件保护能力 [1,2,3,4]	1. 供电保护 **可容供电电压波动范围 [1,2,3,4] ○是否具有断电保护防护 [1,2,3,4] **断电后可持续运行时间 [1,2,3,4] 2. 通信保护 ○是否具备备用信道 [1,2,3,4] **备用信道切换耗时 [1,2,3,4] 3. 其他保护 ○是否具有一定防尘能力 [1,2,3,4] ○是否具有一定抗震能力 [1,2,3,4] ○是否具有一定防静电能力 [1,2,3,4] ○是否具有一定防电磁干扰能力 [1,2,3,4]
	误码校验、纠/容错能力 [1,2,3,4]	**正常工作前提下，可容忍遥测数据异常率 [1,2,3,4] **误指令发送率 [1,2,3,4]
	紧急干预能力 [1,2,3,4]	○是否具有紧急停止功能 [1,2,3,4] ○是否具有应急操作功能 [1,2,3,4] **紧急干预模式切换耗时 [1,2,3,4]
	误操作阻止能力 [1,2,3,4]	1. 软件阻止能力 ○是否具有锁定某一操作模式的能力 [1,2,3,4] ○操作指令超限、超速、错误提示后是否自主阻止 [1,2,3,4] ○操作器是否具备软件使能、软件平滑能力 [1,2,3,4] 2. 硬件阻止能力 ○是否具有操作器使能装置 [1,2,3,4] ○是否具有操作器防抖装置 [1,2,3,4]
	快速恢复能力 [1,2,3,4]	1. 快速恢复可应对情况 ○通信信道断路(包括外部信道和内部交互信道) [1,2,3,4] ○断电(包括整体断电或者局部单元断电) [1,2,3,4] ○操作器离线(包括其他操作设备) [1,2,3,4] ○数据混乱，无法匹配 [1,2,3,4] ○整体或局部单元超载，死机 [1,2,3,4] 2. 快速恢复耗时 **通信信道断路恢复耗时 [1,2,3,4] **断电恢复耗时 [1,2,3,4] **操作器离线恢复耗时 [1,2,3,4] **数据混乱恢复耗时 [1,2,3,4] **体或局部单元超载，死机恢复耗时 [1,2,3,4]
	预防式模拟能力 [1,2,3,4]	○是否具备预演化模拟功能 [1,2,3,4] ○是否具备加速演化和减速演化功能 [1,2,3,4] **预演化模拟与实际演化过程的误差峰值和均值 [1,2,3,4]

续表

评估能力	评估内容	评估项目及其表征
遥操作系统自主能力、智能性[1,2,3,4]	指令生成、路径规划自主[1,2,3,4]	○操作界面、指令生成流程自主随不同操作模式对应变换[1,2,3,4] ○路径规划安全性判断自主[1,2,3,4] ○路径规划序列生成自主[1,2,3,4] ○误操作判断、路径规划调用、指令排序、顺序打包编码、校验纠错、顺序发送自主[1,2,3,4] ○操作指令备份自主[1,2,3,4]
	指令处理自主[3,4]	○操控指令安全性检测自主[3,4] ○操作端对来自中间服务节点的各操作对象的状态接收自主[4] ○操作端对各操作对象的在线状态构建自主[4] ○操作端对其对应操作对象隔离区域设置自主[4] ○对汇聚在主操作端处的来自各操作端的操作指令进行发送处理自主[3,4] ○操作端对操作对象的异常操控指令处理自主[3,4] ○主操作端对多个操作端同时发来操作请求处理自主[3,4] ○主操作端对具有相同执行时间的操控指令发送处理自主[3,4] ○主操作端将操控指令传输至对应操作对象和其他各操作端的自主[3,4]
	遥测数据处理自主[1,2,3,4]	○遥测数据接收、解码、校验、格式转换、图像拼接自主[1,2,3,4] ○遥测数据、遥测图像显示、刷新自主[1,2,3,4] ○遥测数据备份自主[1,2,3,4]
	安全保护自主[1,2,3,4]	○状态监视、数据统计及其显示刷新自主[1,2,3,4] ○数据纠错、误操作阻止、异常提示、操作记录自主[1,2,3,4] ○异常、统计数据备份自主[1,2,3,4]
	时延影响消减自主[1,2,3,4]	○操作端本地存储的各传输时延维护自主[3,4] ○时延辨识自主[1,2,3,4] ○时延影响消减及预测自主[1,2,3,4] ○失配修正自主[1,2,3,4] ○遥现场模拟自主[1,2,3,4] ○消时延相关记录自主[1,2,3,4]
	智能性[3,4]	○确定主操作端后,主操作端是否具备划分除主操作端之外的各操作端为辅/观测操作端的能力[3,4] ○主操作端是否具备处理多个操作端同时发来操控请求的能力[3,4] **主操作端可同时处理操控请求的上限数[3,4] **可参与操控的操作端上限数[3,4] **各操作端操控操作对象的操作时间间隔[3,4] ○操作端具备展现其对应的操作对象在相应执行时间的状态[3,4] ○操作端对操作对象的在线状态修正自主[4]
遥操作系统实时处理能力[1,2,3,4]	遥测数据处理实时性[1,2,3,4]	**遥测数据刷新频率[1,2,3,4] **遥测图像刷新频率[1,2,3,4]
	规划、指令发送实时性[1,2,3,4]	**饱和规划情况下,操作指令经解释、调用路径规划、校验、打包发送和上屏刷新的指令平均时间消耗[1] **操作器持续控制情况下,操作指令经解释、调用路径规划、校验、打包发送和上屏刷新的指令平均时间消耗[1]
	备份实时[1,2,3,4]	**备份数据与实际生成数据量比[1]

续表

评估能力	评估内容	评估项目及其表征
遥操作系统实时处理能力 [1,2,3,4]	遥现场模拟环境实时 [1,2,3,4]	**遥现场模拟环境刷新频率 [1,2,3,4] **各操作端呈现操作对象当前时刻状态的刷新频率 [3,4]
	时延影响消减实时性 [1,2,3,4]	**遥测数据到达时刻与对应预测数据生成时刻的平均时间差 [1,2,3,4]
	传输时延维护实时 [3,4]	**操作端本地存储的与操作对象的传输时延刷新频率 [3,4] **各操作端本地存储的与其他操作端的传输时延刷新频率 [3,4]
通信能力 [1,2,3,4]	信道带宽 [1,2,3,4]	**遥操作系统与外部通信信道带宽 [1,2,3,4] **操作端内部单元间通信信道带宽 [1,2,3,4] **操作端与操作对象通信信道带宽 [3,4] **操作端之间通信信道带宽 [3,4]
	误码率、丢包率 [1,2,3,4]	**遥操作系统与外部交互误码率、丢包率 [1,2,3,4] **操作端内部单元交互误码率、丢包率 [1,2,3,4] **操作端与操作对象交互误码率、丢包率 [3,4] **操作端之间交互误码率、丢包率 [3,4]
	码速率 [1,2,3,4]	**遥操作系统与外部交互的饱和码速率 [1,2,3,4] **操作端内部通信饱和码速率 [1,2,3,4] **操作端与操作对象交互的饱和码速率 [3,4] **操作端之间交互饱和码速率 [3,4]
人机功效、机电和电气性能 [1,2,3,4]	界面布局 [1,2,3,4]	○界面布局是否整齐、清楚、醒目 [1,2,3,4] ○是否方便操作员查看 [1,2,3,4]
	操纵器、配套设备 [1,2,3,4]	1. 操纵器型号、配套设备 ○是否配备 PDU、UPS、工作台，音频交互设备、视屏监视设备，外接投影设备 [1,2,3,4] 2. 配套软件 ○数据分析软件、回放软件、时间同步软件 [1,2,3,4]
	数据充分性、模拟环境精细度 [1,2,3,4]	○反馈给操作员的遥测数据是否充分 [1,2,3,4] ○操作记录、预测数据是否充分 [1,2,3,4] ○模拟环境是否直观，精细程度，是否可调整观察视点，是否可放大、缩小 [1,2,3,4]
	电气环境适应性、机电环境 [1,2,3,4]	1. 电气环境 ○是否配备 PDU [1,2,3,4] **可容忍供电电源波动范围 [1,2,3,4] ○是否配备 UPS [1,2,3,4] **断电后可持续工作时间 [1,2,3,4] 2. 机电性能 **适应温度范围 [1,2,3,4] **适应气压范围 [1,2,3,4] **尺寸、重量 [1,2,3,4] **适应湿度范围 [1,2,3,4]
	软/硬件运行稳定性 [1,2,3,4]	**集成后遥操作系统硬件稳定运行持续时间 [1,2,3,4] **集成后遥操作系统软件稳定运行持续时间 [1,2,3,4]

续表

评估能力	评估内容	评估项目及其表征
时延影响消减能力 [1,2,3,4]	时延影响消减、预测、修正能力 [1,2,3,4]	**辨识时延与实际时延的误差 [1,2,3,4] **共享交互时延辨识精度 [2,3,4]
		**可消减影响的时延范围 [1,2,3,4] **共享交互时延消减范围 [2,3,4]
		**变时延条件下的消时延后预测数据与实际数据的相对误差 [1,2,3,4] **交互时延变化的预测数据与实际数据的相对误差 [2,3,4]
		**模型失配后的修正收敛速度 [1,2,3,4]
		**模型失配后的消时延后预测数据与实际数据的相对误差 [1,2,3,4]
		**消时延后预测数据与实际数据的相对误差 [1,2,3,4]
备份、分析、复现和时间同步能力 [1,2,3,4]	数据分析能力 [1,2,3,4]	○数据能否对比式、图形化分析 [1,2,3,4] ○数据分析范围：指令与响应；消时延后预测与实测；时延辨识情况；安全性；实时性等 [1,2,3,4]
	复现能力 [1,2,3,4]	○是否可直观复现遥操作任务执行过程 [1]
	时间同步能力 [1,2,3,4]	**遥操作系统内部单元间的时间同步精度 [1,2,3,4] **操作端之间的时间同步精度 [3,4] **操作端与操作对象之间的时间同步精度 [4]
	数据备份能力 [1,2,3,4]	○是否备份共享操作相关数据：包括权限、异常、操作调度、共享时延、共享交互数据、统计数据、运行过程数据 [2,3,4] ○是否备份遥测数据 [1,2,3,4] ○是否备份操作指令 [1,2,3,4] ○是否备份异常结果 [1,2,3,4] ○是否备份统计数据 [1,2,3,4] ○是否备份内部单元交互数据 [1,2,3,4] ○是否备份运行过程 [1,2,3,4]
共享操作同步能力 [2,3,4]	共享操作的时间同步能力 [2,3,4]	○共享操作端的时间同步性 [3,4] **不同操作端发出或收到同一数据的时间差与实测时延的时间差 [3,4] ○共享操作对象的时间同步性 [2,4] **不同操作目标对象由到同一数据的时间差与实测时延的时间差 [2,4]
	共享操作的预报同步能力 [3,4]	○单机多员操作预报同步性 [3,4] **对同一操作事件，不同操作端的预报起始或结束时间差与实测时延的时间差 [3,4] ○多机多员操作预报同步性 [4] **对同一操作事件，不同操作端的预报起始或结束时间差与实测时延的时间差 [4]
	共享操作的响应同步能力 [2,4]	○多机单员操作响应同步性 [2,4] **不同对象响应同一操作之间的时间差 [2,4] ○多机多员操作响应同步性 [4] **不同对象响应同一时间要求的不同操作之间的时间差 [4]

续表

评估能力	评估内容	评估项目及其表征
共享操作的差异容忍能力评估 [3,4]	共享操作端的异构性 [3,4]	1. 是否存在交互接口的异构性 [3,4] 2. 是否存在遥操作端架构的异构性 ○ 操作器功能是否相同 [3,4] ○ 遥操作端组成单元是否相同 [3,4] ○ 各个遥操作端的时延消减策略是否相同 [3,4] ○ 遥操作端功能是否相同 [3,4] ○ 遥操作端运行流程是否相同 [3,4]
	共享操作的任务配置能力 [3,4]	○共享操作端的共享任务离线配置能力是否相同(单员/多员) [3] ○共享操作端的共享任务离线配置能力是否相同(单员/多员，单机/多机) [4] ○共享操作端的共享任务在线配置能力是否相同(单员/多员) [3] ○共享操作端的共享任务在线配置能力是否相同(单员/多员，单机/多机) [4]
	共享操作端的配置能力 [3,4]	○共享操作端的遥操作模式离线配置能力是否相同(自主/监视操作模式、宏指令操作模式、预编程操作模式主从操作模式) [3,4] ○共享操作端的遥操作模式在线配置能力是否相同(自主/监视操作模式、宏指令操作模式、预编程操作模式主从操作模式) [3,4]
	共享操作对象的配置能力 [3,4]	○共享操作端是否具备相同的任务对象模型及相应离线配置能力 [3,4] ○共享操作端是否具备相同的任务对象模型及相应在线配置能力 [3,4]

其中，标记"1"适用于单机单员共享遥操作。评估项目分为功能性评估项目(标记"○")和量化评估项目(标记"**")两种，功能性评估项目是指是否具备该评估项目所述能力或是否满足该评估项目所述内容，量化评估项目是指可具体检测出来数据或可用具体数据来体现的评估项目。同理，可以得出多机单员操作模式、单机多员操作模式及多机多员操作模式的普适性评估内容和评估项目，分别对应标记为"2""3"及"4"。而对于多机/多员操作模式，需要从组的可扩展性及差异容忍性两方面，增加相应的评估内容及评估项目，组评估综合项目表如表6.2所示。

表 6.2　组评估综合项目表

评估能力	评估内容	评估项目及其表征
组的可扩展性 [2,3,4]	操作对象的扩展能力 [2]	○操作时，可加入新的操作对象 [2] **操作时，可加入的操作对象上限数 [2] ○未操作时，可加入新的操作对象 [2] **未操作时，可加入的操作对象上限数 [2]
	操作端的扩展能力 [3]	○操作时，可加入新的操作端 [3] **操作时，可加入的操作端上限数 [3] ○未操作时，可加入新的操作端 [3] **未操作时，可加入的操作端上限数 [3]
	软件的可扩展性 [2,3,4]	○可扩展其他功能的软件模块 [2,3,4]

续表

评估能力	评估内容	评估项目及其表征
组的差异容忍性 [2,3,4]	操作对象的差异容忍性 [2,4]	○可容忍多个功能/配置不同的操作对象 [2,4] **可容忍功能/配置不同的操作对象上限数 [2,4]
	操作端的差异容忍性 [3,4]	○可容忍多个架构异构的操作端 [3,4] **可容忍架构异构的操作端上限数 [3,4] ○是否所有操作端都可被指定为主操作端 [3,4] **确定主操作端后，可作为辅操作端的上限数 [3,4] **确定主操作端后，可作为观测操作端的上限数 [3,4]
	时延的差异容忍性 [2,3,4]	○可容忍多个时延不同的操作端 [3,4] **可容忍操作端之间的时延范围 [3,4] ○可容忍多个时延不同的操作对象 [2,4] **可容忍操作端与操作对象之间的时延范围 [2,3,4]
	任务的差异容忍性 [2,3,4]	○可容忍复杂度不同的远程操控任务 [2,3,4] **可容忍远程操控任务的复杂度范围 [2,3,4]

对于多机多员操作模式，需要增加中间服务节点的评估内容及评估项目，多机多员操作模式的中间服务节点评估综合项目表如表 6.3 所示。

表 6.3　多机多员操作模式的中间服务节点评估综合项目表

评估能力	评估内容	评估项目及其表征
	多操作对象/任务的支持能力	○对操作端和操作对象组划分能力 **组划分时，操作端的上限数 **组划分时，操作对象的上限数
自主能力和智能性	操控状态判断、接收、发送自主	○操作端操控状态判断自主(未操控或操控中) ○操作对象操控状态判断自主(未被操控或被操控中) ○向被授予远程操控权限的操作端发送各操作端和/或各操作对象的操控状态自主 ○对来自操作端/操作对象的状态接收自主 ○对接收来自操作端/操作对象的状态存储/替换自主 ○向各操作端发送状态信息自主
	操控请求响应、发送自主	○对来自操作端的远程操控请求响应自主 ○对操作端的远程操控请求允许发送自主
	传输时延监测与维护自主	○中间服务节点与各操作端之间的传输时延监测自主 ○中间服务节点与各操作端之间的传输时延维护自主
实时处理能力	操控状态判断、接收、发送实时性	**操作端操控状态判断(未操控或操控中)刷新频率 **操作对象操控状态判断(未被操控或被操控中)刷新频率 **向被授予远程操控权限的操作端发送各操作端和/或各操作对象的操控状态的时刻与各操作端和/或各操作对象的接收时刻的平均时间差 **对来自操作端/操作对象的状态接收的平均时间消耗 **对接收来自操作端/操作对象的状态存储/替换刷新频率 **向各操作端发送状态信息的平均时间消耗

续表

评估能力	评估内容	评估项目及其表征
实时处理能力	操控请求响应、发送实时性	**对来自操作端的远程操控请求响应平均时间消耗 **对操作端的远程操控请求允许发送平均时间消耗
	传输时延维护实时	**中间服务节点本地存储的传输时延维护刷新频率
同步能力	时间同步能力	○中间服务节点的时间同步性 **中间服务节点收到操作端发出数据时间差与实测时延的时间差
	响应同步能力	○中间服务节点的响应同步性 **响应同一操作端的同一时间的不同远程操控请求的时间差 **响应不同操作端的同一时间的不同远程操控请求的时间差

假定表 6.1 中，第 $j(j = 1,2,\cdots,S,\ S$ 是评估能力的总个数)项评估能力包含 $f(f \geq 0)$ 项功能性评估项目和 $g(g \geq 0)$ 项量化评估项目,用 $p_{jk}(k = 1,2,\cdots,f)$ 和 $q_{jl}(l = 1,2,\cdots,g)$ 分别表示第 j 项评估能力的功能性评估项目和量化评估项目的取值,取值方法如下:

$$p_{jk} = \begin{cases} 1, & \text{具备或满足第} k \text{项所述内容} \\ 0, & \text{否则} \end{cases} \tag{6.33}$$

$$q_{jl} = \begin{cases} 1, & \text{第} l \text{项量化值在其目标范围内} \\ 0, & \text{否则} \end{cases} \tag{6.34}$$

基于第 i 个遥操作任务的有效数据及综合评估项目表 6.1,评估单机单员操作模式,对应的评估结果用 E_i^1 表示,评估方法如下:

$$E_i^1 = \sum_{j=1}^{S} \left(\boldsymbol{\alpha}_j^{\mathrm{T}} \boldsymbol{P}_j + \boldsymbol{\beta}_j^{\mathrm{T}} \boldsymbol{Q}_j \right) \tag{6.35}$$

式中, $\boldsymbol{\alpha}_j$ 为第 j 项评估能力的功能性评估项目的权重矩阵; $\boldsymbol{\beta}_j$ 为第 j 项评估能力的量化评估项目的权重系数。分别由其各项评估项目的权重系数 $\alpha_{jk}(k = 1,2,\cdots,f)$ 和 $\beta_{jl}(l = 1,2,\cdots,g)$ 组成, α_{jk} 和 β_{jl} 值的大小由第 j 项评估能力的所有评估项目中的相对重要程度决定,分别如下:

$$\boldsymbol{\alpha}_j = \left[\alpha_{j1}, \alpha_{j2}, \cdots, \alpha_{jf} \right]^{\mathrm{T}} \tag{6.36}$$

$$\boldsymbol{\beta}_j = \left[\beta_{j1}, \beta_{j2}, \cdots, \beta_{jg} \right]^{\mathrm{T}} \tag{6.37}$$

且满足 $0 \leqslant \alpha_{jk}, \beta_{jl} \leqslant 1;\ \sum_{k=1}^{f} \alpha_{jk} + \sum_{l=1}^{g} \beta_{jl} = 1$ 。

$\boldsymbol{P}_j$ 和 $\boldsymbol{Q}_j$ 分别是第 j 个评估能力的功能性评估项目和量化评估项目的取值矩阵，分别由其各项评估项目的 p_{jk} 和 q_{jl} 组成，即

$$\boldsymbol{P}_j = \left[p_{j1}, p_{j2}, \cdots, p_{jf} \right]^{\mathrm{T}} \tag{6.38}$$

$$\boldsymbol{Q}_j = \left[q_{j1}, q_{j2}, \cdots, q_{jg} \right]^{\mathrm{T}} \tag{6.39}$$

同理，可评估多机单员操作模式、单机多员操作模式及多机多员操作模式，对应的评估结果分别用 E_i^2、E_i^3 和 E_i^4 表示。

(5) 重复步骤(1)~(4)。即从已有计划任务列表中，多次载入遥操作任务，重复步骤(1)~(4)，完成评估。

(6) 多机多员共享遥操作评估。基于获取的 $R(R \geq 1)$ 个遥操作任务的有效数据，评估多机多员共享遥操作的综合能力，对应的评估结果用 E_R 表示，评估方法如下：

$$E_R = \sum_{i=1}^{R} c_i \boldsymbol{G}_i \boldsymbol{E}_i \tag{6.40}$$

式中，$c_i (0 \leqslant c_i \leqslant 1)$ 为第 i 个遥操作任务的任务复杂度系数，反应任务的复杂度；$\boldsymbol{G}_i$ 是第 i 个遥操作任务的分组系数矩阵；$\boldsymbol{E}_i$ 是第 i 个遥操作任务的分组评估结果矩阵。$\boldsymbol{G}_i$，$\boldsymbol{E}_i$ 定义如下：

$$\boldsymbol{G}_i = \left[\frac{w_i}{v_i}, \frac{x_i}{v_i}, \frac{y_i}{v_i}, \frac{z_i}{v_i} \right] \tag{6.41}$$

$$\boldsymbol{E}_i = \left[E_i^1, E_i^2, E_i^3, E_i^4 \right]^{\mathrm{T}} \tag{6.42}$$

6.4　遥操作实验推演评估系统设计实例

根据 6.2 节和 6.3 节中所述的多机多员共享遥操作评估策略及方法，本节设计了一套通用性的遥操作实验推演评估系统，从遥操作系统应当具备的普适性能力出发，用于综合评估多机多员共享遥操作系统，如特定任务的操作流程、操作模式、操作支持手段、系统自主性、操作时间充分性、遥测数据充分性、时延消减数据充分性、时间同步能力、实时处理能力等。针对以上各项能力，结合 6.3 节所述的遥操作系统普适性能力的评估项目及方法，基于多次遥操作实验数据，给出各项能力评估统计结果及总体评估统计结果，并将结果以可视化形式显示并保存下来。遥操作实验推演评估系统总体设计框图如图 6.12 所示。

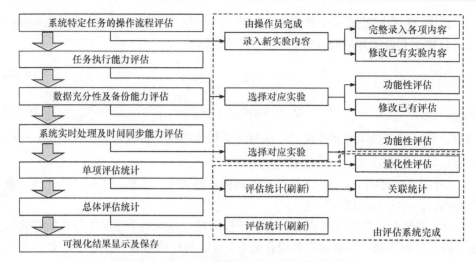

图 6.12　遥操作实验推演评估系统总体设计框图

6.4.1　遥操作实验推演评估系统设计

针对任意多机多员共享遥操作系统，可实现以下六项功能。

(1) 记录遥操作任务实验数据。由操作员导入遥操作任务实验数据，评估系统记录所有导入数据，以可视化形式实时显示，并保存到数据库，用于进一步实现评估及统计等功能。具体地，由操作员分批次地多次导入遥操作实验的详细内容，如单次遥操作任务的实验时间、总步骤数、不满足条件的步骤数及步骤编号、具体步骤流程及步骤名称、步骤所属任务、步骤对应的操作模式、步骤是否满足条件及是否中断任务、总任务数等。同时，操作员确认导入数据的完整性，判断数据是否有误，必要时做出修改。

(2) 单项评估，包括功能性评估和量化性评估。针对导入的某次遥操作任务，根据 6.3 节所述的遥操作系统普适性能力的功能性评估项目，由操作员判断处理完成功能性评估。根据 6.3 节所述的遥操作系统普适性能力的量化性评估项目，由评估系统处理完成。具体地，单项评估包括系统特定任务的操作流程评估、任务执行能力评估、数据充分性及备份能力评估及系统实时处理及时间同步能力评估，各项评估从多方面展开，由功能性评估和/或量化性评估完成。系统特定任务的操作流程评估由功能(1)中对应导入的详细内容方面展开。任务执行能力评估从实验可使用的操作模式、实验配备的操作支持手段及实验操作的系统自主性三方面展开，实验可使用操作模式的功能性评估项目如远端自主操作模式、单关节操作模式、单机多员共享操作模式等；实验配备的操作支持手段的功能性评估项目如操作全过程记录、运动路径/关节角规划、误操作阻止等；实验操作的系统自主性的功能性评估项目如远端数据处理(容错/纠错自主)、时延影响消减自主、视觉反馈/操作引导自主等。数据充分性及备份能力评估由实验的操作数据充分性、实验的遥测数据充分性、实验的时延消减数据充分性及实验的数据备份能力四方面展开。实验的操作数据充分性的功能性评估项目如操作任务记录数据、操作模式切换数据、操作过程的视频数据等；实验的遥测数据充分性的功能性评估项目如运动遥测状态数据、视觉反馈数据、纠错/容错处理数据等；实验的时延消减数据充分性的功能性评估项目如预报状态数据、误差数据、时延及其波动数据等；实验的数据备份能力的功能性评估项目如备份共享遥操作相关数据、备份运动过程、备份内部单元交换数据等；系统实时处理及时间同步能力评估用量化性评估完成，量化性评估项目如单次遥操作任务持续时间、单次遥操作任务数据量、单次遥操作任务指令值数据密度、单次遥操作任务各关节运动范围及角度相对误差、单次遥操作任务的平均时延及最大时延等。

(3) 单项评估统计。基于功能(2)中多次遥操作任务的功能性评估及量化性评估结果，由评估系统实时处理统计，给出单项能力的总体评估统计结果。具体地，单项评估统计包括操作流程评估统计、任务执行能力评估统计、数据充分性及备份能力评估统计、实时处理及时间同步能力评估统计，各项评估统计从多方面展开，由量化性评估统计完成。操作流程评估统计的量化性评估统计项目包括多次遥操作任务后某任务步骤使用记录总数及其使用频率、多次遥操作任务后某任务步骤不满足条件的次数及其不满足频率、多次遥操作任务后任务步骤使用记录数最大值等；任务执行能力评估统计的量化性评估统计项目包括满足某项功能性评估项目的遥操作任务实验次数及其概率、(不)满足某项功能性评估项目的遥操作任务实验平均步骤数等；数据充分性及备份能力评估统计的量化性评估统计项目与任务执行能力评估统计类同；实时处理及时间同步能力评估统计的量化性评估统计项目包括多次遥操作任务实验支持时间长度分布、多次遥操作任务实验数据量分布、多次遥操作任务实验时延范围分布等。

(4) 关联统计。基于多次遥操作任务的量化性评估结果，由评估系统实时进行关联统计，给出普适性能力评估项目之间的关联统计结果。具体地，关联统计项目包括不满足条件的步骤数与遥操作任务实验次数之间的关联统计、任务执行能力评估的各功能性评估项目与遥操作任务实验数据量、关节角度绝对误差范围、平均/最大时延之间的关联统计等。

(5) 总体评估统计。基于多次遥操作任务的各项评估统计及关联统计，由评估系统进行总体评估统计，给出多机多员共享遥操作系统的综合能力评估结果。具体地，基于所有单项评估统计及关联统计结果，结合 6.3 节所述的遥操作系统普适性能力评估方法，从特定任务的操作流程、操作模式、操作支持手段、系统自主性、操作数据充分性、遥测数据充分性、时延消减数据充分性、数据备份能力、时间同步能力、实时处理能力等多方面，综合评估多机多员共享遥操作系统的能力。同时，从完全满足条件的统计率及部分满足条件的统计率两方面，以可视化形式给山多机多员共享遥操作系统的综合能力评估结果。针对不同能力，完全满足条件的统计率及部分满足条件的统计率定义不同。如针对特定任务的操作流程，基于所有导入的遥操作任务实验内容，对所有的任务步骤的统计结果分析，某任务步骤出现在所有遥操作任务实验中，即认为该步骤完全满足条件；某任务步骤只出现在部分遥操作任务实验中，即认为该步骤部分满足条件，完全满足条件的统计率及部分满足条件的统计率分别定义如下：

$$完全满足条件的统计率 = \frac{完全满足条件的任务步骤数}{任务步骤总数} \times 100\% \tag{6.43}$$

$$部分满足条件的统计率 = \frac{部分满足条件的任务步骤数}{任务步骤总数} \times 100\% \tag{6.44}$$

同理，对其余各项能力需要定义相应的完全满足条件的统计率及部分满足条件的统计率。

(6) 可视化结果显示及保存。任意一次遥操作任务的实验数据、功能性评估结果、量化性评估结果、单项评估统计结果及多机多员共享遥操作系统的综合能力评估结果，均可以以可视化形式显示，并保存至数据库。

遥操作实验推演评估系统如图 6.13 所示。

图 6.13　遥操作实验推演评估系统

6.4.2　遥操作系统评估实例

　　针对某单机多员共享遥操作系统，利用上一节设计的遥操作实验推演评估系统，从特定任务的操作流程、操作模式、操作支持手段、系统自主性、操作数据充分性、遥测数据充分性、时延消减数据充分性、数据备份能力、时间同步能力、实时处理能力等方面，综合评估该共享遥操作系统。针对该单机多员共享遥操作系统，除特定任务的操作流程外，其余各项能力的完全满足条件的统计率及部分满足条件的统计率分别定义如下。

　　(1) 操作模式、操作支持手段、系统自主性、操作时间充分性、遥测数据充分性、时延消减数据充分性。所有遥操作任务实验均满足某功能性评估项目，可认为该评估项目完全满足条件；部分遥操作任务实验满足某功能性评估项目，可认为该评估项目部分满足条件，即

$$完全满足条件的统计率 = \frac{完全满足条件的勾选项个数}{勾选项总数} \times 100\% \quad (6.45)$$

$$部分满足条件的统计率 = \frac{部分满足条件的勾选项个数}{勾选项总数} \times 100\% \quad (6.46)$$

　　(2) 时间同步能力。以数据密度(指令值数据密度和预测值数据密度)来衡量系统的时间同步能力，规定某次遥操作任务实验的两项数据密度值都大于 10Hz，可认为该次实验完全满足时间同步能力；某次实验只有一项数据密度值大于 10Hz，可认为该次实验部分满足时间同步能力，即

$$完全满足条件的统计率 = \frac{完全满足条件的实验次数}{总实验次数} \times 100\% \quad (6.47)$$

$$部分满足条件的统计率 = \frac{部分满足条件的实验次数}{总实验次数} \times 100\% \quad (6.48)$$

　　(3) 实时处理能力。以关节角度误差范围来衡量系统的实时处理能力，规定所有遥操作任务实验的关节角度误差范围都小于 0.015°，即认为完全满足条件的统计率为 100%，部分满足条件统计率为 0；只有部分遥操作任务实验的关节角度误差范围小于 0.015°，即认为完全满足条件的统计率为 0，部分满足条件统计率为 100%。

　　基于多次遥操作任务实验数据，给出部分能力评估统计结果，实时处理能力及时间同步能力评估统计结果如图 6.14 所示。

　　以可视化雷达图形式给出系统能力综合评估结果，总体评估统计结果如图 6.15 所示。

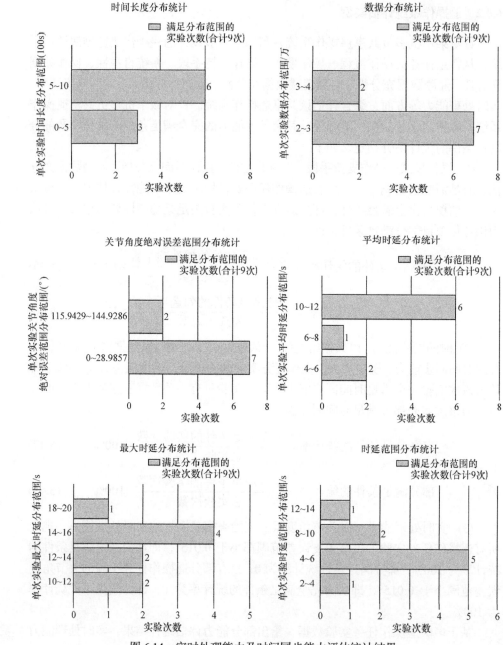

图 6.14　实时处理能力及时间同步能力评估统计结果

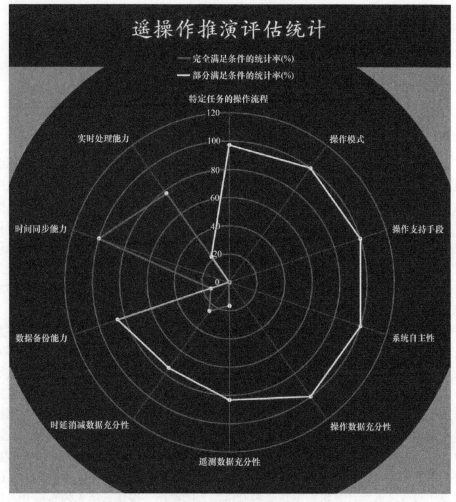

图 6.15　总体评估统计结果

6.5　小　　结

本章针对多机多员共享遥操作，提出了多机多员共享遥操作评估技术，具体地，根据共享遥操作系统所具备的遥共享、遥操作、遥现场和遥系统特征，分析并总结了多机多员共享遥操作系统应该具备的十项普适性能力，讨论了各项能力的评估策略及方法，归纳了多机多员共享遥操作系统评估策略的综合评估项目，并给出了遥操作实验推演评估系统设计及评估实例。

第 7 章　不确定大时延遥操作系统
总体技术与案例

空间机器人及其遥操作作为航天工程和机器人科学的有机结合产物，是辅助地面人员或替代航天员进行空间作业的重要手段，可执行人类不宜触及的、危险的、长时间的空间任务，将极大地拓展人类在航天工程中的任务使命，增强人类对空间环境的驾驭能力。其在航天飞机、国际空间站等大型空间活动中发挥着重要作用，有效地推动了人类的航天事业发展，具备旺盛的生命力和良好的发展前景。世界上发达国家航天技术发展的历程表明，空间机器人及遥操作技术将成为在轨服务的主要手段，因而也是航天技术发展的新标志，对这种战略高技术的掌握和运用，将极大地提升我国的空间应用能力。

空间机器人遥操作系统作为操作员控制空间机器人运行的核心系统，能够充分利用操作中心的决策智能、信息资源以及高性能的设备支持，增强空间机器人的操作安全性和功能完备性，同时提高任务执行效能，在空间机器人技术的发展中具有不可替代的作用。因此，世界各航天强国均积极开展空间机器人及其遥操作系统的研究。在遥操作模式下，工作在低智能和高响应率环境下的远地空间机器人接收到本地控制人员的遥操作指令后，根据自身的传感器信息和智能，在远地计算机控制下完成指定操作。操作者则工作在高智能和低响应率的本地环境内，根据机器人发来的各种信息监控机器人在远地控制回路内的工作，不时向它发出遥操作指令，远地计算机根据指令控制机器人的操作，操作人员无须直接介入机器人回路，就仿佛身临现场一样操作。这样的操作消除了操作者的疲劳感，大大提高工作效率。

本章重点介绍地面遥操作系统总体模型和设计思路，并给出具体实现案例。

7.1　地面遥操作系统总体模型

在充分理解遥操作系统的技术目标、技术特点和技术要求的基础上，不确定大时延环境下的地面遥操作系统的设计应该满足如下要求。

(1) 自主功能充分发挥。

(2) 操作指令充分可靠。

(3) 系统时延充分消减。

(4) 遥操作多模式混合操作。

(5) 多类别信息的综合提供能力。

(6) 模型预测与预测误差在线修正能力。

(7) 空间对象行为规划能力。

因此，遥操作系统不仅应具备在确定性条件下可以利用的遥程序遥操作模式，还应随时保证操作人员在必要时直接介入干预，同时利用可修正的模型信息进行状态的有效预测，以最大限度地消减大时延所带来的影响，增强遥操作的透明度。本章充分分析各种遥操作的结构，提出了具有多回路、多模型、预报、修正等特点的面向空间对象的"三段四回路"遥操作系统基本结构模型。所谓三段，是指现场段、测控段和操作段，构成分别作用且协同合作的多节点信息组合结构[79]。

(1) 现场段是指远端作业环境，即作业行为的客体，是操作人员需要感知和进行干预的对象。作业环境不仅指作业遥操作的对象本身，而且包括在作业空间中会对作业任务带来影响的所有因素，如温度、引力场强度、磁场强度等。作业环境是真实的客观存在，任何已经实施和正在实施的操作都会改变作业环境，对作业环境的某些改变无法撤销或还原。

(2) 测控段由上/下行的信息链路构成，实现控制指令、图像以及传感器三种信号的传输，它是产生时延的主要环节。

(3) 操作段包括操作员和遥操作接口。操作员是作业行为的主体及操作的决策者，具体而言，操作人员可以是在控制中心的一个或多个工程师，也可以是远程参与此次作业决策的专家。遥操作接口是为了提高操作人员的人身安全及舒适性，扩展他们的工作能力、提高工作效率而设计的。遥操作系统接收操作人员的操作指令，采用遥现、遥作、遥信等技术，控制工作实体对操作对象进行操作，并感知作业环境的变化，将这些现场信息反馈给操作人员，以便其进行下一步的决策。遥操作系统实现了本地现场控制工作模式到远端遥操作工作模式的转换，使操作人员能够在本地对远端的工作实体进行控制。

所谓四回路，则指现场系统的自主控制回路、天地远程链路构成的人机交互式主从操作回路、由虚拟对象替代在轨真实对象而构成的虚拟仿真回路，以及利用在轨实测数据实现的虚拟对象预测模型修正回路，分别描述如下。

(1) 自主控制回路由现场机器执行单元、测量单元和控制单元组成，主要担负在轨运行中的轨道/姿态保持、动量补偿，以及按预定要求自动执行调整任务。自主控制环是由远端载荷和其自身控制器构成的回路，它利用远端载荷自身的低级智能形成了自适应控制器，可以自主执行操作员下达的操作指令和避障规划等简单的任务。

(2) 主从操作回路由操作专家、遥操作系统、远程传输单元和在轨系统共同组成。这是操作专家直接介入的人工操作回路，也是遥操作系统必须具备的基本回路，主要用于在线、直接地进行复杂作业，以应对无法预先建模的意外情况和不确定环境。

(3) 虚拟仿真回路。由于测控时段、传输速度、信道带宽以及处理能力的限制，信息传输时延、信号丢失周期、响应周期、反馈周期这些因素累积起来构成延时，一般在秒级以上。延时造成现场段信息与遥操作段信息的不一致，使真实环境下工作实体的运动状态与操作对象之间的位置关系得不到如实的反映，导致远程操作回路的效率和稳定性下降，甚至引起误操作。为解决这一难题，一个可行的方法就是在基本的远程操作回路中再嵌入一个虚拟数字计算模型，用于预测系统的在轨信息，这个模型的输入就是真实或想要发出的上行遥操作指令，输出是现场系统的预测数据，因此它与模型的可视化输出以及操作人员一同又构成了一个新的回路——虚拟仿真回路。这个回路一方面用于减小或消除延时的影响，另一方面还作为操作人员进行决策的辅助支持手段，可以先行检验即将发出的遥操作指令是否会具有预期的响应。此外，它还有一个特定的作用，就是在下行通信链路无法正常工作时，虚拟地提供现场系统状态信息。

(4) 模型修正回路。现场机器系统的结构及环境十分复杂，建模精度低，这将导致数字模型难以准确地反映实际对象响应行为特性。为避免这些影响，解决的方案是在遥操作系统获得下行的现场实测信息时与虚拟信息进行比较，并对误差进行必要的修正，以此提高模型的精确性和预测的精度，实现了远端载荷的全透明。

上述所描述的“四个回路”反映了交互与自主控制相融合的遥操作系统总体结构应当具备的要素。它们各自具备独立的功能，同时又相互补充、相互影响。四个控制环简单明了地概括了遥操作系统的工作机理，并充分体现了遥操作技术空间跨越、智能增强、时延消减、人机协调、高度透明等特点，有助于加深对遥操作的理解分析，有利于遥操作系统的分析、实现和应用。遥操作系统的“三段四回路”基本模型如图 7.1 所示。

将主从遥操作、遥程序遥操作和灵境遥操作有机地结合到一起，形成了统一的遥操作系统结构。该结构模型可以实现自主操作、主从遥操作、遥程序遥操作、灵境遥操作 4 种基本操作模式和 4 种相应的组合操作模式[124]，用以适应各种可能出现的应用需求。遥操作系统四回路示意图如图 7.2 所示。

定义：开关状态 A、B、C、D，其中：0 = 关，1 = 开，Φ = 任意。$\langle ABCD \rangle$ 构成了遥操作模式切换离合器。通过设置开关组合，控制遥操作模式切换离合器，可实现 8 种遥操作模式，即自主遥操作模式、主从遥操作模式、遥程序遥操作模式、灵境遥操作模式以及 4 种组合遥操作模式。

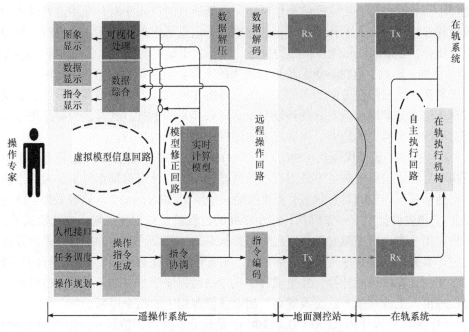

图 7.1　遥操作系统的"三段四回路"基本模型

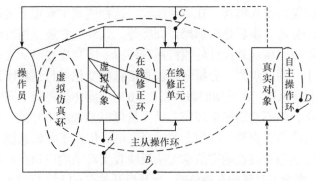

图 7.2　遥操作系统四回路示意图

(1) 自主遥操作模式 $ABCD = \Phi\Phi\Phi1$，是最基本的操作模式，也是遥操作指令的具体执行层。换言之，在进行这种模式的操作中，需要执行的具体任务由在轨系统自主实现，而所发出的任务宏指令则由遥操作系统给出。这个宏指令既可以是一个针对性的动作，也可以是预先编制设计并固化于对象上的一组确定性任务。

(2) 主从遥操作模式 $ABCD = 0101$，是遥操作系统中操作专家介入远程操作回路直接发挥作用的操作模式。操作专家根据对象实际的状态和期望状态的差别做出决策，利用人机接口设备直接生成期望的指令，发送上行，并由在轨系统予以直接响应。显而易见，主从模式只能在过顶状态期间使用。当在轨系统、地面测控中心和遥操作系统之间的通信链路完全畅通且时延很小时，采用这种模式的效果将非常明显，人的作用也将更加突出。若信息延迟的影响无法忽略时，采用主从操作，必须确保每两步指令的执行间隔要大于延迟时间，即必须遵循"走-停-走"规则。显然，这将导致系统运行效率的下降。但必须指出的是，这种模式是开展复杂在轨演示任务中所不能缺少的一种操作模式，因为在很多情形下，系统自身无法十分准确地应对意外环境变化或突如其来的干扰。这时，只有操作专家才有可能做出恰当的应对，并通过主从遥操作模式予以执行。

(3) 遥程序遥操作模式($ABCD = 110\Phi$)，是在在轨操作目标和任务十分明确且执行环境也很确定条件下最为有效的遥操作模式。针对被操作对象，为从当前状态转移到所期望的目标状态，需要按照某些原则(如时间最少、路径最短、能耗最省等)预先设计生成一系列执行指令序列的过程就是遥程序规划。在此模式下，可将拟指令发送给虚拟对象并以超时仿真状态预检验操作指令的执行效果，并将通过仿真验证的遥程序指令存储并上行。根据遥操作任务的需要，所进行的规划将主要由计算机自动计算，并生成具体执行的遥程序指令序列。同时，也可有针对性地由人工或其他方式决策规划，制定或修改相应的指令序列。

(4) 灵境遥操作模式($ABCD = 11\Phi 1$)，是充分发挥虚拟仿真回路作用，以遥操作系统中预装的虚拟对象模型替代空间真实对象，由人与模型仿真信息进行直接交互而实现消时延的操作模式。在离顶期间，这种模式主要用于进行在轨运行的虚拟演示、预先分析、事后分析和操作训练等。此外，它还是进行遥程序操作的辅助模式，即可以将所规划设计的执行遥程序指令序列在被确认之前，预先注入虚拟仿真回路中，通过观察、分析虚拟仿真信息的变化进行遥程序指令的验证、修改，再发送上行执行。在过顶时段，当$C = 0$时，操作员将指令同时发送给真实对象和虚拟对象，但不启动修正环节，操作员可以参考虚拟对象的响应信息进行下一步的操作与决策，克服下行信息的时延影响。但由于在轨系统十分复杂，存在建模、干扰等误差，虚拟响应信息无法反映真实对象响应信息，因此在轨系统没有完全透明，影响了时延的有效消减。当开启开关$C = 1$时，启动了模型在线修正环节，通过下行的遥测信息在线修正虚拟对象，使虚拟响应信息与真实响应信息匹配，增强了操作的透明度，因此操作员可以完全依靠实时的虚拟响应信息进行决策和操作，有效消减了不确定大时延的影响。另外，灵境遥操作综合调用地面大规模处理资源，进行在轨系统的下行数据的灵境增强处理或利用复杂计算进行在轨系统状态的预测，规避了在轨系统信息感知能力不足以及天地信息传输能力的不足。

(5) 组合遥操作模式。指操作模式(2)~(4)的各种有机组合运用模式。实际上，遥程序模式、主从模式和灵境模式中，都包含了与自主模式的融合使用，但因后者是最为基本的执行层操作，而前者则是针对现场具体情况需要通过人的决策实现，所以约定它们都是基本的特定操作模式。这里，主要包括以下4种组合操作模式。

第一，主从规划组合操作。在操作专家在采用主从操作模式的过程中，当利用人机接口单元生成的决策指令步距过大时，遥操作系统将自动启用这种模式，通过遥程序规划模式的嵌入，生成相应的小步距规划指令序列，分解执行这个大步距动作操作。

第二，灵境规划组合操作。这是将遥操作系统规划器与仿真模型构成交互式规划、验证和修改的组合模式。它将有助于提高遥程序规划指令序列的安全性和置信度。

第三，灵境主从组合操作。这是消减系统链路信息时延的最佳操作模式。由于模型修正回路的作用，一般情形下由模型信息回路提供的模型信息与在轨系统的真实信息相当的接近。所以，在过顶期间启用该模式，即由操作专家以模型信息为基础进行主从操作(也就是使主从指令同时驱动虚拟仿真回路和直接上行注入在轨系统)，将大大消减信息时延的影响，从而有效地提高过顶期间整个系统的运行效能。

第四，灵境主从规划组合操作。这是主从规划组合操作和灵境主从组合操作的再组合操作模式，主要用于同时解决主从指令的大步距和时延消减问题。

由于各种操作模式都有各自的优缺点，适用于不同的环境和任务要求，没有任何一种操作模式可以应对各种情况的需要。因此，通过"三段四回路"的遥操作系统结构将主从、遥程序、灵境遥操作有机结合到一起，使操作更加机动、灵活，合理地协调了人/机任务，有效地消减了时延和有限带宽的影响，满足复杂任务的操作要求。

7.2　地面遥操作系统总体设计

7.2.1　地面遥操作系统总体能力设计

地面遥操作系统(ground teleoperation system, GTS)是空间机器人与地面操作人员的交互式人机系统。系统提供一个可视化的操作环境，完成空间机器人状态的预测仿真、空间机械臂轨迹规划、在轨修正、任务调度与协调、实时数据传输与编解码、三路视频信号接收与显示、系统回放以及对空间机械臂远程操作等综合集成及演示等多项功能，主要能力如下。

(1) 具备多种遥操作模式，例如，预编程模式、自主控制模式和天地交互模式。

第一，预编程模式。由地面遥操作人员按照获得的目标物体的位姿信息进行地面仿真校验，经确认无误后，发送启动预定程序指令，由机械臂按照预定程序完成规定的动作。

第二，自主控制模式。由地面遥操作人员判断可以进入自主控制模式的条件，确定条件具备后发送启动自主控制模式的指令，由机械臂系统自动完成对目标的识别、路径规划以及目标的捕获和锁定等任务。

第二，天地交互模式。由地面遥操作人员通过机械臂视觉系统和数据信息完成对目标位姿的判断，通过天地上下行通道逐步实现对目标的逼近和捕获等任务，又可进一步包括以下 3 个模式。

第一，机械臂关节复合运动控制模式。遥操作系统发送期望的机械臂位姿和相应所需时间，进行路径规划，控制机械臂关节执行相应的姿态指令。

第二，机械臂单关节运动控制模式。遥操作系统分别制定 6 个关节角度以及执行这组关节角所需的时间，进行关节角的路径规划，分别执行机械臂单关节角运动指令。

第三，机械臂实时关节角运动控制模式(双操作器)。遥操作系统先规划一段路径，经地面仿真检验确认无误后，上传轨迹点对应的关节角，实时执行机械臂关节角度运动指令。

(2) 具有机械臂动力学模拟能力。

(3) 具有空间机械臂路径规划和避障分析能力。

(4) 具有遥操作任务监控的能力。

(5) 具有不确定时延环境下，空间遥操作状态的在线预报与修正能力。

(6) 具有自身闭环检测能力。

(7) 具有对变环境、变目标条件下的环境、约束、动力学等动态切换能力。

根据上述能力，分解的具体功能包括以下几个方面。

(1) 指令输入和处理功能。输入机械臂的运动控制指令和状态控制数据等，包括系统设置指令、单关节运动控制指令、复合关节运动控制指令或其他相关指令。输入接口可以采取键盘、鼠标、手柄、六自由度鼠标等。

(2) 操作模式和动态模型的无缝切换功能。进行遥操作相关的模式切换，例如预编程、自主控制和天地交互三种操作模式之间的切换，使得遥操作系统能够在不同模式间流畅切换。除了操作模式的切换，还包括环境切换、避障约束切换、遥任务切换，主星控制切换等功能。

(3) 空间多对象状态预报功能。空间多对象状态预报功能是当系统天地交互模式时，克服通信链路由不确定时延、不确定采样步长带来的影响，预测在轨系统多对象的行为，对象包括主星本体、抓取目标以及空间机械臂，同步执行遥操作指令，及时反映操作结果。

(4) 空间多对象模型误差在线修正功能。为克服建模的不准确和时延等因素造成的影响，将下行的遥现场真实状态信息与预测仿真状态信息比较，利用误差按照梯度逼近准则修正在轨对象的模型参数，对象包括主星本体，抓取目标以及空间机械臂，逼近真实对象，提高预测仿真精度。

(5) 机械臂避障轨迹规划功能。规划出三维空间机械臂运动路径，在给定环境的障碍条件、起始和目标位姿下，选择一条从起始点到目标点的路径，使运动物体能安全、无碰撞地通过所有障碍。遥操作系统中嵌入避障轨迹规划模块，能够产生机械臂关节角运动的指令序列。

(6) 数据可视化生成功能(三维虚拟显示)。数据可视化生成功能是将计算出来的有限的在轨系统状态特征数据以三维图像形式显示，提供给操作员形象化信息，辅助操作员决策和操作。为了多角度、多方位地观察操作结果，提高操作员的操作精度，要能够对虚拟环境进行设置和调节，包括平台模型和三维空间模块之间的工况切换、虚拟图像视点的调节、区域放大显示，以及对障碍物显示和目标移动的控制等。

(7) 图像显示功能。按一定的帧速率显示遥现场图像，例如显示安装的全局相机图像、手爪图像、腕部图像等。

(8) 数据变换和管理功能。不同数据协议中数据之间的转换。包括内接口数据协议(遥操作系统内部使用的数据类型、数据格式)与外接口数据协议(遥操作系统与测控中心交换的数据类型、数据格式)的转换。遥操作系统对于数据的管理和控制是按照"流驱动批转发"机制实现。

(9) 系统管理和控制功能。操作员要对遥操作系统进行管理和控制，例如设置零时刻、启动/停止系统、启动/停止录像、工况切换、外信道切换、允许/禁止机械臂操作等。

(10) 数据传输功能。遥操作系统是数据流驱动的按严格时序运行的分布式实时系统，数据传输是遥操作系统的基本功能之一，例如，基于 TCP/IP 的网络传输协议。

(11) 信息统计和显示功能。对上下行的数据进行统计，包括遥现场测控数据条数、图像数据包数、各类指令条数等，并在界面上实时动态显示这些统计信息，使操作员能够监视在轨系统和遥操作系统的运行。

(12) 信息备份功能。对遥操作系统运行过程中，接收到的遥现场数据、生成的预测仿真数据、误差数据和指令数据等进行备份，为事后分析提供数据支持。

(13) 录像和回放功能。为了记录遥操作系统的运行过程，需要捕获各个单元的显示屏幕并对其录像，图像数据的备份也是通过录像实现的。录像生成的视频文件将自动保存在指定的文件夹下，回放这些视频文件，可供专家事后分析。

(14) 时间同步功能。减小由不确定时间延迟和不确定采样步长带来的影响。

(15) 遥操作安全保护功能。遥操作安全保护功能包括遥操作系统及其内/外通信链路监测、告警与自修复；遥测数据容错与纠错；机械臂位置安全(避障)、速度安全、负荷(加速度)操作保护；操作指令的安全校验；操作器使能安全保护；紧急状态干预机制；遥操作任务预仿真安全策略等。

(16) 遥操作任务状态监测功能。与预测、修正对应。具备多对象信息监测能力，包括机械臂载具本体、抓取的目标对象以及机械臂状态监测，同时还包括时延影响消减效果的监视功能。

7.2.2　地面遥操作系统总体架构设计

　　空间机器人地面遥操作系统按结构划分可分为两大部分，即操作对象(机器人)系统和地面遥操作系统。机器人系统主要由机械臂本体、机械臂基座、末端执行器、关节及关节控制器、在轨监视及测量单元、中央控制器等组成。地面遥操作系统综合考虑响应时间、安全性、可靠性、开放性、用户友好程度等因素，以满足信息类型、精度、传输及存放、时效性等要求。由遥操作数据管理和控制单元(GTS_DCM)、遥操作指令与计算系统单元(GTS_CMD)、遥操作图像图形处理单元(GTS_IMG)、遥操作环境模拟单元(GTS_SIM)、遥操作服务(安全)单元(GTS_SVR)和遥操作时延影响消减单元(GTS_RDI)等功能单元及其配套支持硬件和软件组成。系统软件结构设计成模块化结构，便于系统软件的升级改造、功能的添加以及系统维护。空间机器人地面遥操作系统结构框图如图 7.3 所示，图中，SRC 是地面遥操作目标模拟器。

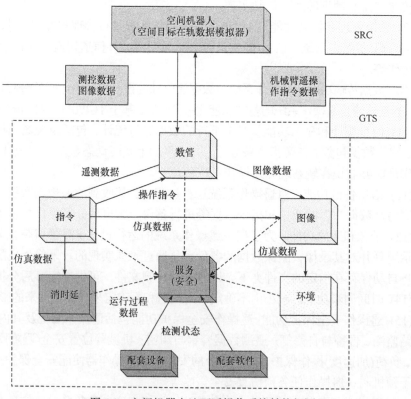

图 7.3　空间机器人地面遥操作系统结构框图

遥操作系统软件总体分布和各单元模块框架如图 7.4 所示。

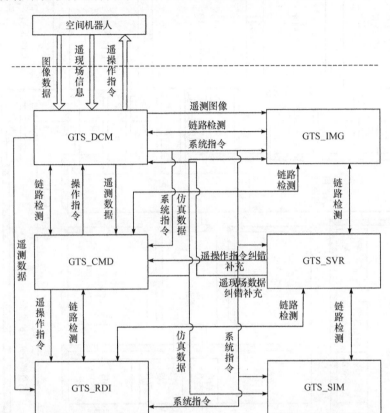

图 7.4　遥操作系统软件总体分布和各单元模块框架

1. 地面遥操作系统软件结构设计

1) 数据管理和控制单元(GTS_DCM)

数据控制和管理单元是遥操作系统与地面测控中心之间通信的中介和桥梁，主要实现数据准确可靠地传输。由于内外接口数据格式和数据协议的不一致，数据控制和管理单元要对接收的数据进行格式转化，再按照指定的协议发送，同时对上下行的信息进行统计并显示在界面上。为了防止通信链路连接异常，数据控制与管理单元定期检测遥操作系统内外部链路连接状态。数据控制和管理单元还需承担一部分系统管理和控制任务，包括启动/停止系统、启动/停止录像、工况切换、信道切换等，数据控制和管理单元还提供输入和输出数据备份功能。遥操作系统数据管理单元软件结构图如图 7.5 所示，图中，UDP(user data protocol)是用户数据协议。

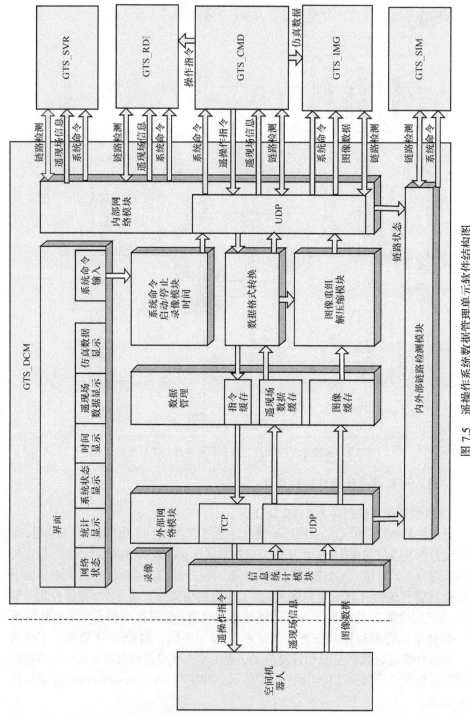

图 7.5　遥操作系统数据管理单元软件结构图

GTS_DCM 单元软件包括以下模块。

(1) 总体软件框架模块。

(2) 初始化数据读取模块。

(3) 界面显示模块。

(4) 网络链接和传输模块。

(5) 数据管理模块。

(6) 人机交互模块。

(7) 零时刻及时间同步模块。

(8) 信息状态统计模块。

(9) 系统运行状态监视模块。

(10) 误指令检测和阻止模块。

(11) 测控数据处理与可视化模块。

(12) 录像模块。

(13) 信息备份模块；遥测数据信息存储、图像信息存储以及系统操作过程备份等模块。

GTS_DCM 单元用于完成以下六项任务。

(1) 遥现场数据/图像信息的接收、上行发送遥操作指令。第一，接收源自远程的遥现场数据信息，并解码。第二，接收源自远程的遥现场三路图像数据。第三，发送遥操作指令数据至远程现场。

(2) 内部数据接收和发送。第一，发送至系统各单元的 GTS 系统启动/停止录像、启动系统、链路连接、零时刻设置、允许操作等系统控制指令。第二，发送至系统各单元的 GTS 系统时间同步时标。第三，接收 GTS_CMD 单元的遥操作指令数据，并上行发送。第四，收发各单元的链路检测数据。第五，转发接收到的图像数据至 GTS_IMG 单元。第六，转发接收到的遥现场数据至 GTS_CMD 单元、GTS_RDI 单元、GTS_SVR 单元。第七，发送遥测数据容错纠错报告、系统链路监测报告、系统控制报告、危险告警报告。

(3) 数据格式转换。第一，转换外部数据格式为遥操作系统内部数据格式。第二，转换内部指令数据格式为外部数据格式。

(4) 遥操作系统各单元控制。第一，系统各单元的同步启动/停止。第二，系统各单元过程录像备份的启动/停止。第三，整个系统的零时刻设置和时间同步。

(5) 信息统计与系统状态显示。第一，显示当前系统运行、网络连接状态。第二，显示接收和发送信息的统计数据。

(6) 单元操作过程备份。记录该单元整个操作运行过程。

遥操作系统的数据控制和管理单元给测控中心和遥操作系统各个单元发送启动指令，热启动遥操作系统，空间机械臂地面测控中心开始向遥操作系统转发遥现场实测和图像信息。遥操作系统的数据控制和管理单元给其他单元发送启动录像命令，各个单元的录像模块开始工作，此时记录并形成系统控制报告，遥操作系统各个单元在数据流的驱动下响应消息循环，执行相应的处理。遥操作系统启动后，数据控制和管理单元每隔一段时间对系统内部的通信链路进行检测，收集链路检测结果，发送链路检测报告，同时每隔一段时间发送系统内部时钟同步信号，收集时钟同步结果。对于每一帧接收到的遥测信息，包括数据信息和图像信息，均进行容错和纠错处理。对于发现的容错和纠错情况进行监测并形成报告，对于每一帧即将发出的遥操作指令信息，进行威胁评估。对于发现的威胁情况进行处理并形成报告。数据控制和管理单元运行的同时，对过程中产生的各项图形图像信息、控制信息、遥测信息、遥操作指令等数据进行存储和备份，以方便事后分析。遥操作系统数据管理单元软件运行流程图如图 7.6 所示。

2) 图像图形处理单元(GTS_IMG)

图像图形处理单元主要实现仿真数据的可视化显示、多路遥现场图像的显示，并将仿真图形和真实现场图像对比，以提供给操作员形象化信息，辅助操作员决策、操作。为了多角度、多方位地观察操作结果，提高操作员的操作精度，要能够对虚拟环境进行设置和调节。根据同时处理遥现场图像的需求，图像图形处理单元的输出功能可分屏显示。遥操作系统图形图像处理单元软件结构图如图 7.7 所示。

GTS_IMG 单元软件包括以下模块。

(1) 总体软件框架模块。

(2) 初始化数据读取模块。

(3) 界面显示模块。

(4) 网络链接和传输模块。

(5) 人机交互模块。

(6) 图像解压缩及显示模块。

(7) 零时刻及时间同步模块。

(8) 信息状态统计模块。

(9) 录像模块。

(10) 信息备份模块，包括数据信息存储、图像信息存储以及操作过程备份等模块。

GTS_IMG 单元用于完成以下五项任务。

(1) 内部数据信息接收与发送。第一，接收 GTS_DCM 单元的系统启动/停止指令数据。第二，接收 GTS_DCM 单元的过程录像备份启动/停止指令数据。第三，接收 GTS_CMD 单元发送的仿真数据。第四，接收 GTS_DCM 单元的时间同步数据。第五，收发与 GTS_DCM 单元和 GTS_CMD 单元的链路检测数据。第六，接收 GTS_DCM 单元转发来的遥现场图像数据信息。

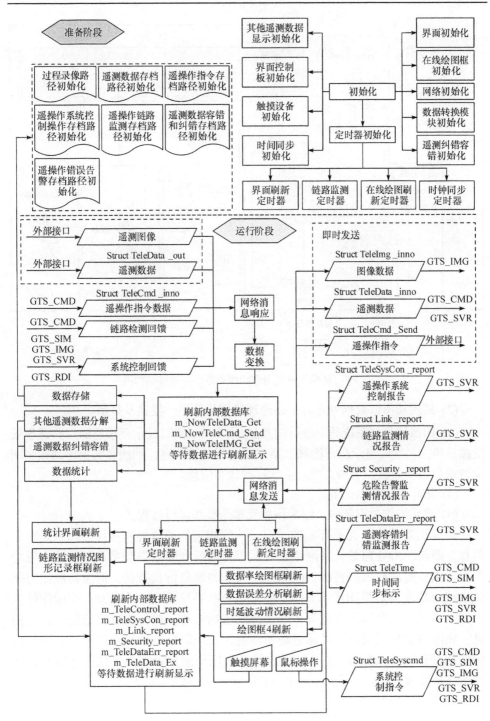

图 7.6　遥操作系统数据管理单元软件运行流程图

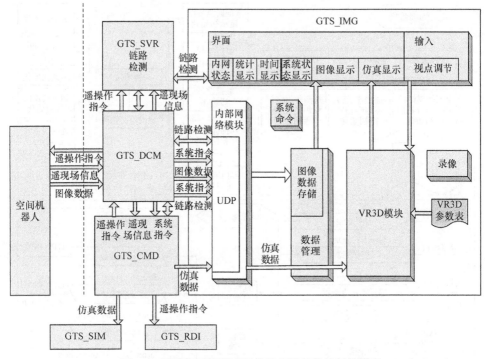

图 7.7　遥操作系统图形图像处理单元软件结构图

(2) 遥现场图像数据处理。三路遥现场图像解码、复接及显示。

(3) 图像信息与系统状态统计信息显示。第一，实时显示复接后的三路遥现场图像。第二，实时显示仿真图像。第三，显示统计信息，如仿真数据序列数、图像数据包数及帧数。第四，显示系统运行状态信息。

(4) 仿真图像视点调节。

(5) 单元操作过程备份。记录该单元整个操作运行过程。

图像图形处理单元循环响应消息、执行相应的消息处理程序。如果是网络消息，图像图形处理单元从网络接收数据，然后判断数据类型；如果是遥现场图像数据，则进行数据拼接、图像显示等；如果是仿真数据，则送到数据可视化生成模块刷新虚拟图像的显示；如果是一些系统控制命令消息，如操作杆视点调节消息、工况切换消息等，则执行对应的操作；如果响应的是用户界面消息，如障碍物显现消息、目标运动控制的消息、鼠标调节视点的消息，则执行相应的消息响应函数进行处理。遥操作系统图形图像处理单元软件运行流程图如图 7.8 所示。

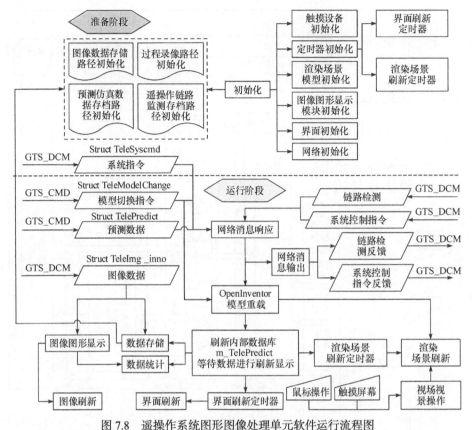

图 7.8　遥操作系统图形图像处理单元软件运行流程图

3) 指令与计算系统单元(GTS_CMD)

指令与计算单元通过人机交互设备输入机械臂的运动控制指令和状态控制数据。指令与计算单元内嵌的机械臂避障轨迹规划器能够对复合关节运动控制指令进行路径规划，进行碰撞检测和超速检测，生成复合关节运动指令序列。对机械臂运动控制指令可采用仿真并上行和预仿真两种处理方式。遥操作系统的指令与计算单元提供预编程、自主控制和天地交互三种操作模式，根据不同的操作模式，对指令、遥现场信息进行不同的处理。在预编程模式下，指令与计算单元发送预编程宏指令给在轨中央控制器；在交互模式下，地面遥操作系统和在轨系统进行交互式遥操作，并进行消减时延的预测仿真计算，对预测模型进行在线实时修正；在预编程模式和自主模式下，在轨系统下行的遥现场信息直接用于预测模型的更新。为了支持过程再现和事后分析等，指令与计算单元还提供信息备份功能。遥操作系统指令与计算系统单元软件结构图如图 7.9 所示。

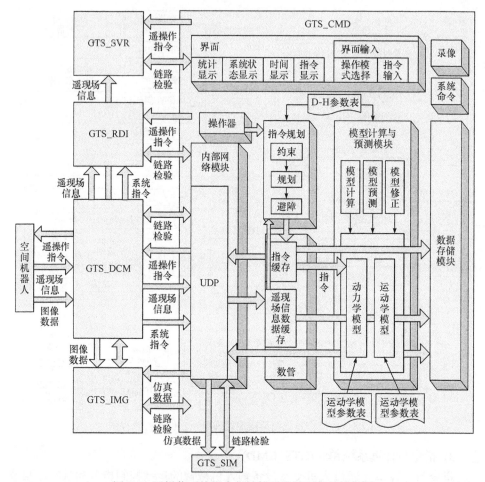

图 7.9　遥操作系统指令与计算系统单元软件结构图

GTS_CMD 单元软件包括以下模块。

(1) 总体软件框架模块。

(2) 初始化数据读取模块。

(3) 界面显示模块。

(4) 网络链接和传输模块。

(5) 机械臂动力学/运动学分析计算模块。

(6) 机械臂模型在线修正模块。

(7) 机械臂避障规划计算分析模块。

(8) 人机交互模块。

(9) 零时刻及时间同步模块。

(10) 信息状态统计模块。

(11) 录像模块。

(12) 时延影响消减分析模块。

(13) 误指令检测和阻止模块。

(14) 信息备份模块，包括数据信息存储、图像信息存储以及操作过程备份等模块。

GTS_CMD 单元主要完成以下七项任务。

(1) 内部数据接收与发送。第一，接收 GTS_DCM 单元转发的遥现场数据。第二，接收 GTS_DCM 单元系统启动/停止指令数据。第三，接收 GTS_DCM 单元的过程录像备份启动/停止指令数据。第四，接收 GTS_DCM 单元的时间同步数据。第五，发送仿真数据至 GTS_IMG 单元、GTS_SIM 单元、GTS_DCM 单元。第六，发送编码后的遥操作指令数据至 GTS_DCM 单元。第七，发送内部数据格式的遥操作指令数据至 GTS_SVR 单元、GTS_RDI 单元。

(2) 遥操作模式选择切换、路径分析和规划、指令序列生成与显示。

(3) 模型预测与仿真计算。

(4) 模型在线修正 。

(5) 信息统计显示。第一，显示接收到的遥测数据序列数。第二，显示系统运行状态信息。

(6) 数据信息存储。第一，遥现场数据信息存储。第二，仿真数据信息存储。

(7) 单元操作过程备份。记录该单元整个操作运行过程。

指令与计算单元的总体结构为"两条主线三种状态"。两条主线是指人机交互的用户接口主线、预测仿真计算和模型误差修正主线，三种状态是指交互模式、自主模式、编程模式三种操作模式，其中交互模式是遥操作系统的主要工作模式。在不同的状态下，两条主线采用不同的处理方式和工作形式。在交互模式下，遥操作系统的操作员通过键盘、双杆操作器等人机交互设备输入机械臂运动指令，对复合关节运动控制指令，先由避障轨迹规划器进行路径规划生成指令序列，指令与计算单元的模型误差在线修正模块利用接收到的遥现场实测数据进行模型误差的在线实时修正，以提高预测仿真计算的精度。在自主模式下，遥操作系统不发送空间机械臂的运动控制指令，机械臂进行自主控制，遥操作系统不进行预测和修正，只将收到的实测数据进行可视化显示。在编程模式下，指令与计算单元给空间机械臂发送预编程宏指令，遥操作系统也不进行预测和修正，只将收到的实测数据进行可视化显示。遥操作系统指令与计算单元软件运行流程图如图 7.10 所示。

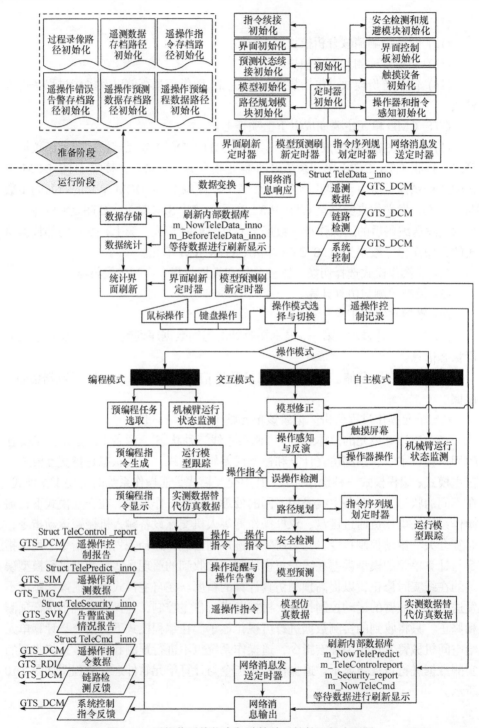

图 7.10　遥操作系统指令与计算单元软件运行流程图

4) 环境模拟单元(GTS_SIM)

环境模拟单元主要实现对空间飞行的环境和任务执行过程的全景可视化，协助地面指挥人员了解空间任务的进展情况。环境模拟单元具备空间环境模拟模块，仿真逼真度和精细化将高于图像图形处理单元。环境模拟单元的可视化输出可为多屏分布式，并可以对虚拟环境进行设置和调节。遥操作系统环境模拟单元软件结构图如图 7.11 所示。

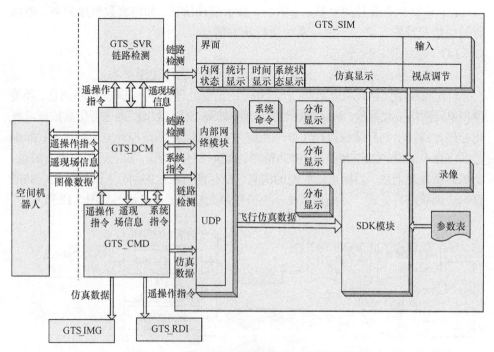

图 7.11　遥操作系统环境模拟单元软件结构图

GTS_SIM 单元软件包括以下模块。

(1) 总体软件框架模块。

(2) 初始化数据读取模块。

(3) 界面显示模块。

(4) 网络链接和传输模块。

(5) 人机交互模块。

(6) 零时刻及时间同步模块。

(7) 信息状态统计模块。

(8) 空间环境模拟模块。

(9) 录像模块。

(10) 信息备份模块，包括数据信息存储、图像信息存储以及操作过程备份等模块。

GTS_SIM 单元用于完成以下五项任务。

(1) 内部数据信息接收与发送。第一，接收 GTS_DCM 单元的系统启动/停止指令数据。第二，接收 GTS_DCM 单元的过程备份启动/停止指令数据。第三，接收 GTS_CMD 单元发送的仿真数据。第四，接收 GTS_DCM 单元的系统时间同步数据。

(2) 遥现场模拟仿真可视化处理。

(3) 系统状态统计信息显示。第一，显示统计信息，如仿真数据序列数、图像数据包数及帧数。第二，显示系统运行状态信息。

(4) 环境模拟视点调节。

(5) 单元操作过程备份。记录该单元整个操作运行过程。

环境模拟单元循环响应消息、执行相应的消息处理程序。如果是网络消息，环境模拟单元网络接收数据，然后判断数据类型；如果是仿真数据，则进行仿真数据可视化处理并通过空间环境模拟模块处理相应模拟环境，刷新虚拟环境模拟显示；如果是系统命令消息，如启动/停止、链路检测，则执行对应操作；如果是用户界面消息，如障碍物显现消息、目标运动控制的消息、鼠标调节视点的消息，则执行相应的消息响应函数进行处理。遥操作系统环境模拟单元软件运行流程图如图 7.12 所示。

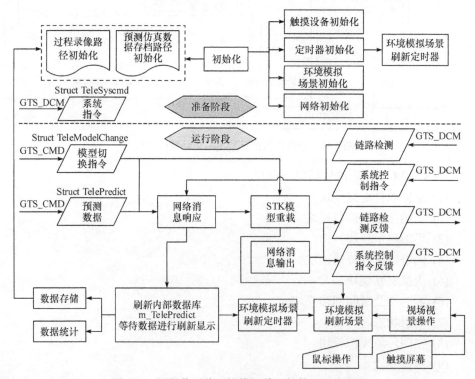

图 7.12　遥操作系统环境模拟单元软件运行流程图

5) 时延影响消减单元(GTS_RDI)

时延影响消减单元体现了遥操作系统区别于测控系统的关键——时延影响消减功能。时延影响消减单元包含模型预测、模型修正、误差分析及可视化等功能，并提供模型预测和修正过程的相关数据备份。遥操作系统时延影响消减单元软件结构图如图 7.13 所示。

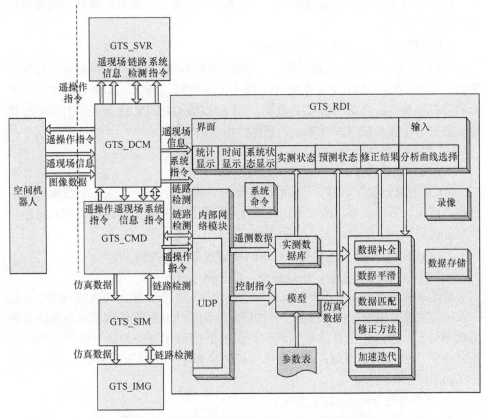

图 7.13 遥操作系统时延影响消减单元软件结构图

GTS_RDI 单元软件包括以下模块。

(1) 总体软件框架模块。

(2) 初始化数据读取模块。

(3) 界面显示模块。

(4) 网络链接和传输模块。

(5) 机械臂动力学/运动学分析计算模块。

(6) 机械臂模型在线修正模块。

(7) 人机交互模块。

(8) 零时刻及时间同步模块。

(9) 信息状态统计模块。

(10) 系统运行状态监视模块。

(11) 时延影响消减分析模块。

(12) 遥测数据纠错容错模块。

(13) 录像模块、信息备份模块，包括数据信息存储、图像信息存储以及操作过程备份等模块。

GTS_RDI 单元主要完成以下六项任务。

(1) 内部数据接收与发送。第一，接收 GTS_DCM 单元转发的遥现场数据。第二，接收 GTS_DCM 单元系统启动/停止指令数据。第三，接收 GTS_DCM 单元的过程录像备份启动/停止指令数据。第四，接收 GTS_DCM 单元的时间同步数据。第五，接收 GTS_CMD 单元的遥操作指令数据。

(2) 模型预测与仿真计算。

(3) 模型在线修正。

(4) 信息统计显示。第一，显示接收到的遥测数据序列数。第二，显示系统运行状态信息。第三，显示接收到的遥操作指令数据序列数。第四，显示时延影响消减分析结果。

(5) 数据信息存储。遥操作时延影响消减效果信息存储。

(6) 单元操作过程备份。记录该单元整个操作运行过程。

时延影响消减单元从指令单元获取遥操作控制指令，注入内嵌的与指令单元一致的预测模型模块中进行预测，并按序列匹配对比从数据管理单元获取的遥现场数据信息，通过修正算法根据期间的误差数据对预测模型进行修正，并将修正过程和预测误差情况显示。遥操作系统时延影响消减单元软件运行流程图如图 7.14 所示。

6) 服务与安全单元(GTS_SVR)

服务与安全单元主要实现对遥操作系统工作情况的自检、遥测输入数据的纠错和容错、遥操作误指令的检测和阻止，并显示测控数据和星下点轨迹。服务与安全单元还提供信息备份功能，并配备遥操作数据分析、录像回放、时间同步等遥操作系统辅助支持功能。遥操作系统安全与服务单元软件结构图如图 7.15 所示。

GTS_SVR 单元软件包括以下模块。

(1) 总体软件框架模块。

(2) 初始化数据读取模块。

(3) 界面显示模块。

(4) 网络链接和传输模块。

(5) 机械臂避障规划计算分析模块。

(6) 数据管理模块。

(7) 人机交互模块。

(8) 零时刻及时间同步模块。

(9) 信息状态统计模块。

(10) 系统运行状态监视模块。

(11) 遥测数据纠错容错模块。

(12) 误指令检测和阻止模块。

(13) 测控数据处理与可视化模块。

(14) 录像模块。

(15) 信息备份模块，包括数据信息存储、图像信息存储以及操作过程备份等模块。

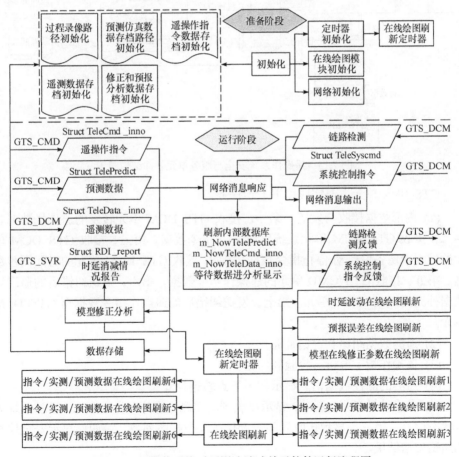

图 7.14　遥操作系统时延影响消减单元软件运行流程图

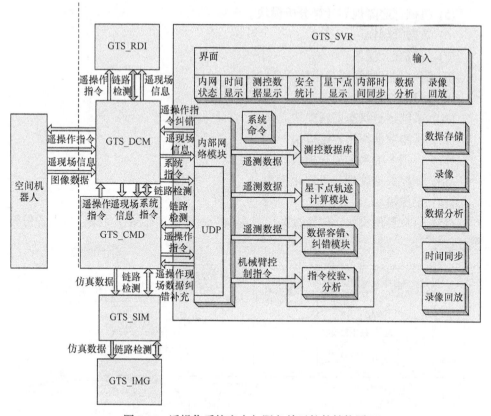

图 7.15　遥操作系统安全与服务单元软件结构图

GTS_SVR 单元主要完成以下七项任务。

(1) 内部数据接收与发送。第一，接收 GTS_DCM 单元转发的遥现场数据。第二，接收 GTS_DCM 单元系统启动/停止指令数据。第三，接收 GTS_DCM 单元的过程录像备份启动/停止指令数据。第四，接收 GTS_DCM 单元的时间同步数据。第五，接收 GTS_CMD 单元的遥操作指令数据。第六，发送纠错后的遥现场数据补充至 GTS_CMD 单元。第七，发送纠错后的遥操作指令数据至 GTS_DCM 单元。

(2) 遥测数据纠错和容错补充。

(3) 遥操作指令分析、校验和纠错。

(4) 遥测的测控数据信息显示和星下点轨迹计算。

(5) 信息统计显示。第一，显示接收到的遥测数据序列数。第二，显示系统运行状态信息。第三，显示接收到的遥操作指令数据序列数。第四，显示安全检测和纠错容错结果。

(6) 数据信息存储。第一，遥操作遥测(包括测控)信息存储。第二，遥操作指令数据存储。第三，遥操作安全数据存储。

(7)单元操作过程备份。记录该单元整个操作运行过程。

安全与服务单元从数据管理单元获取遥现场数据，对其中的测控数据进行显示，同时将测控数据进行星下点轨迹计算并显示。获取遥现场数据的同时，对数据进行纠错和容错处理，并将处理和补全的数据返送至指令和计算单元，以支持预测和修正的精准性。安全与服务单元还从指令和计算单元获取遥操作控制指令，并对指令的安全性进行分析，将误操作指令报告发送给数据管理单元，以及时阻止误指令的发送。遥操作系统安全与服务单元软件运行流程图如图 7.16 所示。

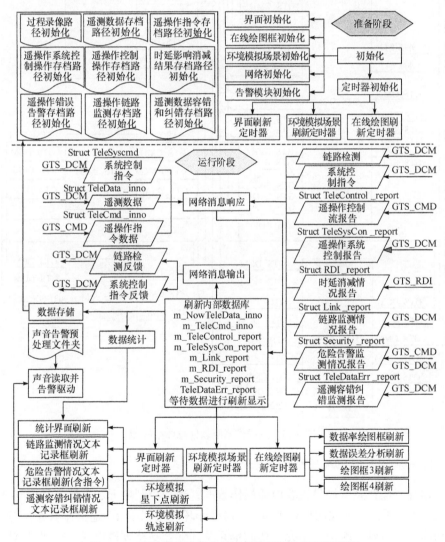

图 7.16　遥操作系统安全与服务单元软件运行流程图

遥操作系统软件总体结构图如图 7.17 所示。

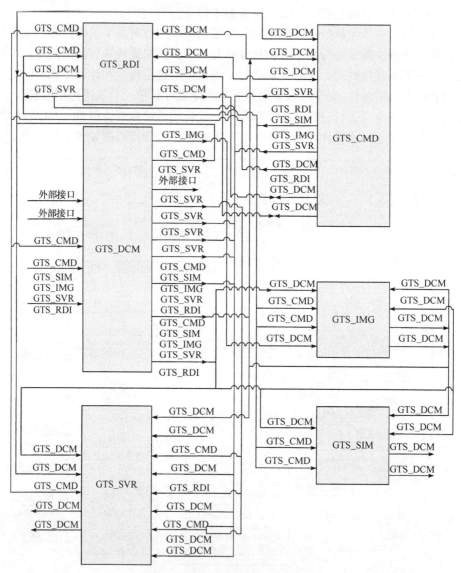

图 7.17　遥操作系统软件总体结构图

2. 地面遥操作系统硬件结构设计

地面遥操作系统硬件主要由遥操作数据管理和控制单元、遥操作指令与计算系统单元、遥操作图像图形处理单元、遥操作环境模拟单元、遥操作服务(安全)单元和遥操作时延影响消减单元等功能单元及其配套支持硬件组成。空间机械臂遥操作系统硬件结构图如图 7.18 所示。

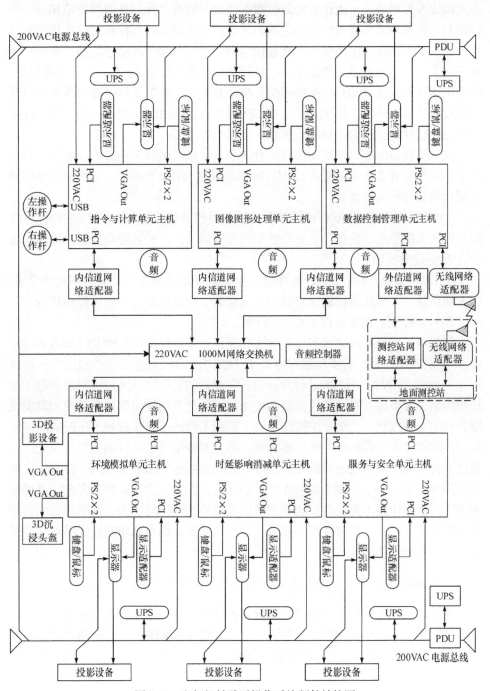

图 7.18　空间机械臂遥操作系统硬件结构图

遥操作系统的六个单元计算机通过有线网络适配器与 1000M 网络交换机相连，构成内部网络。遥操作系统通过数据控制与管理单元与地面测控站相连，数据控制与管理单元与地面测控站之间的外信道可采用有线连接和无线连接两种方式，其中无线连接为主连接，有线连接为备用连接。除了网络适配器，遥操作系统的每个单元还连有显示器适配器、显示器、键盘、鼠标、UPS、音频交互设备。两个操作杆都通过 USB 口连接到指令与计算单元，各单元均可输出视频信号至外接投影设备。环境模拟单元还连接 3D 投影设备和 3D 沉浸式头盔设备，此外 220V 交流总线配备 PDU 稳压系统和大容量 UPS 设备。

双杆操纵器由 2 个单臂操作杆组合实现，生成机械臂末端 6 个位姿坐标指令 (3 个末端位置和 3 个末端姿态)。双杆操纵器具有两种工作模式，分别对应单臂操作模式和综合臂操作模式。

(1) 单臂操作模式。双杆操作器的左操作器控制单臂的末端位置，左操作器控制单臂的末端姿态，位置和姿态均使用操作杆的 x、y、z 轴转动控制，控制过程中有力/运动觉反馈。

(2) 综合臂操作模式。双杆操作器的控制综合臂(大臂加持小臂构成的综合臂)的末端位置，左操作器控制综合臂的末端姿态，位置和姿态均使用操作杆的 x、y、z 轴转动控制，控制过程中有力/运动觉反馈。

仅使用一套双杆操纵器实现双臂协同操作，即双杆操作器的左操作器对应控制臂 A 的末端位姿，右操作器对应臂 B 的末端位姿。任意臂的位置由操作杆的 x、y、z 轴转动控制，带力/运动觉反馈；任意臂的姿态控制由操作杆的面部方向按钮控制，为步进控制。位置控制和姿态控制通过不同使能按键来切换，以实现综合臂的全量控制。为防止误操作，除了采用不同的使能按键外，还配备软件使能切换功能和操作器面板上的切换功能。即当双臂中的某臂仅调整位置/姿态时，通过软件或操作器面板的切换控制，将对应臂的姿态/位置控制锁死，控制仍交由对应操作杆的 x、y、z 轴转动控制，带力/运动觉反馈。为保证操作安全，遥操作模式下的手操作器不具备直接速率调节以及抓取/释放功能按键。这两种功能需在操作专家的指导下，由软件控制使能。空间机械臂遥操作系统双杆操纵器功能键定义示意图如图 7.19 所示。

3. 地面遥操作系统数据/信息流与数据接口设计

遥操作系统应用层协议的接口可分为内接口和外接口。内接口是遥操作系统内部各个单元之间(内信道)的应用层接口，外接口是遥操作系统和测控中心之间(外信道)的应用层接口。通过外接口，遥操作系统接收测控中心转发的遥现场图

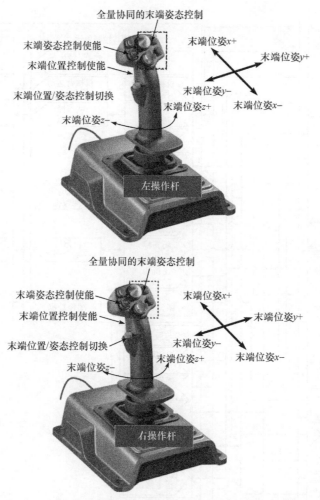

图 7.19　空间机械臂遥操作系统双杆操纵器功能键定义示意图

像信息和实测数据，上行机械臂运动控制指令和状态控制数据等；通过内接口，遥操作系统数据控制和管理单元将图像数据转发给图像图形处理单元，将实测数据转发给指令与计算单元、时延影响消减单元和安全与服务单元，同时数据控制和管理单元通过内接口向遥操作系统其他单元发送启动/停止系统、启动/停止录像等系统管理和控制命令。由于内外数据格式和数据协议不同，数据控制和管理单元在转发数据的时候要进行数据格式和数据协议的转换。遥操作系统信息流示意图如图 7.20 所示。

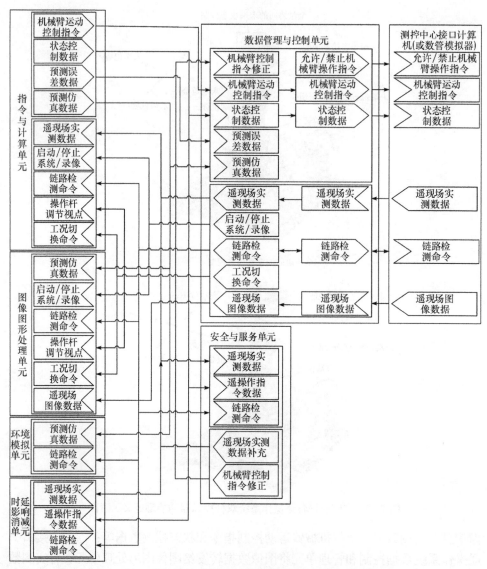

图 7.20 遥操作系统信息流示意图

遥操作系统外接口数据传输如表 7.1 所示。

表 7.1 遥操作系统外接口数据传输

	信息内容	传输路径	传输协议
	遥现场图像数据	SRC→GTS_DCM	UDP
遥操作系统外接口	遥现场实测数据	SRC→GTS_DCM	TCP
	机械臂运动控制指令	GTS_DCM→SRC	TCP

续表

	信息内容	传输路径	传输协议
遥操作系统外接口	机械臂状态控制数据	GTS_DCM→SRC	TCP
	链路检测数据	GTS_DCM↔SRC	TCP
	允许/禁止机械臂操作等控制指令	GTS_DCM→SRC	TCP

遥操作系统内接口数据传输如表 7.2 所示。

表 7.2　遥操作系统内接口数据传输

	数据	传输路径	传输协议
遥操作系统内接口	遥现场图像数据	GTS_DCM→GTS_IMG	UDP
	遥现场实测数据	GTS_DCM→GTS_CMD GTS_DCM→GTS_RDI GTS_DCM→GTS_SVR	UDP
	机械臂运动控制指令	GTS_CMD→GTS_DCM GTS_CMD→GTS_SVR GTS_CMD→GTS_RDI	UDP
	机械臂模型切换指令	GTS_CMD→GTS_DCM GTS_CMD→GTS_SIM GTS_CMD→GTS_IMG	UDP
	预测仿真数据	GTS_CMD→GTS_DCM GTS_CMD→GTS_IMG GTS_CMD→GTS_SIM	UDP
	链路检测数据	GTS_DCM→GTS_IMG GTS_DCM→GTS_CMD GTS_DCM→GTS_SVR GTS_DCM→GTS_RDI GTS_DCM→GTS_SIM	UDP
	链路检测反馈	GTS_IMG→GTS_DCM GTS_CMD→GTS_DCM GTS_SVR→GTS_DCM GTS_RDI→GTS_DCM GTS_SIM→GTS_DCM	UDP
	停止/启动系统， 停止/启动录像， 工况切换等系统 管理和控制命令	GTS_DCM→GTS_IMG GTS_DCM→GTS_CMD GTS_DCM→GTS_SVR GTS_DCM→GTS_RDI GTS_DCM→GTS_SIM	UDP

续表

数据	传输路径	传输协议
停止/启动系统，停止/启动录像，工况切换等系统管理和各子系统控制命令反馈	GTS_IMG→GTS_DCM GTS_CMD→GTS_DCM GTS_SVR→GTS_DCM GTS_RDI→GTS_DCM GTS_SIM→GTS_DCM	UDP
时间同步信息	GTS_DCM→GTS_IMG GTS_DCM→GTS_CMD GTS_DCM→GTS_SVR GTS_DCM→GTS_RDI GTS_DCM→GTS_SIM	UDP
时间同步反馈信息	GTS_IMG→GTS_DCM GTS_CMD→GTS_DCM GTS_SVR→GTS_DCM GTS_RDI→GTS_DCM GTS_SIM→GTS_DCM	UDP
遥操作系统内部控制报告	GTS_DCM→GTS_SVR	UDP
时延影响消减情况报告	GTS_RDI→GTS_SVR	UDP
遥操作系统链路监测情况报告	GTS_DCM→GTS_SVR	UDP
危险告警监测情况报告	GTS_DCM→GTS_SVR GTS_CMD→GTS_SVR	UDP
遥操作控制流报告	GTS_CMD→GTS_SVR	UDP
遥测容错纠错监测情况报告	GTS_DCM→GTS_SVR	UDP

（最左侧合并单元格：遥操作系统内接口）

4. 地面遥操作安全与运行机制

遥操作安全保护功能包括遥操作系统监测、告警与自修复，机械臂位置安全(避障)、速度安全、负荷(加速度)操作保护，操作指令的安全校验，操作器使能安全保护，紧急状态干预机制，遥操作任务预仿真安全策略等，分为五个层级。多层级遥操作安全规则设计如图 7.21 所示。

(1) 数据层安全主要关注于接收的遥操作数据容错，以及发送的遥操作指令的纠错机制，确保在数据层面上正确感知现场以及正确控制输出。

(2) 算法层安全主要用于满足机械臂操作的位置安全、速度安全、载荷安全以及过载安全。通过内嵌避障路径规划算法，确保机械臂操作的位置安全；利用操作速度限制和档位分级算法，确保机械臂操作的运动速度安全；采取加速度、力觉以及告警触觉等手段，确保机械臂操作的载荷/过载安全。

(3) 操作层安全主要解决操作员的误操作问题。通过软件使能和逻辑锁，使得操作员在任意操作模式下，只能按照对应的设定流程对机械臂进行操作；采用硬件使能装置，使得操作员的误碰、外界干扰(如振动、碰撞、电磁冲击)等条件下，

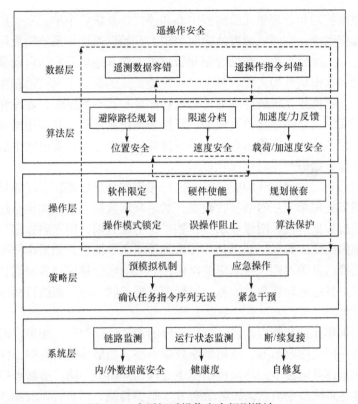

图 7.21　多层级遥操作安全规则设计

阻止指令产生；操作员操作时，内嵌规划、限速、力反馈以及告警机制，使得因操作员手抖、误判带来的错误操作得以及时纠正。

(4) 策略层安全主要用于确保任务的安全进行。包括预模拟策略(先进行模拟，确认无误后方生成有效指令)，以及应急干预策略(包括应急判断、应急处理和应急操作等)。

(5) 系统层安全主要处理地面遥操作系统、遥操作大系统的运行安全问题。包括对链路(系统内部链路和天体通信链路)、系统运行状态的监测，相应的告警、自适应、续接、加速追赶、离线热重置等自修复技术。

五个层级中，算法层生成的任何指令或状态设置均使用数据层校验；操作层采取的任何操作均调用算法层解析；策略层综合限定操作、算法和数据的逻辑序列；系统层保障遥操作系统和遥操作回路处于正常工作状态。五层级安全机制，既互相耦合又相对独立，综合实现遥操作安全保障能力。

遥操作系统运行机制是首先冷启动遥操作系统的六个单元计算机，启动各个单元的遥操作软件。各个单元在程序的控制下进行初始化，并自动建立内部链路连接，等待遥操作系统热启动命令。测控中心与遥操作系统建立通信连接。遥操作系统的数据控制和管理单元给测控中心和遥操作系统各个单元发送启动指令，热启动遥操作系统，空间机械臂地面测控中心开始向遥操作系统转发遥现场实测和图像信息。遥操作系统的数据控制和管理单元给其他单元发送启动录像命令，各个单元的录像模块开始工作，各个单元在数据流的驱动下响应消息循环，执行相应的处理。遥操作系统统计和显示遥现场图像和实测数据包，遥操作系统用第一包遥现场实测信息初始化仿真模型，开始预测仿真计算，并利用遥现场实测信息在线修正模型误差，图像图形处理单元计算机对指令与计算单元生成的预测数据和实测图像数据进行实时可视化显示。

　　图像图形处理单元循环响应消息、执行相应的消息处理程序。如果是网络消息，图像图形处理单元从网络接收数据，然后判断数据类型，如果是遥现场图像数据，则进行数据拼接、图像显示等；如果是仿真数据，则送到数据可视化生成模块刷新虚拟图像的显示；如果是一些系统控制命令消息，如操作杆视点调节消息、工况切换消息等，则执行对应的操作；如果响应的是用户界面消息，如障碍物显现消息、目标运动控制的消息、鼠标调节视点的消息，则执行相应的消息响应函数进行处理。

　　环境模拟单元循环响应消息、执行相应的消息处理程序。如果是网络消息，环境模拟单元网络接收数据，然后判断数据类型，如果是仿真数据，则进行仿真数据可视化处理并通过空间环境模拟模块处理相应模拟环境，刷新虚拟环境模拟显示；如果是系统命令消息，如启动/停止、链路检测，则执行对应操作；如果是用户界面消息，如障碍物显现消息、目标运动控制的消息、鼠标调节视点的消息，则执行相应的消息响应函数进行处理。

　　时延影响消减单元从指令单元获取遥操作控制指令，注入内嵌的与指令单元一致的预测模型模块中进行预测，并按序列匹配对比从数据管理单元获取的遥现场数据信息。通过修正算法根据期间的误差数据对预测模型进行修正，并将修正过程和预测误差情况显示。

　　安全与服务单元从数据管理单元获取遥现场数据，对其中的测控数据进行显示，同时将测控数据进行星下点轨迹计算并显示。获取遥现场数据的同时，对数据进行纠错和容错处理，并将处理和补全的数据返送至指令和计算单元，以支持预测和修正的精准性。安全与服务单元还从指令和计算单元获取遥操作控制指令，并对指令的安全性进行分析，将误操作指令报告发送给数据管理单元，以及时阻止误指令的发送。

　　当有数据传输到数据控制与管理单元时，产生网络消息。数据控制与管理单元响应消息，接收数据，并根据数据包标识符判断信息类型，根据信息类型进行数据变换，进行信息统计并显示，然后进行数据转发。

　　退出遥操作系统时，操作员通过数据控制与管理单元的显示界面向遥操作系统各个单元发送停止录像指令结束录像。各个单元断开网络连接，退出系统。

7.2.3　地面遥操作目标模拟器总体设计

地面遥操作目标模拟器与地面遥操作系统可以构成天地遥操作综合验证的闭环回路，可在遥操作系统未接入真实的控制对象前，使其遥操作的各项能力得到充分验证，并提供训练遥操作员、优化遥操作任务和演练的手段。地面遥操作目标模拟器提供空间机器人的动力学/运动学模拟、机械臂在轨控制模拟(模式切换、路径规划、避障规划、序列指令、宏指令处理、预编程文件等)、在轨作业环境模拟、机械臂在轨视觉图像模拟、机械臂反馈模拟以及在轨操作的不确定大时延环境模拟等功能。地面遥操作目标模拟器与遥操作系统关系示意图如图 7.22 所示。

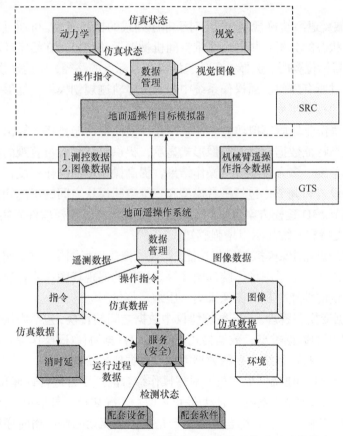

图 7.22　地面遥操作目标模拟器与遥操作系统关系示意图

地面遥操作目标模拟器有以下基本能力。

(1) 指令接收和处理功能。接收机械臂的运动控制指令和状态控制数据等，包括系统设置指令、单关节运动控制指令、复合关节运动控制指令、宏指令、预编程指令、视觉云台运动指令或其他相关指令。将接收的控制指令按对应方式处理，并使得虚拟的空间机械臂系统按控制指令预期的方式运动。

(2) 操作模式和动态模型的无缝切换功能。进行相关的模式切换，例如预编程、自主控制和天地交互三种操作模式之间的切换，使得空间机械臂系统能够在不同模式间流畅切换。除了操作模式的切换，还包括环境切换、避障约束切换、爬行臂/操作臂/综合臂规划切换、遥任务切换等功能，以实现爬行条件下的相应动力学匹配。

(3) 空间多对象动力学/运动学仿真功能。包括空间站本体，抓取目标以及空间机械臂的动力学/运动学，航天器轨道相对动力学仿真，受控机械臂反馈信息仿真功能。

(4) 机械臂避障轨迹规划功能。对于非序列式的控制指令，可通过对当前状态和预期目标状态的分析，规划出三维空间机械臂运动路径。在给定环境、障碍条件、起始和目标位姿时，选择一条从起始点到目标点的路径，使运动物体能安全、无碰撞地通过所有障碍。遥操作系统中嵌入避障轨迹规划模块，能够产生机械臂关节角运动的指令序列。

(5) 在轨作业环境模拟功能。在轨作业环境模拟功能是将计算出来的有限的在轨系统状态特征数据以三维图像形式显示，提供给观察人员直观的在轨操作效果。为了多角度、多方位地观察操作结果，提高操作员的操作精度，要能够对虚拟环境进行设置和调节，包括平台模型和三维空间模块之间的工况切换、虚拟图像视点的调节。3D 建模方案可采用 OpenGL 或其他高级建模软件库实现，同时采用硬件 3D 支持和三维显示以增强感知。

(6) 在轨视觉图像模拟与采集功能。实现模拟遥现场图像功能，例如模拟安装的全局相机图像、手爪图像、腕部图像等。模拟的遥现场图像将在界面上进行显示，并按一定的帧速率进行图像采集、压缩、打包。

(7) 数据变换和管理。不同数据协议中数据之间的转换，包括内接口数据协议(系统内部使用的数据类型、数据格式)与外接口数据协议(遥操作综合测试平台与遥操作仿真分析验证系统交互的数据类型、数据格式)的转换。

(8) 系统管理和控制。操作员要对遥操作综合测试平台进行管理和控制，例如设置零时刻、启动/停止系统、启动/停止录像、工况切换、外信道切换等。

(9) 数据传输。遥操作综合测试平台是数据流驱动的按严格时序运行的分布式时序系统，数据传输是遥操作综合测试平台的基本功能之一，采用基于 TCP/IP 的网络传输协议。

(10) 信息统计和显示。对上下行的数据进行统计，包括遥现场测控数据条数、图像数据包数、各类指令条数等，并在界面上实时动态显示这些统计信息，使观察者能够监视在轨系统和遥操作系统的运行。

(11) 信息备份功能。对遥操作综合测试平台运行过程中接收到的遥操作指令数据、生成的多对象状态仿真数据、误差数据和不确定大时延环境数据等进行备份,为事后分析提供数据支持。

(12) 录像和回放功能。为了记录遥操作综合测试平台的运行过程,需要捕获各个单元的显示屏幕对其录像,图像数据的备份也通过录像实现。录像生成的视频文件将自动保存在指定的文件夹下。回放这些视频文件,可供专家事后分析。

(13) 时间同步功能。减小由不确定时间延迟和不确定采样步长带来的影响。

(14) 遥操作安全保护响应功能。包括紧急状态干预机制、共享遥操作机制等,故障状态下的自检自修复策略等。

(15) 不确定大时延环境模拟功能。包括不确定大时延中值设定、不确定时延波动模拟。

(16) 数据测量噪声以及下行数据码速率控制功能。

地面遥操作目标模拟器(SRC)是由三个单元组成的分布式系统,包括在轨数据管控模拟单元(SRC_Dcm)、在轨视觉模拟单元(SRC_Img)以及在轨动力学模拟单元(SRC_Dyn)。地面遥操作目标模拟器硬件组成如图 7.23 所示。

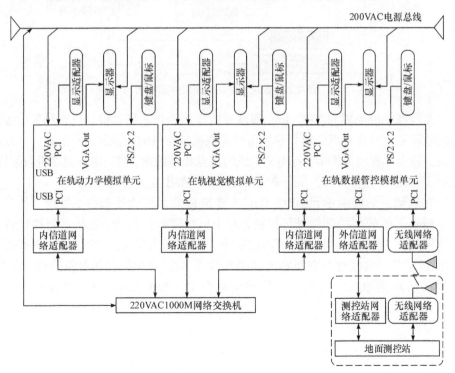

图 7.23　地面遥操作目标模拟器硬件组成

在轨数据管模拟单元实现对上行遥操作指令的接收/解码/校验、对下行图像数据和下行机械臂/空间站/目标的状态数据的打包、分发；实现对遥操作综合测试平台的运行管理和状态/链路监测；实现对不确定大时延环境的模拟，以及下行码速率控制和测量噪声的模拟功能。SRC_Dcm 单元软件结构图如图 7.24 所示。

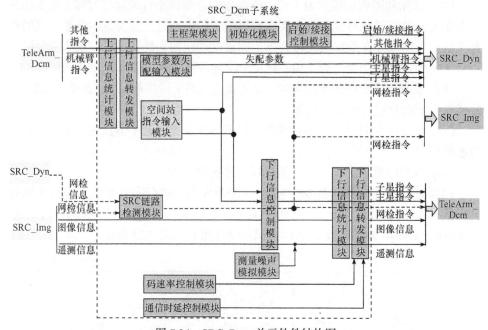

图 7.24　SRC_Dcm 单元软件结构图

在轨视觉模拟单元(SRC_Img)实现在轨操作的作业场景模拟，在场景中按空间机械臂系统的视觉点位置和视场角度模拟视觉相机的图像并进行显示，实现场景观察视点和视角的调节，对模拟生成的视觉相机图像，按设定帧速率进行采样、压缩、存储和打包。SRC_Img 单元软件结构图如图 7.25 所示。

在轨动力学模拟单元(SRC_Dyn)实现机械臂系统的控制指令处理，并对虚拟机械臂系统的相关部件进行控制，对于机械臂操作指令，还将进行路径规划和避障规划；实现空间站动力学/运动学、目标动力学/运动学、空间机械臂动力学/运动学、机械臂与空间站运动耦合动力学/运动学以及相对轨道动力学/运动学的仿真模拟；实现机械臂反馈信息模拟。SRC_Dyn 单元软件结构图如图 7.26 所示。

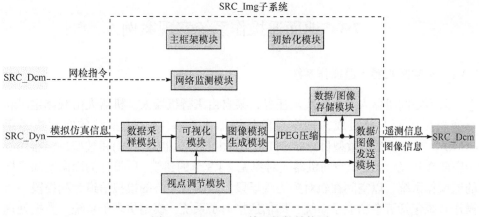

图 7.25　SRC_Img 单元软件结构图

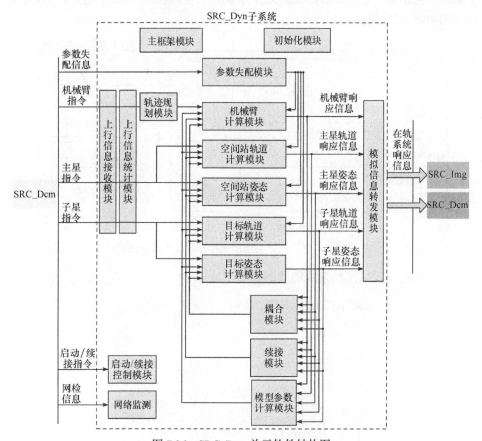

图 7.26　SRC_Dyn 单元软件结构图

7.3 地面遥操作系统实现案例

7.3.1 某空间机器人遥操作系统

某型空间机器人及飞行演示任务，某自由飞行机器人。机器人由载体主星和空间机械手两部分组成，操作对象是机器人基座(FRB)上搭载的空间机械手(RMS)，抓取目标是微型目标器(MTS)。自由飞行机器人(FFR)和微型目标器均处于空间在轨飞行状态。空间机器人对象见 2.1.3 节的建模。所设计的面向空间目标的遥操作系统，以空间在轨对象为现场段，以测控中心的模拟信道为测控段。遥操作系统包括五个功能子系统，即信道接口子系统、模型仿真子系统、数据处理子系统、操作指令子系统、协调管理子系统。某空间机器人地面遥操作系统组成示意图如图 7.27 所示。

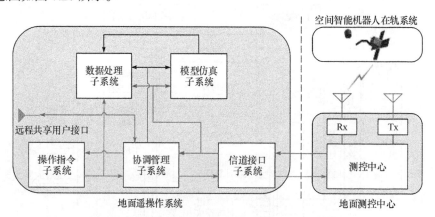

图 7.27 某空间机器人地面遥操作系统组成示意图

某空间机器人遥操作系统集成图如图 7.28 所示。

图 7.28 某空间机器人遥操作系统集成图

7.3.2　大型空间机械臂遥操作系统

空间站大型机械臂，机械臂地面实验体由五部分组成，即机械臂、气浮平台、固定基座、抓取目标以及中间障碍。气浮平台长 12 米，宽 8 米；中间障碍直径 1 米，高 2 米；抓取目标直径 2 米，高 3.4 米；固定基座长 0.5 米，宽 7 米，高 2.5 米。空间机械臂地面实验体如图 7.29 所示。

图 7.29　空间机械臂地面实验体

空间机械臂采用六自由度机械臂，主构型与加拿大臂类似。自由度分布为肩关节偏航、俯仰、肘关节俯仰、腕关节俯仰、偏航、回转 6 个。机械臂总长度约 12.8 米，机械臂连杆直径约 0.5 米。空间机械臂六自由度分布图如图 7.30 所示。

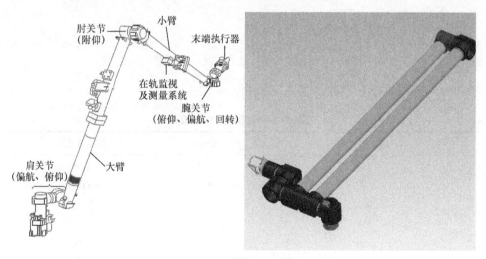

图 7.30　空间机械臂六自由度分布图

空间机械臂安装方式及尺寸如图 7.31 所示。

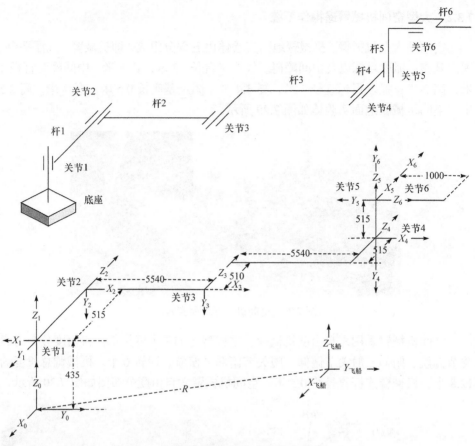

图 7.31　空间机械臂安装方式及尺寸(单位：mm)

空间机械臂 D-H 参数如表 7.3 所示。

表 7.3　空间机械臂 D-H 参数

杆号	a_i	$\alpha_i/(°)$	d_i/mm	$\theta_i/(零位/度)$
1	0	0	435	θ_1 (−90)
2	0	90	515	θ_2 (180)
3	5540	0	0	θ_3 (0)
4	5540	0	1025	θ_4 (0)
5	0	90	515	θ_5 (90)
6	0	90	0	θ_6 (0)

　　大型空间机械臂地面遥操作系统设计为按严格时序运行的分布式实时系统设计。软件实现考虑响应时间、安全性、可靠性、开放性、用户友好程度等因素，

以满足信息类型、精度、传输及存放、时效性等要求。根据空间机械臂遥操作任务需求，以及对遥操作系统的功能要求、性能要求、技术指标，结合"三段四回路"结构模型和分布式三机系统的结构设计，包括数据管理和控制单元(TeleArm_Dcm)、图像图形处理单元(TeleArm_Img)和指令与计算系统单元(TeleArm_Cmd)，最终达到有效利用天地信道资源，增强遥现场信息，消减系统环路时延，及时准确响应遥操作指令的目的。系统软件结构设计成模块化结构，便于系统软件进行升级改造、功能添加及系统维护。遥操作系统软件模块分布表如表 7.4 所示。

表 7.4　遥操作系统软件模块分布表

指令与计算单元	图像图形处理单元	数据管理和控制单元
主框架模块	主框架模块	主框架模块
初始化模块	初始化模块	初始化模块
启动模块	人机交互界面模块	人机交互界面模块
时间转化和管理模块	数据可视化模块	数据变换和管理模块
人机交互界面模块	图像显示模块	数据传输模块
双杆操作器模块	虚拟环境调节模块	系统管理和控制模块
指令输入及处理模块	数据传输模块	链路检测模块
机械臂避障轨迹规划模块	录像与回放模块	信息统计模块
操作模式切换和控制模块		录像与回放模块
预测仿真计算模块		
模型误差修正模块		
数据重装和异常处理模块		
数据传输模块		
录像与回放模块		
信息备份模块		

其中，主框架模块、初始化模块、人机交互界面模块、数据传输模块、录像和回放模块各个单元通用。根据遥操作系统结构组成和单元功能划分，指令与计算单元主要包括指令输入及处理、机械臂避障轨迹规划、操作模式切换和控制、机械臂状态预报和模型误差修正等模块；图像图形处理单元主要包括数据可视化、图像显示等模块；数据控制与管理单元主要包括数据变换和管理、链路检测、系统管理和控制等模块。遥操作系统软件结构图如图 7.32 所示。

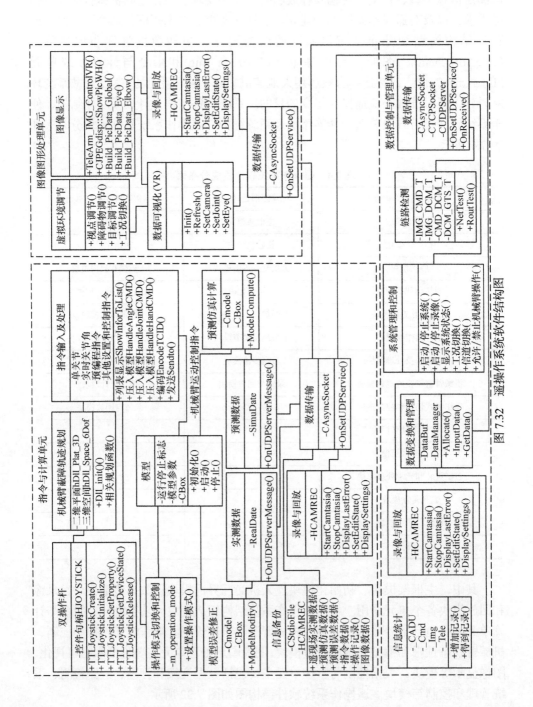

图 7.32 遥操作系统软件结构构图

大型空间机械臂地面遥操作系统案例如图 7.33 所示。

图 7.33　大型空间机械臂地面遥操作系统案例

7.3.3　面向未来多机多员遥操作系统

相比于单机单员遥操作系统,共享遥操作系统群重点需要实现以下部分能力。

(1) 多遥操作端。为充分模拟不确定时延环境下,多个遥操作端对操作对象的操作任务,设计 3 个同构的遥操作端。

(2) 不确定大时延模拟。除了模拟遥操作端与操作对象间的不确定大时延情况,还需要模拟遥操作端与遥操作端间的时延情况。

(3) 共享遥操作策略的实现。根据第 5 章研究的结果,在单机多员的情况下,需要注入的共享遥操作策略主要体现在遥操作端对于时延环境的感知、对于操作输出指令的生成策略以及对于接收到来自其他遥操作端操作信息后的应对处理。

系统软件结构沿用成模块化结构,便于系统软件进行升级改造、功能添加及系统维护。单机多员共享遥操作系统群软件模块配置表如表 7.5 所示。

表 7.5 单机多员共享遥操作系统群软件模块配置表

指令与计算单元0~2	图像图形处理单元	数据控制与管理单元	对象响应行为模拟单元
主框架模块	主框架模块	主框架模块	主框架模块
初始化模块	初始化模块	初始化模块	初始化模块
启动模块	人机交互界面模块	人机交互界面模块	人机交互界面模块
时间转化和管理模块	数据可视化生模块	数据变换和管理模块	数据变换和管理模块
人机交互界面模块	图像显示模块	数据传输模块	数据传输模块
双杆操作器模块	虚拟环境调节模块	系统管理和控制模块	图像显示模块
指令输入及处理模块	数据传输模块	链路检测模块	虚拟环境调节模块
机械臂避障轨迹规划模块	录像与回放模块	信息统计模块	录像与回放模块
操作模式切换和控制模块		录像与回放模块	机械臂避障轨迹规划模块
预测仿真计算模块		复杂不确定时延环境模拟模块	机械臂避障动力学/运动学模拟模块
模型误差修正模块		共享遥操作端交互模拟模块	受控条件下机械臂信息数据反馈模拟模块
数据重装和异常处理模块			下行数据时延模拟模块
数据传输模块			
录像与回放模块			
信息备份模块			
共享遥操作策略处理模块			

其中，主框架模块、初始化模块、人机交互界面模块、数据传输模块、录像与回放模块各单元都具备。根据遥操作系统结构组成和单元功能划分，指令与计算单元主要包括指令输入及处理、机械臂避障轨迹规划、操作模式切换和控制、机械臂状态预报和模型误差修正等模块、共享遥操作策略处理模块；图像图形处理单元主要包括数据可视化、图像显示等模块；数据控制与管理单元主要包括数据变换和管理、链路检测、系统管理和控制、复杂不确定时延环境模拟、共享遥操作端交互模拟等模块；对象响应行为模拟单元主要包括数据变

换、下行数据时延模拟、机械臂避障动力学/运动学模拟、受控条件下机械臂信息数据反馈模拟等模块。

相比于单机单员遥操作系统,不确定大时延环境下的单机多员共享遥操作群充分继承了相应软件模块。由于共享遥操作任务环境的模拟的复杂性,各单元的软件模块都有一定的适应性修改。新增加的软件模块和流程性改变主要包括三个,即复杂时延环境模拟模块、共享遥操作端交互模拟模块和共享遥操作策略处理模块。

复杂时延环境模拟与共享遥操作端交互模拟深度耦合,重点包括以下三个功能。

(1) 时延环境生成,包括固定的上行时延和下行时延中值模拟、不确定波动时延值的模拟以及多个不确定大时延环境的时变模拟。

(2) 复杂不确定大时延环境的实测与反馈。将多个生成和模拟的不确定大时延环境的模拟结果进行实时测量,并不断反馈于各遥操作端,以便各遥操作端根据不确定大时延环境的状态进行共享遥操作策略处理。

(3) 将操作信息、实测信息和共享遥操作等信息,根据复杂时延环境模拟的实时结果,进行暂存和发送处理,从而模拟复杂时延环境下的数据传输过程。

上述功能的实现逻辑分为三层,第一层为数据收集,即接收来自共享遥操作对象端、共享遥操作端 0~2 的遥测数据和遥操作指令数据,并压入对应的指令桶;第二层为数据交互,即根据预设的共享遥操作交互时延环境,对收集在各数据桶内的数据进行有效性判定(活动遥操作端的指令才为当时的有效遥操作指令)以及时延条件判定,并将数据按照满足条件的逻辑发送,发送过程中加入随机的时间延迟,以模拟不确定的时延波动;第三层位数据反馈,即将数据到达操作对象/遥操作端 0/遥操作端 1/遥操作端 2 的实际时刻反馈给各共享遥操作端,以便其采取对应的共享遥操作策略。复杂时延环境模拟与共享遥操作端交互模拟逻辑图如图 7.34 所示。

共享遥操作处理模块则是依照第 5 章的判断和执行逻辑。共享遥操作策略处理分为两个主线,一条是作为活动遥操作端的策略主线,另一条是作为非活动遥操作端的策略主线。两条主线下都需要对全系统进行时间同步,并且不断地获取和感知本遥操作端与操作对象、本遥操作端与其他遥操作端的时延环境(感知可通过当前的时延值测量反馈获取,同时结合以往的反馈数据建立感知结果)。在活动遥操作端的策略主线中,在感知时延环境的基础上,确定生成操作指令时的期望时间差,最后生成指令并将指令共享至各个遥操作端。在非活动遥操作端的策略主线中,不断监听来自活动遥操作端的操作指令,并通过时标对准进行加速运算,达到同时同步同态预报的效果。共享遥操作处理逻辑图如图 7.35 所示。

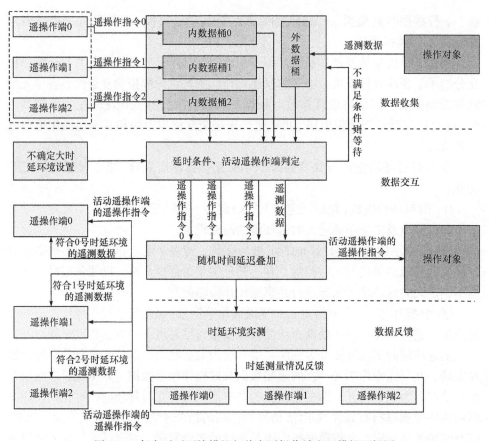

图 7.34 复杂时延环境模拟与共享遥操作端交互模拟逻辑图

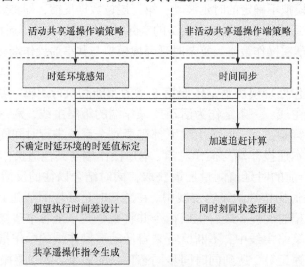

图 7.35 共享遥操作处理逻辑图

从能力需求设计的共享遥操作系统群包括六个单元，分别是共享遥操作数据管理和控制单元(TeleARM_DCM_CORP)、共享遥操作对象响应行为模拟单元(TeleARM_SRC_CORP)、共享遥操作图像图形处理单元(TeleArm_IMG_CORP)、共享遥操作指令与计算单元 0 号(TeleARM_CMD_CORP0)、共享遥操作指令与计算单元 1 号(TeleARM_CMD_CORP1)和共享遥操作指令与计算单元 2 号(TeleARM_CMD_CORP2)。共享遥操作系统群相比于单机单员遥操作系统，多遥操作端功能通过设置的多遥操作端 TeleARM_CMD_CORP0~2 所承载，不确定大时延环境的模拟通过共享遥操作数据管理和控制单元和共享遥操作对象响应行为模拟单元共同实现，共享遥操作侧路的实现是通过在三个共享遥操作端的内部逻辑和处理流程中满足。单机多员共享遥操作系统群运行情况图如图 7.36 所示。

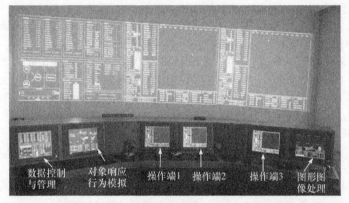

图 7.36　单机多员共享遥操作系统群运行情况图

7.4　小　结

本章以面向空间机器人不确定大时延遥操作为背景，首先，在充分分析了各种遥操作的结构基础上，提出了具有多回路、多模型、预报、修正等特点的面向空间对象的"三段四回路"遥操作系统基本结构模型。然后，给出了地面遥操作系统总体设计方案，具体地，给出了地面遥操作系统总体能力设计、地面遥操作系统总体架构设计及地面遥操作目标模拟器总体设计等方案。最后，给出了具体的地面遥操作系统实现案例，通过案例验证了"三段四回路"遥操作系统结构模型的合理性、地面遥操作系统总体设计方案的可行性。

参 考 文 献

[1] 胡绍林, 李晔, 陈晓红. 航天器在轨服务技术体系解析[J]. 载人航天, 2016, 22(4): 452-458.

[2] 林益明, 李大明, 王耀兵, 等. 空间机器人发展现状与思考[J]. 航天器工程, 2015, 24(5): 1-7.

[3] 陈靖波, 赵猛, 张珩. 空间机械臂在线实时避障路径规划研究[J]. 控制工程, 2007, 14(4): 445-447,450.

[4] 崔乃刚, 王平, 郭继峰, 等. 空间在轨服务技术发展综述[J]. 宇航学报, 2007, 28(4): 805-811.

[5] Feng G H, Li W H, Zhang H. Geomagnetic energy approach to space debris deorbiting in a low earth orbit[J]. International Journal of Aerospace Engineering, 2019, 2019: 1-18.

[6] Bekey G, Ambrose R, Kmar V, et al. International assessment of research and development in robotics[R]. World Technology Evaluation Center Panel Report, 2006: 25.

[7] 梁斌, 徐文福. 空间机器人: 建模、规划与控制[M]. 北京: 清华大学出版社, 2017.

[8] Niku S B. 机器人学导论——分析、系统及应用[M]. 孙富春,译. 北京: 电子工业出版社,2004.

[9] Pedersen L, Kortenkamp D, Wettergreen D, et al. NASA EXploration Team (NEXT) space robotics technology assessment report[R]. Moffett Field: NASA, 2002.

[10] 郭琦, 洪炳镕. 空间机器人运动控制方法[M]. 北京: 中国宇航出版社, 2011.

[11] 洪炳镕, 王炎. 空间机器人的特点、分类及新概念[C]// 中国宇航学会机器人学术会议, 北京, 1992: 23-26.

[12] Li W J, Cheng D Y, Liu X G, et al. On-orbit service (OOS) of spacecraft: A review of engineering developments[J]. Progress in Aerospace Sciences, 2019, 108: 32-120.

[13] Shan M, Guo J, Gill E. Review and comparison of active space debris capturing and removal methods[J]. Progress in Aerospace Sciences, 2016, (80): 18-32.

[14] Flores-Abad A, Ma O, Pham K. A review of space robotics technologies for on-orbit servicing[J]. Progress in Aerospace Sciences, 2014, 68: 1-26.

[15] Yoshld A K. Space robot dynamics and control: To orbit, from orbit, and future[C]// Robotics Research, London, 2000: 449-456.

[16] Rembala R, Ower C. Robotic assembly and maintenance of future space stations based on the ISS mission operations experience[J]. Acta Astronautica, 2009, 65(7-8): 912-920.

[17] Sheridan T B. Teleoperation, telerobotics and telepresence: A progress report[J]. Control Engineering Practice, 1995, 3(2): 205-214.

[18] 艾晨光. 空间机器人目标捕获协调控制与实验研究[D]. 北京: 北京邮电大学, 2013.

[19] 王捷. 基于视觉的卫星在轨自维护操作的研究[D]. 哈尔滨: 哈尔滨工业大学, 2009.

[20] 袁景阳. 多臂自由飞行空间机器人协调操作研究[D]. 哈尔滨: 哈尔滨工业大学, 2009.

[21] 吴国庆, 孙汉旭, 贾庆轩. 基于气浮方式的空间机器人地面试验平台的设计与实现[J]. 现代机械, 2007, (3): 1-2, 19.

[22] 金飞虎, 洪炳镕, 柳长安, 等. 自由飞行空间机器人地面实验平台网络系统[J]. 计算机应

用研究, 2002, 19(8): 119-121.

[23] 柳长安, 李国栋, 吴克河, 等. 自由飞行空间机器人研究综述[J]. 机器人, 2002, 24(4): 380-384.

[24] 柳长安, 洪炳镕, 王鸿鹏. 自由飞行空间机器人地面实验平台硬件系统[J]. 高技术通讯, 2001, 11(11): 74-76.

[25] 柳长安, 洪炳镕, 金飞虎. 自由飞行空间机器人地面实验平台系统规划器[J]. 高技术通讯, 2001, 11(9): 90-92.

[26] 洪炳镕, 柳长安, 郭恒业. 双臂自由飞行空间机器人地面实验平台系统设计[J]. 机器人, 2000, 22(2):108-114.

[27] Kasai T, Oda M, Suzuki T. Results of the ETS-VII mission rendezvous docking and space robotics experiments[C]// Proccendings Fifth International Symposium on Artificial Intelligence, Robotics and Automation in Space, Noordwijk, 1999: 299-306.

[28] Su H, Qi W, Yang C, et al. Deep neural network approach in robot tool dynamics identification for bilateral teleoperation[J] IEEE Robotics and Automation Letters, 2020, 5(2): 2943-2949.

[29] Goertzr C. Mechanical master-slave manipulator[J]. Nucleonics (US) Ceased Publication, 1954, 12(11): 45-46.

[30] Hashtrud Z K. Design, implementation and evaluation of stable bilateral teleoperation control architectures for enhanced telepresence[D]. Vancouver: University of British Columbia, 2000.

[31] 范唯唯, 杨帆, 韩淋, 等. 国际空间站俄罗斯舱段 20 年主要科研活动及未来部署综述[J]. 载人航天, 2018, 84(4): 131-138.

[32] Kim W S, Bejczy A K. Demonstration of a high-fidelity predictive/preview display technique for telerobotic servicing in space[J]. IEEE Transactions on Robotics and Automations, 1993, 9(5): 698-701.

[33] Backes P G, Tharp G K, Tso K S. The web interface for telescience (WITS)[C]// Proceedings of International Conference on Robotics and Automation, Albuquergue, 1997: 411-417.

[34] Hinkal S W, Andary J F, Watzin J G, et al. The flight telerobotic servicer (FTS): A focus for automation and robotics on the space station[J]. Acta Astronautica, 1988, 17(8):759-768.

[35] Mccain H, Andary J F, Hewitt D R, et al. Flight telerobotic servicer: The design and evolution of a dexterous space telerobot[C]// Telesystems Conference, Atlanta, 1991: 377-383.

[36] Andary J, Spidaliere P. Flight telerobotic servicer: The development test flight[C]// National Telesystems Conference, 1991, 9(5): 664-674.

[37] Parrish A J C. The Ranger telerobotic shuttle experiment: Status report[C]// The 4th Conference on Telemanipulator and Telepresence Technologies, Pittsburgh, 1997: 189-197.

[38] Gefke G, Carignan C R, Roberts B J, et al. Ranger telerobotic shuttle experiment: A status report[C]// The 8th Conference on Telemanipulator and Telepresence Technologies, Boston, 2002: 123-132.

[39] Lovchik C S, Diftler M A. The Robonaut hand: A dexterous robot hand for space[C]// IEEE International Conference on Robotics & Automation, Detroit, 1999: 907-912.

[40] Fredrickson S E. Mini AERCam: Development of a free-flying nanosatellite inspection robot[C]// Conference on Space Systems Technology and Operations, Orlaudo, 2003: 97-111.

[41] Stamm S, Motaghedi P. Orbital express capture system: Concept to reality[C]// Conference on Spacecraft Platforms and Infrastructure, Orlaudo, 2004: 78-91.

[42] Howard R T, Heaton A F, Pinson R M, et al. The advanced video guidance sensor: Orbital express and the next generation[C]// AIP Conference Proceedings, Incheon, 2008: 717-724.

[43] Dorais G A, Gawdiak Y. The personal satellite assistant: An internal spacecraft autonomous mobile monitor[C]// 2003 IEEE Aerospace Conference Proceedings, Big sky, 2003: 1-348.

[44] Brunne R B, Hirizinger G. Multisensory shared autonomy and telesensor programming-key issue in the space technology experiment Rotex [C]// IEEE/RSJ International Conference on Intelligent Robots and Systems, Yokohama, 1993: 2123-2139.

[45] Hirzinger G, Heindl J, Landzettel K. Predictive and knowledge-based telerobotic control concepts[C]// Proceedings of IEEE International Conference on Robotics and Automation, Scottsdale, 1989: 1768-1777.

[46] Hirzinger G, Brunner B, Dietrich J, et al. Sensor-based space robotics-ROTEX and its telerobotic features [J]. IEEE Transactions on Robotics and Automation, 1993, 19(5): 649-663.

[47] Preusche C, Reintsema D, Landzettel K, et al. Robotics component verification on ISS ROKVISS-preliminary results for telepresence[C]// 2006 IEEE/RSJ International Conference on Intelligent Robots and Systems, Beijing, 2006: 4595-4601.

[48] Landzettel K, Preusche C, Albu-Schaffer A, et al. Robotic on-orbit servicing-DLR's experience and perspective[C]// 2006 IEEE/RSJ International Conference on Intelligent Robots and Systems, Beijing, 2006: 4587-4594.

[49] Cusumano F, Lampariello R, Hirzinger G, et al. Development of tele-operation control for a free-floating robot during the grasping of a tumbling target[C]// International Conference on Intelligent Manipulation and Grasping, Genova, 2004: 1-6.

[50] Visentin G, Brown D L. Robotics for geostationary satellite servicing[J]. Robotics and Autonomous Systems, 1998, 23(1-2): 45-51.

[51] Pronk Z, Schoonmade M, Baig W. Mission preparation and training facility for the European Robotic Arm (ERA)[C]// The 5th International Symposium on Artificial Intelligence, Robotics and Automation in Space, Noordwijk, 1999: 501-506.

[52] Calame O. The first determination of a terrestrial long base using lunar laser ranging, and position determination of the Lunakhod I reflector[J]. Academie des Sciences Paris Comptes Rendus Serie B Sciences Physiques, 1975, (280): 551-554.

[53] Mugnuolo R, Di Pippo S, Magnani P G, et al. The SPIDER manipulation system (SMS) The Italian approach to space automation[J]. Robotics and Autonomous Systems, 1998, 23(1-2):79-88.

[54] Wu E, Diftler M, Hwang J, et al. A fault tolerant joint drive system for the space shuttle remote manipulator system [C]// Proceedings of 1991 IEEE International Conference on Robotics and Automation, Sacramento, 1991: 2504-2509.

[55] Stieber E M, Hunter G D, Abramovici A. Overview of the mobile servicing system for the international space station[C]// Artificial Intelligence, Robotics and Automation in Space, Noordwijk, 1999: 37-42.

[56] Oshinowo L, Mukherji R, Lyn C, et al. On the application of robotics to on-orbit spacecraft

servicing the next generation Canadarm Project[C]// Proceedings of the 11th International Symposium on Artificial Intelligence, Robotics and Automation in Space, Turin, 2012: 3-7.

[57] Toki K, Shimuzu Y, Kuriki K. Electric propulsion experiment (EPEX) of a repetitively pulsed MPD thruster system on board Space Flyer Unit (SFU)[C]// International Electric Propulsion Conference, Cleveland, 1997: 97-120.

[58] Nagatomo M, Mitome T, Kawasaki K, et al. MFD robot arm and its flight experiment[C]// The Sixth ASCE Specialty Conference and Exposition on Engineering, Construction, and Operations in Space, Albuquerque, 1998: 319-324.

[59] Doyle R, Montemerlo M, Nakatani I, et al. An international forum for space AI and robotics[J]// IEEE Intelligent Systems, 1999, (5): 8-13.

[60] Matsueda T, Kuraoka K, Goma K, et al. JEMRMS system design and development status[C]// NTC'91-National Telesystems Conference Proceedings, Atlanta, 1991: 391-395.

[61] 黄献龙, 梁斌, 陈建新, 等. EMR 系统机器人运动学和工作空间的分析[J]. 空间控制技术与应用, 2000, (3): 1-6.

[62] 李文皓, 张珩, 冯冠华. 复杂大延时的多主多从共享遥操作方法[J]. 航空学报, 2021, 42(11): 523896.

[63] 李文皓, 马欢, 张珩, 等. 复杂对象参数辨识的一种复合评价策略[J]. 机械工程学报, 2017, (11): 52-57, 67.

[64] Feng G H, Li W H, Zhang H. Evaluation method for multi-operator and multi-robot teleoperation systems[C]// 2018 IEEE 3rd Advanced Information Technology, Electronic and Automation Control Conference, Chongqing, 2018: 436-441.

[65] Feng G H, Li W H, Zhang H. Space robot teleoperation experiment and system evaluation method[C]// 2018 2nd IEEE Advanced Information Management,Communicates, Electronic and Automation Control Conference, Xi'an, 2018: 346-351.

[66] 周建平. 中国空间站工程总体方案构想[J]. 太空探索, 2013, (12): 6-11.

[67] 陈希孺. 线性模型参数的估计理论[M]. 北京: 科学出版社, 2010.

[68] 齐淑华. 概率论与数理统计[M]. 北京: 科学出版社, 2013.

[69] 薛定宇. 控制系统计算机辅助设计——MATLAB 语言及应用[M]. 北京: 清华大学出版社, 2006.

[70] 胡寿松. 自动控制原理基础教程[M]. 北京: 科学出版社, 2013.

[71] 马欢. 空间机器人在轨状态预报[D]. 北京: 中国科学院大学, 2016.

[72] 侯媛彬, 汪梅, 王立琦. 系统辨识及其 MATLAB 仿真[M]. 北京: 科学出版社, 2004.

[73] 王秀峰, 卢桂章. 系统建模与辨识[M]. 北京: 电子工业出版社, 2004.

[74] 姜永明, 王长青, 徐骋. 基于递推最小二乘法的飞行器模型参数在线辨识[J]. 控制与信息技术, 2019, (4):58-64.

[75] 强明辉, 张京娥. 基于 MATLAB 的递推最小二乘法辨识与仿真[J]. 自动化与仪器仪表, 2008, (6): 4-5.

[76] 马欢, 张珩, 李文皓, 等. 待辨识目标的惯性参数辨识方法和装置[P]: 中国, ZL201510724520.1, 2018-9-25.

[77] 马欢, 李文皓, 张珩. 一种星-臂耦合系统的动力学参数在轨辨识方法和装置[P]: 中国,

ZL201410821647.0, 2017-6-17.

[78] 马欢, 张珩, 李文皓. 一种待辨识对象的运动学参数在轨辨识方法和装置[P]: 中国, ZL201410769216.4, 2017-9-01.

[79] 李文皓, 张珩, 马欢, 等. 大时延环境下空间机器人的可靠遥操作策略[J]. 机械工程学报, 2017, 53(11):90-96.

[80] 贾庆轩, 张龙, 陈钢, 等. 多目标融合的冗余空间机械臂碰前轨迹优化[J]. 宇航学报, 2014, 36(6): 639-646.

[81] 陈钢, 张龙, 贾庆轩, 等. 基于主任务零空间的空间机械臂重复运动规划[J]. 宇航学报, 2013, 34(8): 1063-1071.

[82] 张绪平, 余跃庆. 综合考虑关节及杆柔性的空间机器人动力学分析[J]. 机械科学与技术, 1998, 17(5): 775-778.

[83] 李滋堤, 孙富春, 刘华平, 等. 基于人工势场的空间遥操作共享控制[J]. 清华大学学报, 2010, 50(10): 1728-1732.

[84] Bejczy A K, Kim W S, Venema S C. The phantom robot: Predictive displays for teleoperation with time delay[C]// IEEE International Conference on Robotics and Automation, 1990: 546-551.

[85] 张斌, 黄攀峰, 刘正雄, 等. 基于虚拟夹具的交互式空间机器人遥操作实验[J]. 宇航学报, 2011, 32(2): 446-450.

[86] 蒋再男, 刘宏, 谢宗武, 等. 3D 图形预测仿真及虚拟夹具的大时延遥操作技术[J]. 西安交通大学学报, 2008, 42(1): 78-81.

[87] Mohajerpoor R, Rezael M, Talebi A, et al. A robust adaptive hybrid force/position control scheme of two planar manipulators handling an unknown object interacting with an environment[J]. Proceedings of the Institution of Mechanical Engineers Part I, Journal of Systems & Control Engineering, 2011, 226, (4): 509-522.

[88] Chaudary H, Panwar V, Prasad R, et al. Adaptive neuro fuzzy based hybrid force/position control for an industrial robot manipulator[J]. Journal of Intelligent Manufacturing, 2014, (1): 1-10.

[89] Chen Z, Liang B, Zhang T. A self-adjusting compliant bilateral control scheme for time-delay teleoperation in constrained environment[J]. Acta Astronautica, 2016, (122): 185-195.

[90] Abidi K, Yildiz Y, Korpe B E. Explicit time-delay compensation in teleoperation: An adaptive control approach[J]. International Journal of Robust & Nonlinear Control, 2016, 26(15): 3388-3403.

[91] Chen Z, Pan Y, Gu J. Integrated adaptive robust control for multilateral teleoperation systems under arbitrary time delays[J]. International Journal of Robust & Nonlinear Control, 2016, 26(12): 2708-2728.

[92] 黄攀峰, 鹿振宇, 党小鹏, 等.一种基于共享控制的双臂协同遥操作控制方法[J]. 宇航学报, 2018, 39(1): 104-110.

[93] 鹿振宇, 黄攀峰, 戴沛. 面向空间遥操作的非对称双人共享控制及其性能分析[J]. 航空学报, 2016, 37(2): 648-661.

[94] 李滋堤, 孙富春, 刘华平, 等. 基于人工势场的空间遥操作共享控制[J]. 清华大学学报(自然科学版), 2010, 50(10): 1728-1732, 1737.

[95] 李琳辉. 大时延主从遥操作系统的双向控制与共享控制策略研究[D]. 长春: 吉林大学,

2005.

[96] 高永生. 基于 Internet 多机器人遥操作系统安全机制的研究[D]. 哈尔滨: 哈尔滨工业大学, 2007.

[97] Goldberg K Y, Mascha M, Gentner S, et al. Desktop teleoperation via the world wide web[C]// IEEE International Conference on Robotics & Automation, Nagoya, 1995: 654-659.

[98] Sheridan T B. Space teleoperation through time delay: Review and prognosis[J]. IEEE Transactions on Robotics and Automation, 1993, 9(5):592-606.

[99] Hirzinger G, Brunner B, Dietrich J, et al. Sensor-based space robotics-ROTEX and its telerobotic features[J]. IEEE Transactions on Robotics & Automation, 1993, 9(5): 649-663.

[100] Taylor K, Dalton B, Trevelyan J. Web-based telerobotics[J]. Robotica, 1999, 17(1):49-57.

[101] Kheddar A, Tzafestas C, Coiffet P, et al. Parallel multi-robots long distance teleoperation[C]// International Conference on Advanced Robotics, Monterey, 1997: 1007-1012.

[102] Xi N, Tarn T J, Bejczy A K. Intelligent planning and control for multirobot coordination: An event-based approach[J]. IEEE Transactions on Robotics and Automation, 1996, 12(3): 439-452.

[103] Ohbal K, Kawabata S, Chong N Y, et al. Remote collaboration through time delay in multiple teleoperation[C]// IEEE/RSJ International Conference on Intelligent Robots & Systems, Kyongju, 1999: 1866-1871.

[104] Goldberg K, Chen B, Solomon R, et al. Collaborative teleoperation via the internet[C]//IEEE International Conference on Robotics and Automation, San Francisco, 2000: 2019-2024.

[105] Chong N Y, Kotoku T, Ohba K, et al. Development of a multi-telerobot system for remote collaboration[C]// Proceedings 2000 IEEE/RSJ International Conference on Intelligent Robots and Systems, Takamatsu, 2000: 1002-1007.

[106] Chong N Y, Kotoku T, Ohba K, et al. Use of coordinated online graphics simulator in collaborative multi-robot teleoperation with time delay[C]// IEEE International Workshop on Robot & Human Interactive Communication, Osaka, 2000: 167-172.

[107] Chong N Y, Kotoku T, Ohba K, et al. Virtual repulsive force field guided coordination for multi-telerobot collaboration[C]// Proceedings 2001 ICRA. IEEE International Conference on Robotics and Automation, 2001: 1-5.

[108] Lo W T, Liu Y, Elhajj I H, et al. Cooperative teleoperation of a multirobot system with force reflection via internet[J]. IEEE/ASME Transactions on Mechatronics, 2004, 9(4): 661-670.

[109] Sirouspour S. Modeling and control of cooperative teleoperation systems[J]. IEEE Transactions on Robotics, 2005, 21(6): 1220-1225.

[110] Khademian B, Hashtrudi-Zaad K. A four-channel multilateral shared control architecture for dual-user teleoperation systems[C]// 2007 IEEE/RSJ International Conference on Intelligent Robots and Systems, San Diego, 2007: 2660-2666.

[111] Khademian B, Hashtrudi-Zaad K. Dual-user teleoperation systems: New multilateral shared control architecture and kinesthetic performance measures[J]. IEEE/ASME Transactions on Mechatronics, 2011, 17(5): 895-906.

[112] Khademian B, Hashtrudi-Zaad K. A frame-work for unconditional stability analysis of multimaster/multislave teleoperation systems[J]. IEEE Transactions on Robotics, 2013, 29(3): 684-694.

[113] Passenberg C, Peer A, Buss M. Model-mediated teleoperation for multi-operator multi-robot systems[C]// 2010 IEEE/RSJ International Conference on Intelligent Robots and Systems, Taipei, 2010: 4263-4268.

[114] Panzirsch M, Balachandran R, Artigas J. Cartesian task allocation for cooperative, multilateral teleoperation under time delay[C]// 2015 IEEE International Conference on Robotics and Automation, Seattle, 2015: 312-317.

[115] Panzirsch M, Balachandran R, Artigas J, et al. Haptic intention augmentation for cooperative teleoperation[C]// 2017 IEEE International Conference on Robotics and Automation, Singapore, 2017: 5335-5341.

[116] Lu Z Y, Huang P F, Liu Z X. Predictive approach for sensorless bimanual teleoperation under random time delays with adaptive fuzzy control[J]. IEEE Transactions on Industrial Electronics, 2017, 65(3): 2439-2448.

[117] 刘宏, 李志奇, 刘伊威, 等. 天宫二号机械手关键技术及在轨试验[J]. 中国科学: 技术科学, 2018, 48(12): 1313-1320.

[118] 李志奇, 刘伊威, 于程隆, 等. 机器人航天员精细操作方法及在轨验证[J]. 载人航天, 2019, 25(5): 606-612.

[119] 赵杰, 高胜, 闫继宏, 等. 基于虚拟向导的多操作者多机器人遥操作系统[J]. 哈尔滨工业大学学报, 2005, 37(1): 5-9.

[120] 马良, 闫继宏, 赵杰, 等. 基于虚拟环境的多操作者多机器人协作遥操作系统[J]. 机器人, 2011, 33(2): 169-173.

[121] 李文皓, 张珩, 肖歆昕, 等. 用于多操作端远程操控单操作对象的方法[P]: 中国, ZL201610919657.7, 2018-11-20.

[122] 张珩, 李文皓, 马欢. 一种不确定双向时延条件下的机器人远程控制方法和系统[P]: 中国, ZL201410200850.6, 2016-4-13.

[123] 李文皓, 张珩, 肖歆昕, 等. 用于多操作端远程操控多操作对象的方法和装置[P]: 中国, ZL201610919837.5, 2019-9-06.

[124] 赵猛. 空间目标遥操作系统建模、预报与修正方法[D]. 北京: 中国科学院, 2007.